Wild leben!

Nick Baker

WILD LEBEN!

Unser Weg zurück zur Natur

wbgTHEISS

Die Deutsche Nationalbibliothek verzeichnet diese
Publikationin der Deutschen Nationalbibliografie;
detaillierte bibliografische Daten sind im Internet
über http://dnb.d-nb.de abrufbar.

Das Werk ist in allen seinen Teilen urheberrechtlich geschützt.
Jede Verwertung ist ohne Zustimmung des Verlags unzulässig.
Das gilt insbesondere für Vervielfältigungen, Übersetzungen,
Mikroverfilmungen und die Einspeicherung in und Verarbeitung
durch elektronische Systeme.

wbg THEISS ist ein Imprint der wbg.

© 2018 by wbg (Wissenschaftliche Buchgesellschaft), Darmstadt
Die Herausgabe des Werkes wurde durch
die Vereinsmitglieder der wbg ermöglicht.
Satz: ANJA HARMS ateliers, Oberursel
Redaktion: Fabio Blaha
Umschlaggestaltung: Harald Braun, Helmstedt
Gedruckt auf säurefreiem und alterungsbeständigem Papier
Printed in Germany

Besuchen Sie uns im Internet: www.wbg-wissenverbindet.de

ISBN 978-3-8062-3773-3

Elektronisch sind folgende Ausgaben erhältlich:
eBook (PDF): ISBN 978-3-8062-3774-0
eBook (epub): ISBN 978-3-8062-3775-7

Für meine Mädchen: Ceri, Elvie und Mutter Erde

„*Wir müssen die Wildnis und ihre Monarchen für uns bewahren und für die Träume der Kinder. Wir sollten für diese Dinge kämpfen, als hinge unser Leben davon ab, denn das tut es.*"
Wayne Lynch, Bears: Monarchs of the Northern Wilderness

Inhaltsverzeichnis

Einleitung: Entkleideter Bär ___ 9
1 Die Wildnis definieren ___ 21
2 Klein anfangen ___ 39
3 Im Auge des Affen ___ 51
4 Die Dunkelheit ist hell genug ___ 63
5 Die Kunst des richtigen Sehens ___ 93
6 Der blinde Vogelbeobachter ___ 115
7 Die Natur belauschen ___ 133
8 Schule der Geräusche ___ 143
9 Der Zaunkönig und der Mixer ___ 155
10 Der Duftcode ___ 185
11 Die Landschaft riechen ___ 193
12 Bäume erkennen ___ 211
13 Eine Frage des Geschmacks ___ 219
14 Entwickeln Sie ein Gefühl für die Dinge ___ 231
15 Auf Du und Du mit der Natur ___ 241
16 Eine Schnecke lässt sich nicht hetzen ___ 249
17 Warum wir alle die Wildnis brauchen ___ 261
18 Die Kunst der Renaturierung ___ 271
Danksagungen ___ 281

Einleitung
Entkleideter Bär

Alles schien so vertraut. Es war, als würde ich alles, was ich begutachtete, durch eine Linse betrachten, die die Einzelheiten verschwimmen ließ. Wenn ich die Augen zusammenkniff, hätte ich zu Hause in England sein können. Erst wenn ich sie weit öffnete, konnte ich erkennen, dass die Details leicht verzogen waren. Ich stand auf einem ausgetretenen Pfad, ohne Pflanzen und vom regelmäßigen Gebrauch wie poliert. Ich stand unter einer Erle. Das Dickicht aus dürren, zwerghaften Bäumen, aus dem sie aufragte, umschloss den Pfad wie ein dunkler, natürlicher Tunnel, ihre Zweige ein paar Meter über mir ausgestreckt und verschränkt wie die Finger eines Denkers, gelegentlich locker genug, um Pfützen klaren Lichts durchzulassen, Schlaglichter auf das, was darunter lag.

Zu Hause, rund achttausend Kilometer entfernt, würde ich einen solchen Lebensraum als Bruchwald bezeichnen: ein verkümmertes Waldland, in dem die an durchweichte Böden gewöhnten Bäume ihre Wurzeln in Schlingen und Windungen in den sumpfigen Mulch aus Wasser und totem Laub bohren.

Ein paar Meter über dem stehenden Sumpf, gespiegelt in den öligen Wasserpfützen an der Oberfläche, inspizierten verschiedene

Arten von Grasmücken, so schwierig zu identifizieren wie zu Hause, verstohlen Blätter und rissige Rinde auf der Suche nach winzigen Wirbellosen. Aber wenn ich ein herabgefallenes Blatt aufnahm und untersuchte oder mehr als einen kurzen Blick auf eine Grasmücke erhaschte, sah ich, dass Form und Gefieder anders waren. Die Blätter waren sägezahnartig eingekerbt und war das nicht ein Hauch von Schwarz auf dem Kopf des Wacholderlaubsängers?

Diese neue Ansicht zeigte eine irgendwie vergrößerte und verzerrte Welt, mehr Leuchtkraft und Farben in einer wie gekrümmten Perspektive. Das war gleichzeitig der Wald im Sussex meiner Kindheit und etwas Fremdes. Dann fiel mir eine Beere ins Auge, die wie ein LED-Licht aus den trüben herbstlichen Grün- und Brauntönen leuchtete, in einer Lache hereingemogelten Sonnenlichtes badend.

Sie sah ein bisschen aus wie eine Himbeere. Sie hielt sich an die allgemeinen Merkmale von Himbeeren, obwohl es sich mit großer Sicherheit um eine andere Art handelte als die beliebte Rubus idaeus – die europäische Himbeere, die in meiner Beerenecke im heimischen Garten steht. Etwas flüsterte mir zu, ich sollte diese fremde Beere pflücken.

Als die lachsrote Beere sich willig vom Strauch löste, konnte ich durch Riechen und Berühren feststellen, wie reif sie war, und obwohl die Stimmen der kulturellen Konditionierung in meinem Kopf – die Stimmen meiner Eltern, Tanten, Onkel, Lehrer und vieler anderer Autoritäten in meinem Leben – mich ermahnten, keine unbekannten Früchte in den Mund zu stecken, tat ich es. Eine viel größere Autorität sagte mir, dass es in Ordnung sei.

Sie schmeckte gut, so gut. Als die scharlachroten Einzelbeerchen zwischen meinen Zähnen zerbarsten, lösten sie ein natürliches Zuckerhoch aus. Mir wurde klar, dass mich die Süße auf vielen Ebenen erfasste. Sie hatte auf eine sehr banale Weise etwas tief in mir befriedigt. Ich hatte gesehen, gespürt, geschmeckt und gerochen wie ein richtiges Tier, ein menschliches Tier; mein latentes eingeborenes Ich hatte die Situation eingeschätzt und dem modernen, konditionierten Ich gesagt, dass alles in Ordnung war. Es waren keine Bücher, Naturführer oder Websites konsultiert worden. Wenn es ein Risiko gegeben hatte, dass ich mich irrte, dann gehörte auch das sicherlich zu diesem urzeitlichen Nervenkitzel dazu.

Dann, kurz bevor ich mich dazu hinreißen lassen konnte, mir noch eine Beere in den Mund zu stopfen, schob sich ein anderer Moment, diesmal etwas dringlicher, in den Vordergrund.

Mein Guide an diesem wilden Ort, der so weit von meinem richtigen Zuhause entfernt lag, drängte mich langsam und bestimmt rückwärts vom Pfad hinunter. Mit der Hand auf meiner Brust und dem Flüsterton, den er anschlug, hatte er sofort meine ungeteilte Aufmerksamkeit. Mein Überlebensinstinkt war geweckt, die Stimmung hatte sich verändert und etwas stand kurz davor, all meine Gedanken und Vorstellungen im Handumdrehen neu zu ordnen. Von den Geschmacksknospen zum Entsetzen im Bruchteil einer Sekunde.

Alle Sinne waren aufs Äußerste gespannt, die Zapfen in meiner Netzhaut versuchten, jedes Lichtphoton zu erfassen, das sich durch die dichte Laubdecke über uns kämpfte. Meine Intuition verlangte verzweifelt nach Informationen, die mir irgendeinen Hinweis darauf geben könnten, was da durch den langen, dunklen, dämmrigen Tunnel geschlurft kam, den die Bäume vor uns bildeten.

Die Härchen auf meinem Nacken stellten sich tatsächlich auf, alle Neuronen feuerten. Dann hörte ich es, zuerst kaum wahrnehmbar: ein tiefes Grollen, tief und vibrierend; ein fernes

Gewitter zog näher heran. Ich spürte diese Naturgewalt über den bebenden Boden, durch die feuchte, schwere Luft herankommen.

Als mein Blick sich schließlich auf den Koloss scharf stellte und meine Augen den dunklen Pelz von dem störrischen Laub im Zwielicht unterscheiden konnte, durchfuhr mich ein urzeitlicher Schreck, wie ich ihn noch nie erlebt hatte. Eine direkte Verbindung zu allem, das war und jetzt ist. Vielleicht eine genetische Erinnerung? Ein Bär trottete heran und im Abstand von wenigen Metern an uns vorbei. Er drehte kaum den Kopf, um von uns Notiz zu nehmen – er hatte ein Ziel, vielleicht einen Ort mit besseren Beeren? Nahrung für den Winterspeck. Das Einzige, was hier in Alaska im Winter zählt, in der Welt eines Bären, ist das Überleben. Ein paar Menschen hatten keinen Platz in den Wintervorbereitungen dieses speziellen Bären, er hatte andere Dinge im Kopf.

Ich allerdings nicht. Mein Kopf war voll mit dem Bären – wie hätte es anders sein können? Ich konnte ihn sehen, hören, riechen, spüren, fast sogar schmecken – jede urzeitliche Verbindung, jedes Neuron, das ich besaß, war von jetzt auf gleich hellwach. Ob ich Angst hatte? Vielleicht für einen klitzekleinen Augenblick, als mein zentrales Nervensystem alle Sinne zusammennahm, um die Situation zu verstehen. Ob ich weglaufen wollte? Eigentlich nicht. Ich war ganz und gar „im Moment".

Das war etwas, wovon meine alternativen Freunde (manche würden sagen, meine Hippiefreunde) immer redeten, was ich aber bis zu diesem Augenblick nie verstanden hatte. Ich fühlte mich so vollkommen und absolut lebendig. Ich hatte für diesen kurzen Moment eine vollkommene und absolute Verbindung zur Natur um mich aufgenommen, auf eine Weise, die mir vollkommen klar erschien. Zum ersten Mal in meinem Leben verstand ich es. In einem Augenblick hatte dieser Bär mir gezeigt, was „wild" bedeutet, er stellte innerhalb weniger Sekunden meine gesamte Persönlichkeit scharf und gab jedem Naturerlebnis, das ich je gehabt hatte, einen Sinn.

In meinem Aha-Erlebnis spielte ein Bär eine Rolle. Ziemlich angemessen, wenn man seine kulturelle und symbolische Bedeutung in den Völkern bedenkt, die noch eine enge Beziehung zur Natur pflegen. Viele nordamerikanische Kulturen halten Bären für Krafttiere und tatsächlich sind sie eine starke erdende Kraft, die uns auf den Boden zurückzieht, uns in Verbindung und im Gleichgewicht mit der Erde und miteinander halten und uns zudem mit der Stärke und dem Mut versorgen, gegen Veränderungen standhaft zu bleiben, und uns zu körperlicher und emotionaler Heilung führen.

Einige sagen, dass der Bär die Lehre der Selbstprüfung vermittelt. Wenn er in deinem Leben auftaucht, solltest du darauf achten, wie du denkst, handelst und interagierst. Der Bär gilt als Tier, das eine Brücke zwischen Nacht und Tag bildet, zwischen Stärke und Frieden, dem Spirituellen und dem Körperlichen.

Dieser „mein Bär" hatte mir eine plötzliche Einsicht in eine tief verwurzelte Verbindung mit einer uralten Weisheit verschafft. Er hatte mich bis ins Innerste erschüttert und von diesem Augenblick an veränderte sich meine Beziehung zur Natur in jeglicher Form für immer.

Ich hatte schon vorher eine Ahnung dieses Gefühls verspürt. Als hätten sich die Finger der Natur und meiner wilden Seite nacheinander ausgestreckt, sich aber nie richtig berührt, als hätte mein Bewusstsein das Wilde in meinem Leben nicht ganz begriffen. Als Kind war ich nachts durch einen Wald in East Sussex gelaufen, in Unkenntnis der Tatsache, dass die Landschaft ein vom Menschen zerstörter, zahmer Schatten ihrer eigenen Vergangenheit war. In meinem achtjährigen Kopf war das anthropogene Wesen der Gesamtheit meiner Natur noch nicht angekommen.

Ich verspürte noch die urzeitliche Angst vor der Dunkelheit – die Bären, Wölfe und Raubkatzen meiner Fantasie waren noch echt für mich. Die aufgeschreckte Explosion von Taube oder Fasan, das Klopfen von Hasenfüßen oder das Grunzen und Lärmen eines flüchtenden Dachses durchschnitt meine sorglose Gegenwart und mein rasendes Herz und meine angespannten Sinne brachten mich zu dem zurück, wie es in einem anderen Leben gewesen war. Was ich in diesen Augenblicken erlebte, hatte jeder achtjährige menschliche Affe in den letzten rund 7,5 Millionen Jahren genauso erfahren. Ironischerweise war ich für die Tiere, denen ich unwissentlich über den Weg lief, tatsächlich eine bedrohliche Art; sie waren immer noch auf den ursprünglichen wilden Wald geprägt, nicht auf das von Menschen begärtnerte „Weald" mit seinem Ackerland, Zwischenfrüchten und beengten Flüssen.

Mein restlicher allzu kurzer Aufenthalt im Katmai-Nationalpark in Alaska war voll von dem, was ich nur als Wiedererweckung beschreiben kann. Ich erforschte ein Ökosystem, das noch viel vollständiger war als das in England verbliebene, und wenn auch die einzelnen Merkmale der Arten sich leicht voneinander unterschieden, war der Gesamteindruck doch derselbe und es galten dieselben Spielregeln. Dieses Spiel des Überlebens, das Biber und Dachs, Elch und Krähe, Meise und Buchfink hier spielten, fand in derselben Intensität auf der anderen Seite der Welt ebenfalls statt, auch wenn zu Hause einige Teile fehlten.

Diese Begegnung mit dem Bären war eine von vielen und bei einigen kam ich ihnen noch näher; einmal stand ich einem gewaltigen, fünfhundert Kilo schweren Grizzlymännchen von Angesicht zu Angesicht gegenüber, das auf einer deckungslosen

Schlammebene einer Flussmündung erst auf mich zugegangen, dann zugerannt war, um mich unter die Lupe zu nehmen. Ich hatte nichts als einen Müllbeutel in der Tasche (ein offizieller Bärenschreck), um mich zu verteidigen. All diese Erfahrungen und andere, die mit den Warnrufen von Grasmücken, dem nicht identifizierten Rascheln im Dickicht, dem entfremdeten Schrei in der Nacht zu tun hatten, durchdrangen mich noch etwa für die folgende Woche bis ins Mark.

Besonders fiel mir in dieser Zeit auf, wie stark ich die Dinge wahrnahm, richtig wahrnahm. Als wären die Scheuklappen meiner domestizierten Erziehung zusammen mit der Sinnesbeschränkung, die sie erzeugt hatte, von meinen Augen gefallen, und alle meine anderen Sinne wären auf ähnliche Weise befreit worden. Nichts konzentriert die Aufmerksamkeit besser auf die Umgebung – die Lage des Landes, die Pflanzen, Tiere, Geräusche, Gerüche –, als die Vorstellung, das eigene Leben könnte davon abhängen. Als Naturforscher habe ich viel Zeit damit verbracht, anderen meine Sicht auf die Welt als bekennender Biophiler mitzuteilen. Meine Karriere umfasst mehrere Jahrzehnte des Filmemachens, Schreibens, Vermittelns und informellen Lehrens der wilden Tier- und Pflanzenarten vor Ort. In dieser Zeit wurde mir oft gesagt (und ich erwähne das mit so viel Bescheidenheit, wie ich aufbringen kann), dass ich so viel bemerke.

„Wie haben Sie nur diese Raupe gesehen?" „Woher wissen Sie, dass da ein Baumläufer singt?" „Wow, Sie haben da gerade das Ei eines Aurorafalters entdeckt!" Meine Klienten scheinen diesen Fähigkeiten geradezu ehrfürchtig gegenüberzustehen. Ich sehe es in ihren Augen, ich höre es in ihren geflüsterten Bemerkungen. Aber die Fertigkeiten, die es uns ermöglichen, diese Einzelheiten in der Welt um uns herum wahrzunehmen, sind nicht schwierig zu erwerben. Eigentlich müssen wir sie gar nicht erwerben; wir besitzen sie schon und das von Geburt an. Wir alle sind geborene Naturforscher. Über das Werkzeug, mit dem wir eine wilde Welt wahrnehmen und in ihr überleben können, verfügen wir alle. Es gehört zu unserer Anlage, aber unsere Umwelt lenkt unseren angeborenen Affen ab. Der funkelnde Tand und Glitzer im Kokon unserer eigenen Technologien füllt unsere Sinne aus. Unsere Neuronen lassen die Schaltanlage aufgrund schlechter Kopien dieser wilden Verbindungen zur Natur, unserer Natur, aufleuchten. In der Ersetzung der Gesetze der Wildnis durch unsere selbst geschaffenen führen wir uns meiner Meinung nach selbst hinters Licht; wir sind nicht auf dem Weg zu einer Art von utopischer Perfektion, sondern ins Verderben durch Unzufriedenheit, Ablenkung, Abkopplung und alle Arten von Störungen, und dafür gibt es reichlich Belege. Die Zunahme von psychischen und körperlichen Gesundheitsstörungen sowie anderen Krankheiten aufgrund einer zunehmend sitzenden Lebensweise gehört zu dieser Trennung von uns selbst, aber mehr dazu später.

Ich muss wohl meinen vorausschauenden Eltern dafür danken, dass sie mich genau im richtigen Alter aufs Land verpflanzt haben, damit mein innerer Naturforscher sich entwickeln konnte. Die ländliche Umgebung meines Elternhauses bot die Faszination und Aufregung, die ich brauchte, um Körper und Geist zu trainieren und zu stimulieren. Sie wurde in ebensolchem Maß zum Mentor wie meine Eltern und engen Familienangehörigen. Sie wurde zu einem Ort des Lernens, der es mit jedem Klassenzimmer aufnehmen konnte, und war mir zur rechten Zeit Lehrer, Freund, Turnhalle, Spielplatz und unwissentlich auch Therapie. Ich war schon biophil und auch wenn diese Leidenschaft sich damals noch nicht voll entfaltet hatte, erreichte meine natürliche Faszination für die wilde Welt eine neue Stufe.

Unser erstes Zuhause lag in einer Neubausiedlung nicht weit von Crawley, wo sich keine Gelegenheit bot, einem Hirsch oder einem Fuchs zu begegnen. Aber hier in der ländlichen Idylle meiner Kindheit wurden diese und weitere Tiere zu etwas, das ich tatsächlich außerhalb der Seiten der Hamlyn-Enzyklopädie des Tierreichs antreffen konnte. Die frühen 1980er waren eine Zeit vor PCs und digitaler Ablenkung. In einem untypischen Satz in Richtung Modernität investierten meine Eltern in einen Heimcomputer, den BBC Micro, Modell B, weil er „pädagogisch wertvoll" war. Selbst in den Tagen der Blockgrafiken und großen Pixel regte sich schon die suchterzeugende Verlockung der Computerspiele, aber meine Eltern stellten schnell Regeln und Zeitbegrenzungen auf.

Ich entdeckte jedoch, dass die embryonische, kalte und langsam reagierende digitale Welt wenig zu bieten hatte im Vergleich zu einer Handvoll glitschigem Froschlaich, der Aufregung, zwölf Meter an einem Baum hochzuklettern, um in ein Krähennest zu spähen, oder der düsteren, aber reizvollen Sinfonie, in der ein totes Lebewesen langsam zerlegt und in seine einzelnen Bestandteile zurückgeführt wurde. All diese Erfahrungen waren echt und beschäftigten mein wahres Ich. Während ich übte, nicht im Sinne von erzwungenen außerschulischen Klavier- oder Flötenstunden, sondern auf natürliche Weise und in meiner Freizeit, schärfte ich meine Sinneswerkzeuge.

Stück für Stück, Lektion für Lektion, während ich frei durch die Felder und Wälder streifte, gelangte ich immer tiefer in eine Welt voller Nervenkitzel und Fertigkeiten, die ich bis heute nutze und weiter verfeinere. Ich erinnere mich noch an den Film *Legend of the Wild* (die fiktive Geschichte eines amerikanischen Einsiedlers, der fälschlicherweise des Mordes bezichtigt wird und in die Berge flieht, wo er überleben lernt und sich mit verschiedenen Tieren anfreundet) und wie ich durch die Konzepte und Bilder darin vollkommen verzaubert war. Die betörende Freiheit und die Beziehung, die Grizzly Adams zur Natur hatte, fand in mir einen Widerhall. In der Schule war ich ein ziemlicher Einzelgänger und konnte in den regulierten Grenzen des Klassenzimmers nie so recht ich selbst sein, und wenn im ländlichen Sussex auch ein gewisser Mangel an großen, zottigen Bären herrschte, gab es dort doch wenigstens Dachse. Kaum war der Film zu Ende, zog ich die Schaffellweste an, die meine Oma mir von einer Bustour durch die westlichen US-Bundesstaaten mitgebracht hatte – sie kam von allen meinen Kleidungsstücken am nächsten an Wildleder heran – und band ein Fahrtenmesser an meinen Gürtel. Ich ging hinaus, kroch durch Dickichte, watete durch Flüsse und versuchte, so nahe wie möglich an die wilden Tiere heranzukommen und eine Beziehung zu ihnen aufzubauen. Dieser Abenteuergeist gehörte damals und gehört noch heute zu meinem Leben. Damals war es das, was mich begeisterte, was ich wollte und wonach ich strebte und was ich am meisten schätzte. Eine Beziehung zu Tieren und damit auch zur restlichen Natur ist das, was mir am meisten wert war und worin ich erklärtermaßen im Laufe der Zeit auch glänzte. Das ist das Wichtigste – man muss gut in dem werden, was man für wichtig hält.

Es ist eine Sache der Lebensführung. Vielleicht sind Sie nicht in der Lage, die Liedvariante eines Rotkehlchens zu bemerken, zu erkennen oder einen Grund dafür zu finden, das zu können, aber dann haben Sie vielleicht andere Fertigkeiten, die mir ähnlich bizarr erscheinen. Einige von uns können einen Zug am Geräusch erkennen und sogar datieren: Das Rasseln, der Metall-gegen-Metall-Rhythmus der Lager und Kolben und der Feueratem vereinen sich zu einer Sinfonie, die (für diejenigen, die zuhören) ebenso erkennbar und unverwechselbar ist wie ein philharmonisches Orchester oder auch wie eine Band, ein Musiker oder ein Instrument. Auf was man speziell achtet, hängt sehr davon ab, welchen Dingen man einen persönlichen Wert beimisst, und auch wenn diese speziellen Beispiele sich auf Geräusche beziehen, gelten dieselben Prinzipien im Großen und Ganzen auch für unsere anderen Sinne. Vielleicht sind Sie ja in der Lage, die Phenole in einem guten Single Malt zu erschmecken oder die zarten Schokoladennoten in einem australischen Shiraz oder die homöopathische Dosis Chili in einem Salatöl.

Eigentlich könnte ich dieses Buch auch an dieser Stelle beenden, da nichts davon sonderlich komplex ist. Ich sehe mich um und erkenne eine Welt voller kluger Affen, die vergessen haben, woher sie kommen, im Kreis rennen, unglücklich und funktionsgestört, und das kommt daher, dass wir uns gestattet haben, genau das zu werden.

Tatsache ist, dass Sie es wollen müssen, dass Sie dieser Verbindung zur Natur in irgendeiner Weise einen Wert beimessen müssen. Wenn Sie also zurück zur Natur gelangen, die Welt besser verstehen, Ihre eigene Ökologie kennenlernen, in Körper und Geist fit werden, ein hervorragender Vogelbeobachter oder eine preisgekrönte Naturfotografin werden oder einfach echte Befriedigung erfahren möchten und nicht nur die urbane, entkoppelte Begeisterung über zwei Portionen Krabbenchips zum Preis von einer, dann lesen Sie weiter.

1
Die Wildnis definieren

Die allgemein wahrgenommene Bedeutung hinter dem Begriff „Renaturierung" ist eine Art konfuse, nörglerische, polarisierte und politisierte Ideensuppe: Biber, Luchse, Bären, Wölfe und George Monbiot in einer Kakophonie von Boulevard-Schlagzeilen, in denen Biber Fische fressen, blutrünstige Luchse alle Schafe reißen und Elefanten das Gleichgewicht der Natur wiederherstellen (wobei Letzteres nicht ganz unwahr ist). Doch was genau ist nun Renaturierung oder „Rewilding", wie es auch gern genannt wird? Im Moment ist dieser Begriff in aller Munde und für diejenigen, die nicht in der Materie drinstecken, kann er ziemlich verwirrend sein. Es scheint auch zahlreiche Varianten zu geben: kulturelle Renaturierung, landschaftliche Renaturierung, die persönliche Rückkehr zur Natur und sogar „Pleistocene Rewilding", also eine „Pleistozän-Renaturierung"! Der Begriff hat eindeutig viele verschiedene Definitionen. Es sind die aufregenderen, kontroverseren und sensationelleren Formen, die die Popkultur dominieren, und sie scheinen tief verwurzelte kulturelle Nerven zu treffen und an eine lange unterdrückte, unüberwindbare Schuld und an peinliche Wahrheiten zu rühren. Häufig wird der Begriff emotionsgeladen und umstritten und gespickt mit Vorurteilen und Meinungen verwendet.

Das Verb „renaturieren" bezieht sich in den meisten Fällen auf das Postulat, dass große Räuber und andere Schlüsselarten von wesentlicher Bedeutung für die Integrität der Ökosysteme sind, in denen sie natürlicherweise vorkommen würden. Solche Arten haben einen Einfluss auf viele andere Arten, die in der trophischen Nahrungskette unter ihnen stehen – das nennt man einen ökologischen Kaskadeneffekt, eine Stimulierung von oben nach unten dessen, was Ökologen die trophische Diversität nennen. Kurz gesagt, handelt es sich um die Anzahl der Gelegenheiten für verschiedene Arten, einander zu fressen und sich damit selbst zu erhalten. Ein gutes Beispiel ist die Wiedereinführung von Wölfen in den Yellowstone-Nationalpark. Nachdem sie über siebzig Jahre dort nicht mehr vorkamen, wurden die Wölfe Mitte der 1990er-Jahre wieder in ein Land eingeführt, das sie eindeutig verzweifelt vermisste.

Als die Wölfe zurückkamen, setzten sie eine ökologische Kaskade in Gang und beeinflussten so nicht nur die Populationen der Lebewesen, die sie jagten, sondern auch ihre Bewegungen und ihre Verteilung, was seinerseits als indirekte Konsequenz alle möglichen Dominoeffekte auf viele andere Arten hatte. Die Hirschpopulation ging zurück und die Entwicklung der Hirsche hin zu faulen Gewohnheitstieren hörte auf – ein vorhersehbarer Hirsch ist eine leichte Beute für einen Räuber. Ein wilder Hirsch in einer intakten Umgebung hat immer seine Augen überall, ist immer in Bewegung, nomadenhaft getrieben vom Bedürfnis nach Nahrung, aber gleichermaßen auch von dem Bedürfnis, nicht selbst zur Nahrung zu werden.

Davor lungerten die Hirsche in Yellowstone an ihren Lieblingsplätzen herum und löschten dort die Vegetation aus.

Bäume, Büsche, Pflanzen und Kräuter wurden abgeknabbert und von den Zähnen der Pflanzenfresser in Stücke zerpflückt. Als jedoch die Wölfe kamen, brachten sie die trophischen Schichten, die es sich in einer dysfunktionalen Version ihrer Existenz vor dem Menschen bequem gemacht hatten, in Bewegung. Die Pflanzenwelt erholte sich langsam vom unablässigen Trommelfeuer der Paarhufer – die Bäume wuchsen, das Gras wuchs; die Insekten hatten reichlich zu fressen, dann hatten plötzlich auch die Grasmücken Raupen zu fangen und Bäume zum Nisten; dank der neuen Beschattung der Flüsse konnten auch hier die Wirbellosen gedeihen und damit stiegen auch die Fischbestände und die Artenvielfalt im Wasser an. Bringt man den Wolf zurück, wird der Vogelgesang lauter und die Angelmöglichkeiten besser – in Wirklichkeit ist es natürlich etwas komplizierter und in einigen Bereichen muss sich einiges noch einspielen, aber Sie verstehen, was ich meine.

Bei der „Renaturierung" geht es um den Schutz dessen, was von natürlichen und halbnatürlichen Systemen noch übrig ist, und darum, verlorene Funktionen zu verbessern. Die Wiedereinführung fehlender Arten ist dabei von zentraler Bedeutung, aber auch, ihnen den Raum zu geben, den sie brauchen, oder vielmehr, ihnen den Raum zurückzugeben, den sie brauchen. Es geht darum, wilde Kernbereiche in einem landschaftsbaulichen Prozess zu erweitern und zu verbinden, wodurch größere Tiere den umfassenden Raum und den Zusammenhang haben, die sie brauchen, um zu gedeihen und ökologisch robust zu sein, vor allem angesichts von Veränderungen. Das scheint etwas zu sein, was wir falsch verstanden haben.

Kurz gesagt, ist die Definition der modernen Renaturierungsbewegung das Eingeständnis, dass das bestehende Naturschutzmodell als Gesamtlösung nicht besonders gut funktioniert hat.

Natur hinzufügen oder Kultur abziehen? Stellen Sie sich folgende Szene vor: Die blutrote Hornscheide eines Schnabels vor einer leuchtend grünen Grasnarbe; das lebhafte zweifarbige Auge beobachtet alles. Abgesehen vom kaum wahrnehmbaren Lidschlag und dem vom Wind zerzausten Gefieder sitzt es bewegungslos da.

Dreht man den Ton ab, erscheint die Szene ganz normal, fast wie ein Beispiel für Komplementärfarben auf dem Farbkreis. Das Austernfischerweibchen sitzt auf seinem Nest auf vier granitgrauen, braun gefleckt-gesprenkelten Eiern. Diese Eier sind ihr Ein und Alles, ihr Polarstern; vielleicht sind sie ihr einziger Beitrag zur nächsten Generation. Nicht, dass man sie sehen könnte, sie sitzt fest darauf, hingekauert auf einem einfachen schalenförmigen Nest, und schützt und nährt die Saat des Lebens darin, indem sie den begehrlichen Blick der Silbermöwe und die Kälte des schottischen Windes von ihrer matten Oberfläche fernhält.

Gehen wir nun aus diesem Mikrokosmos frühlingshafter Ruhe in die Totale, vorbei an den nickenden Grasnelken über der Zistrose, vorbei an den Kaninchen, die die Grasnarbe fest und elastisch halten, vorbei an der aufgemalten weißen Linie, der Chipstüte und der zerdrückten Getränkedose, dem Asphalt, den zerschmetterten Überresten eines jungen Kaninchens, und schalten wir den Ton wieder an: ein unablässiges Getöse, die Dissonanz von Motorrad, Bus, LKW und Auto, Lärm und Dreck rund um die Uhr.

Das ist die moderne Wildnis. Eine kreisrunde Wildnis, ein Fragment der Highlands auf einer Verkehrsinsel in Inverness.

Es funktioniert einstweilen für die Tausenden von uns, die sie umfahren, und für diejenigen mit den Füßen auf ihrem Boden. Es ist ein Fragment von etwas, das sich für Austernfischer und Kaninchen richtig anfühlt, ebenso für unzählige andere wilde Tierarten, die sich zweifellos dieses Atoll auf der A9 mit ihnen teilen, aber im Augenblick unsichtbar bleiben. Sie sind in Sicherheit vor Räubern und haben alle Annehmlichkeiten, die sich ein nistender Austernfischer oder ein Kaninchen wünschen könnte, bis sie fortmüssen, und das werden sie eines Tages.

Zuerst schien mir diese Szene wie ein Sinnbild für die zurückschlagende Natur, für das Leben, das sich immer durchsetzt. Aber nicht weit entfernt, in den Glens und Straths, durchleben Austernfischer genau wie dieser gerade denselben Lebenszyklus. Das war kein Beispiel dafür, wie Vögel in unsere Nähe gezogen sind, sondern eher dafür, wie wir uns in ihren Lebensraum gedrängelt, unser Leben über ihres gestülpt haben ohne Rücksicht auf ihre Bedürfnisse. Wir hatten blind immer weitergemacht, immer weiter Asphalt verlegt, der sich ausdehnte und ausbreitete, bis er die ganze Landschaft bedeckte.

Es schien unvereinbar und unbequem: ein Tier aus wilden, windzerzausten Weiten, umtost vom Luftzug der LKW, von Staub und Dieseldämpfen. Doch auch wenn mich dieses Bild wegen der extremen Gegenüberstellung seiner Elemente traf wie ein Faustschlag, war das Ergreifende daran das, woran es mich erinnerte: Natur neben, aber getrennt von der Zivilisation.

Ein ähnliches Szenario offenbart sich überall auf dem Land und im Übrigen auch überall auf der Welt.

Während der Austernfischer und die Kaninchen im Augenblick zufrieden waren, in Sicherheit in ihrem, wenn auch lauten, Zufluchtsort, beunruhigte mich der Gedanke daran, was passieren würde, wenn die tapsigen Küken schlüpften und begannen umherzutaumeln, oder wenn die Kaninchen, nachdem sie sich arttypisch vermehrt hatten, sich verteilen mussten. Was auf dieser Verkehrsinsel passierte, war eine Miniversion davon, wie die meisten Naturschutzgebiete funktionieren (oder auch nicht). Eine parzellisierte Idylle, ein umzäuntes, abgeschottetes

Fragment dessen, wie es früher in der gesamten Umgebung war. Etwas zu „konservieren" bedeutet, es im selben Zustand zu erhalten, etwas Erwünschtes zu bewahren, wie Konfitüre in einem Schraubglas. Aber während ein zuckerhaltiges Mus aus Früchten unbegrenzt lange konserviert im Regal stehen kann, funktioniert das mit der Natur nicht so einfach.

Der bewahrende, konservative Naturschutz wird seit seiner Entstehung im 18. und 19. Jahrhundert hauptsächlich als Unterteilung der Landschaft verstanden, ein verzweifelter Griff nach Landstücken, um rasch verschwindende Lebensräume und die darin enthaltenen Arten festzuhalten.

Über 99 Prozent ihrer Existenz als Art waren die Menschen Jäger und Sammler, nomadische Affen mit einem großen Kopf. Einem großen Kopf auf einem Körper, der sich letztendlich niederlassen und weniger seinem Abendessen hinterherlaufen wollte.

Vor rund zehntausend Jahren dann begann jemand mit dem, was wir Landwirtschaft nennen – ein Verfahren, durch das sich die ermüdende Notwendigkeit abschaffen ließ, andere Lebewesen zu jagen.

Seitdem geht es uns als Art gut. Nahrung zu finden, ist nun vorhersagbarer, einfacher. Wir haben die Lebewesen eingezäunt, die wir essen wollen, und sie am Weglaufen gehindert, damit wir sie nicht mehr energiezehrend verfolgen müssen. Ebenso haben wir Methoden entwickelt, die Pflanzen wachsen zu lassen und zu kultivieren, die wir neben die Lebewesen auf den Teller legen wollen.

Dieser Ehrgeiz, uns das Leben leichter zu machen, ist ein wenig zur Besessenheit geworden, dank der wir die Natur kontrollieren, manipulieren und formen, damit sie unsere Bedürfnisse erfüllt. Uns von der Wildnis und unserem natürlichen ökologischen Zustand zu distanzieren, ist zum menschlichen Fortschrittsmodell geworden. Das Verfahren der Landwirtschaft, mit dem wir erstmals im Fruchtbaren Halbmond im alten Mesopotamien experimentierten, hat es uns ermöglicht, sesshaft zu werden und irgendwann schließlich Städte und Kulturen zu erschaffen. Das wiederum verschaffte uns reichlich Zeit, nachzudenken und neue Dinge zu entwerfen, die uns das Leben noch einfacher machten und durch die wir andere Probleme überwinden konnten, die wir zwangsläufig selbst erschaffen haben. Bald folgten die Kanalisierung von Wasser, Handelsnetzwerke, Straßen und Boote. Dieser Prozess der Kontrolle und Ausbeutung für unsere eigenen Bedürfnisse setzte sich ununterbrochen bis in den ersten Teil des 19. Jahrhunderts fort. Wir haben uns ausgebreitet wie eine Plage. Wo wir früher zwischen den Bäumen hindurchschlüpften und uns lautlos durch das Gras bewegten, suchen wir nun nach Herrschaft; wir haben die Bäume versetzt und entfernt, sind über ganze Ökosysteme getrampelt und haben sie zerstört, während wir zum Schaden fast aller anderen Arten und der Lebensräume, die sie brauchen, die Welt nach unseren eigenen Bedürfnissen umgestaltet haben.

Es gab jedoch einige, die diesen Landverbrauch klugerweise infrage stellten, und so entstand eine Gegenkultur. 1821 baute der englische Exzentriker Charles Waterton für 9.000 Pfund eine fünf Kilometer lange, drei Meter hohe Mauer um sein Anwesen Walton Hall in Yorkshire, um die wilden Vögel und andere Wildtiere, die ihm am Herzen lagen, vor den Aktivitäten der Wilderer zu schützen. Damit schuf er unwissentlich das erste Naturschutzgebiet (dieser Vordenker wird auch als Erfinder des Vogelhäuschens genannt). Kurz darauf unterschrieb Präsident Grant auf der anderen Seite des Atlantiks 1872 eine Verfügung für den ersten Nationalpark; Yellowstone wurde gegründet, um seine einzigartigen geologischen, geothermalen und landschaftlichen Merkmale vor Ausbeutung und Zerstörung zu schützen. Die Naturschutzbewegung nahm an Fahrt auf.

Traditionell sollten Naturschutzgebiete, Nationalparks und Wildtierschutzgebiete Rückzugsorte für die Natur sein, in dem sie abgeschottet und geschützt wird und die Art ausgeschlossen wird, die sich zuvor so verheerend auf sie ausgewirkt hatte – wir.

Was jedoch als verzweifelte Maßnahme begann, Orte angesichts der fast sicheren anthropogenen Zerstörung zu retten, funktionierte zwar kurzfristig, griff aber langfristig zu kurz. Während Naturschutzgebiete in einigen Fällen als nützliche Schutzräume für gefährdete Arten und Lebensräume dienen, als aus der Verzweiflung geborene Rückzugsorte, sind sie tatsächlich selten groß genug, um langfristig zu funktionieren.

Yellowstone mit seinen 9000 Quadratkilometern Wildnis erscheint vielleicht groß genug, um auf natürliche Weise zu funktionieren, aber nichts könnte der Wahrheit ferner liegen. Zwar mag es einem Menschen groß vorkommen, der ein paar Kilometer am Tag wandert oder in einer Welt aufgewachsen ist, in der wichtige Dinge fehlen, doch für einen einzelnen Wolf, Bär oder Vielfraß ist es eine Insel.

Sicher, eine Insel, die eine Weile funktioniert, aber genau wie eine Maschine mit unzähligen Einzelteilen kommt sie ohne mechanische Wartung irgendwann knirschend zum Stillstand. All die komplizierten Mechanismen, die wir gerade erst zu verstehen beginnen, müssen nämlich gepflegt werden. Wölfe oder Biber oder andere Schlüsselarten sind die ökologischen Ingenieure; wenn ihre Grundbedürfnisse nicht erfüllt werden und sie dem System verloren gehen, arbeitet das System früher oder später nicht mehr richtig und es bleibt nur noch eine unzusammenhängende Sammlung von Arten übrig, die nicht mehr miteinander in Beziehung stehen. Das ist das, was in recht starker Vereinfachung das natürliche Gleichgewicht genannt wird.

Wenn Wölfe oder Biber keinen Artgenossen aus benachbarten Populationen mehr begegnen können, was für die langfristige Erhaltung der Population ebenso notwendig ist wie ausreichend Lebensraum und Nahrung für ihre kurzfristige Erhaltung, dann ist das Spiel vorbei. Wenn ein Wolf, Bär oder Bison Yellowstone verlässt, trifft er unweigerlich irgendwann auf einen Menschen und wird erschossen. Denken wir nur an die Austernfischerküken zurück, die am Rand der Verkehrsinsel umhertorkeln: der Maßstab ist ein anderer und es geht nicht um ein Naturschutzgebiet, aber der Grund für die Bewegung und das Ergebnis sind genau dieselben.

Dieses größere Bild haben wir bis vor relativ kurzer Zeit nicht gesehen. Eine Philosophie der Topfpflanzen oder von Noahs Arche beherrschte bisher unsere Beziehung zu Tieren und Pflanzen, eine Art Zweierreihen-Mentalität, immer eine Art nach der anderen. Der traditionelle zoologische oder botanische Garten ist ein Sinnbild dafür, wie wir Naturschutz oft wahrnehmen – einige dieser Einrichtungen nennen sich denn auch Naturschutzorganisationen. Aber selbst diese gefangenen Populationen können isoliert nicht bestehen – darum geht es in den Zuchtregistern: eine Art von genetischer Integrität zu bewahren, so gut wir können, soweit unser etwas arrogantes Verständnis solcher Dinge eben reicht. Vor nicht allzu langer Zeit dachten wir noch, die 9000 Quadratkilometer in Yellowstone seien reichlich, aber inzwischen haben uns neue Technologien ein besseres Verständnis für die dynamische Natur und die umfassenden Raumanforderungen der Populationen vieler großer Tiere ermöglicht.

Die Wölfin Pluie war ein berühmtes Beispiel dafür. Mit fünf Jahren wurde sie eingefangen und mit einem Peilsender versehen. In nur neun Monaten durchstreifte das Tier mit dem Senderhalsband ein Gebiet, das über zehnmal größer war als

Yellowstone, rund 100.000 Quadratkilometer, und überquerte drei Staatengrenzen, bevor es von einem Jäger getötet wurde. M65, ein junges Vielfraßmännchen mit Peilsender, wanderte über 800 Kilometer und durchquerte mindestens vier Bundesstaaten, bevor es ebenfalls durch die Hand eines Mannes den Tod fand, der es für eine Bedrohung für sein Vieh hielt. Hier handelt es sich um große, unübersehbare Lebewesen, und solange sie nicht ins Visier eines Jagdgewehrs geraten oder am Kühler eines Lasters enden, schlagen sie sich irgendwie durch. Sie suchen sich Räume, die für sie funktionieren, sie haben eine natürliche Veranlagung, sich zu zerstreuen, zu wandern, bis sie ein freies Revier, neue mögliche Partner und natürlich die Nahrungsquellen finden, die sie brauchen. Dank Wildtier-Telemetrie und GPS-Systemen begreifen wir allmählich die Schwächen unserer bisherigen Anschauungen. Viele dieser großen Tiere – Bären, Wölfe, Luchse, Vielfraße und Elche – können auf der Suche nach einem Dinner und einem Date endlos viele Kilometer zurücklegen.

Wie ein schlechter Witz oder ein wiederkehrender Albtraum wiederholt sich genau diese Situation fast überall auf der Welt, wohin man auch blickt. Hungrige Tiere mit hohem Platzbedarf werden auf zunehmend fragmentierte Lebensräume beschränkt. Sie sind eingeschlossen, manchmal wortwörtlich, manchmal durch für uns unsichtbare Grenzen wie grüne Wüsten von Ackerland, offene Weiden, Straßen und Erschließungen. Tiger, Jaguare, Elefanten, Löwen, Eisbären, Mähnenwölfe, Riesengürteltiere, suchen Sie sich eins aus. Sieht man nur genau genug hin, findet man immer Konflikte. Es gibt keinen Platz für diese ökologischen Riesen.

Aber wenigstens haben viele dieser Tiere Fans, die für ihre Rechte eintreten. Es ist einfach, einen Menschenaffen auf ein Poster oder in eine Anzeige in einer Zeitschrift zu drucken und Sympathie für ihre Sache zu erzeugen. Die Macht feuchter

Augen darf man nicht unterschätzen. Deshalb besteht ein kulturelles Bewusstsein für solche Tiere – aber was ist mit anderen, kleineren Arten, die auf ihre Weise genauso wichtig sind? Sie sind vielleicht keine Schlüsselarten, aber bringen genauso viele Punkte für die Artenvielfalt, also für genau das, was unsere Welt interessant macht. Kennen Sie die Bauchige Windelschnecke? Wenn Sie sich nicht zufällig an die Schlagzeilen erinnern, die 1996 vom „Krieg in Newbury" und dem Bau der Newbury-Umfahrung berichteten, wahrscheinlich eher nicht. Dieses kleine, drei Millimeter lange braune, gezwirbelte Weichtier stoppte den Bau einer großen Straße, bis man es wortwörtlich aus dem Weg räumte und an einen anderen Ort versetzte. Die Bedingungen für sein Überleben waren dort jedoch nicht optimal und es starb aus: traurig, aber auf traurige Weise auch vertraut.

Obwohl wir in Großbritannien 15 Nationalparks, 224 staatliche Naturschutzgebiete und Tausende weitere in Privathand oder im Besitz von nichtstaatlichen Naturschutzorganisationen haben, und dazu noch Naturschutzgesetze, stellen wir ein deprimierendes Versagen der ursprünglichen Idee fest. Immer noch lassen wir die Artenvielfalt mit erbärmlicher Geschwindigkeit ausbluten und schaffen es nicht, irgendeins der Ziele zu erreichen, die wir uns selbst setzen, also funktioniert unser derzeitiges Modell ganz offensichtlich nicht.

Naturschutzgebiete, ganz gleich in welcher Form, erfüllen ihre grundlegende Aufgabe nicht, und genau wie in Nordamerika und anderen Teilen der Welt sind dafür die wachsenden Bevölkerungszahlen und der stetige Ausbau unserer Zivilisation mit allem Drum und Dran wie der Fragmentierung von Lebensräumen und dem Auf- und Ausbau kultureller Infrastrukturen ohne Rücksicht auf die Natur verantwortlich.

Das Leben, ob in Form von Wolf, Vielfraß, Käfer oder Schmetterling, Eisenhut oder Espe, hat Schwierigkeiten zu existieren, wenn seine Populationen voneinander getrennt werden. Eine Weile hinkt es noch weiter, aber irgendwann verliert es seine genetische Vielfalt und auch seine Widerstandsfähigkeit gegen Umweltveränderungen. Und die gibt es weiß Gott – der Klimawandel ist für einige Wissenschaftler die größte Herausforderung, der die Menschen und damit auch das restliche Leben auf der Erde jemals gegenüberstanden. Viele Tier- und Pflanzenarten sind Teil wesentlich größerer Metapopulationen, die zwar scheinbar isoliert voneinander existieren, aber dennoch auf einen Fluss angewiesen sind – ein gewisses Maß an Auswanderung und Einwanderung zwischen den Populationen, um sie robust und gesund zu erhalten. Unsere Städte, Häuser, Straßen, Autobahnen und andere Erschließungen, Ziegelsteine, Mörtel, Asphalt und Monokulturen stehen zwischen diesen zunehmend fragmentierten Populationen. Sie verlieren und damit auch wir. Kurz gesagt, sie funktionieren nicht, sie sind zu klein, um nachhaltig zu sein. Wo die Schlüsselarten verschwunden sind, aus welchem Grund auch immer, führen der Verlust der Biosphäre und die negativen ökologischen Auswirkungen zum allmählichen Niedergang des gesamten Systems, Art für Art, wenn das Ökosystem zusammenbricht, auseinanderfällt und altert.

Aber haben Sie etwas Geduld mit mir. Das alles klingt zwar nach schwerer Kost und vielleicht möchten Sie inzwischen mich, dieses Buch, die Menschheit, ja die Welt einfach aufgeben – bitte tun Sie es nicht. Es gibt viele Gründe zur Freude, und zu denen komme ich gleich. Einer davon heißt Y2Y, ein eingängiges Akronym für die „Yellowstone to Yukon Conservation Initiative".

Diese großartige Partnerschaft von rund dreihundert Einzelpersonen und Organisationen auf beiden Seiten der

Grenze zwischen den USA und Kanada begann 1993 in Anerkennung genau der Dinge, die ich gerade erwähnte.

Y2Y erstreckt sich rund 3000 Kilometer vom Territorium Yukon am Rand der Beaufortsee und weit im Polarkreis über die Rocky Mountains bis zu ihrem südlichen Vorposten, dem Yellowstone-Nationalpark. Das Gebiet deckt einige der letzten verbliebenen Regionen der amerikanischen Wildnis ab. Es wurde eingerichtet, weil es nicht nur über eine nahezu intakte Ökologie verfügt mit einer reichen Auswahl an großen Pflanzen- und Fleischfressern und allen ökologischen Helfern, auf deren Schultern sie stehen, sondern auch über viele geschützte Gebiete verfügt – über insgesamt 44 Nationalparks. Diese Parks dienten zwar als nützliche Ankerpunkte, waren aber einfach nicht groß genug für die natürlichen Wanderungen der Wildtiere.

Die Dynamik der Natur aus erster Hand zu beobachten, ist ein Erlebnis, das sich nur schwer in Worte fassen lässt. Als ich Zehntausende von Karibus aus der Entfernung erblickte, sahen sie so zahlreich aus wie die Mücken, die versuchten, sich durch meine Kleidung zu bohren. Und doch wurde jedes dieser 200 Kilogramm schweren Tiere von dieser scheinbar öden Tundra am Leben gehalten. Als ich näherkam, wurde mir klar, dass sie aus demselben Grund umherzogen, aus dem ich mit den Armen wedelte und mir ins Gesicht schlug. Auch sie wurden von Mücken gequält – und von den Mücken ernährten sich viele Vögel unterschiedlicher Arten, von munteren kleinen Watvögeln, die zwischen ihren Hufen umherliefen, bis zu Stelzen und durch die Luft sausende Raubmöwen.

Ich war mit Karsten Heuer (einem Wildtierbiologen) und Leanne Allison (Umweltschützerin) zusammen, die ein Jahr lang mit 120.000 dieser Tiere gelebt hatten und ihnen gefolgt waren, um Aufmerksamkeit auf die Bedeutung von Y2Y zu lenken und in kleinem Maßstab gegen die mögliche Erschließung des Arctic

National Wildlife Refuge zu protestieren, dem wichtigsten Kalbgebiet für die Herde. Sie waren rund 1500 Kilometer durch eins der interessantesten Gelände der Welt gereist, hatten geschlafen, wenn die Tiere schliefen, und waren weitergezogen, wenn sie weiterzogen. Sie hatten alles gesehen und miterlebt; sie waren zwölf Monate alte Ehrenkaribus.

Sie erzählten mir, ihre wichtigste Erkenntnis hätte darin bestanden, dass es nicht nur die Mücken und die Vögel waren, die von diesem endlosen Mahlstrom aus Rentierfleisch und -blut abhingen. Es war vielmehr eine ökologische Prozession. Die Karibus „zogen ein ganzes Ökosystem hinter sich her". Wenn es nicht Bären waren, dann Wölfe, die die Herde ständig peinigten, die Schwachen von den Starken trennten, die Spreu vom Weizen. Die 1500-Kilometer-Reise der etwa 197.000 Tiere ist die längste Wanderung aller Landsäugetiere und das intakte nördliche Äquivalent dessen, was ich am Ende meiner Reise in den Süden sehen sollte.

In Yellowstone stehen alle Bisons, die aus den großen Herden im Mittleren Westen übriggeblieben sind, in Gruppen herum. Ich hatte meinen Oberkörper aus dem Sonnendach meines Mietwagens gezwängt, um diese gigantischen Kühe zu beobachten, die stoisch im beißenden Wind standen, während sich Schneeflocken in ihrem Fell und ihren Wimpern fingen, gleichzeitig eisern und zart. Da ich meine Gebühr bezahlt hatte, fühlte sich die Natur an wie eine Ware. Es war natürlich notwendig; die Ökologie und die Ökonomie und das Bestreben, Mensch und Umwelt möglichst gesund zu erhalten, hatten dazu geführt, dass sich beides unentwirrbar miteinander verzahnte. Hier hatte die Natur einen Wert, während oben im Norden die Karibus außer für ein paar indigene Völker eher ein Ärgernis für die Ölkonzerne darstellten, weil sie an die fossilen Brennstoffe unter den gespaltenen Hufen der kalbenden Karibus wollten. Zwei Extreme derselben Beziehung. Diese 8000 Kilometer lange Reise (die Ironie des Umstands, dass ich mit dem Auto fuhr, entging mir dabei nicht) von Norden nach Süden war gleichzeitig eine Zeitreise aus der nahezu unberührten Wildnis mit einer einzigen Straße, dem Dempster Highway, in eine Wildnis, in der der beklemmende Einfluss von Einkaufsmeilen und 24-Stunden-Läden und Fast-Food-Ketten unsere moderne Lebensweise verkörperte. Unterwegs traf ich Ureinwohner, moderne Wildtiermanager, Jäger, Künstler und Naturschützer, die alle hoffnungsvolle Hymnen auf die ehrgeizige Y2Y-Naturschutzinitiative sangen.

Hoffnung besteht auf beiden Seiten des Zauns, wortwörtlich. Auf dem Trans-Canada Highway ist viel los. Er ist die Hauptroute zwischen Calgary und Alberta und jeden Tag befahren mehr als 15.000 Fahrzeuge seine vier Spuren. In der Nähe von Banff steht auf einem 45 Kilometer langen Abschnitt auf beiden Seiten ein 2,4 Meter hoher Zaun, um die große Zahl von Verkehrsunfällen unter Beteiligung großer Wildtiere einzudämmen. Das bringt zwar kurzfristig für Menschen und Wildtiere Vorteile, aber das Problem ist auch hier wieder die Fragmentierung. Obwohl die Straße seit ihrem Bau in den 1950er-Jahren für die Wildtiere immer eine Art von Grenze war, gelang es einigen Tieren dennoch, sie zu überqueren. Der Zaun jedoch machte daraus eine selbst für den entschlossensten Elch unüberwindliche Barriere.

Jedoch – und genau das macht das Wesen des Y2Y-Modells aus – wurde dank einer progressiven Mischung aus Wissenschaft und Aufklärung ein Netzwerk aus Unter- und Überführungen errichtet mit dem Ziel, die Populationen auf beiden Seiten dieses vielgenutzten und wichtigen Transportkorridors miteinander zu verbinden.

Als ich inmitten der kopfhohen Nadelbäume, des dichten Buschwerks und des Gewirrs von kniehohen Gräsern und

Kräutern stand, konnte ich kaum glauben, dass ich dort war. Meinem GPS-Gerät zufolge stand ich mitten auf dem Highway; hier sollten vier Spuren in den Norden und weitere vier in den Süden führen, aber es war nur ein gelegentlicher krächzender Vogelruf zu hören und das Singen des Windes in den Kiefern. Es war, als sei die Landschaft die Hügel hinabgerutscht wie ein loser Treppenläufer und hätte den Trans-Canada Highway in ihren üppigen, grünen Flauschteppich eingehüllt – als sei die Ökofantasie eines Naturforschers wirklich geworden. Ich hatte die Karte richtig gelesen und mein GPS-Gerät funktionierte tadellos – es log nicht. Ich war genau dort, wo es mich verortete, nur darüber.

Wenn ich mich konzentrierte, sobald der Wind kurz abflaute und der Vogel in seinem ziemlich melodiefreien Gesang pausierte, konnte ich das sanfte Schnurren des Verkehrs hören. Genau darum geht es. Ich stand mitten auf der fünfzig Meter breiten Wildtierüberführung – ein kurzer Korridor, der die wilden Lebensräume auf beiden Seiten des tödlichen schwarzen Bandes verbindet. Es war einer von zwei Überführungen auf diesem Abschnitt des Highways; dass ich keine Kanten, Hecken, Mauern oder Zäune sah, sollte dafür sorgen, dass auch die scheuesten Arten sich hinübertrauten.

Die Überführungen im Bow Valley bei Banff sind beispielhafte Wildtierkorridore und dazu noch spektakulär gut sichtbar, aber sie sind nur ein winziges Beispiel für die Gesinnung hinter der Y2Y-Vision. Es geht nicht darum, Wildtiere und Menschen voneinander zu trennen, sondern um Integration und Verbindung, damit beide Seite an Seite leben und gedeihen können.

Für mich war das ein Schritt in Richtung Zukunft und auch wenn immer noch Förster, Viehtreiber und Interventionen nötig sind, wo Wildtiere in die Enge getrieben werden, besteht doch allgemein ein Bewusstsein und eine Sympathie für die

Wildnis und man schätzt die Würze, die sie in den Alltag bringt. Selbst ein Opfer eines beinahe tödlichen Bärenangriffs sagte nonchalant zu mir: „Ich war ja in seinem Revier, er hat nur getan, was Bären eben tun."

Auch wenn es in diesem Beispiel weniger um Renaturierung als um Wiederverbindung geht, passt es zum Thema dieses Buches: Das Wichtige ist unsere Beziehung zur Natur und wie wir unseren Platz neben ihr neu bewerten müssen.

2
Klein anfangen

Wie ein tief fliegender Komet, eine rote Rakete, ein Irrlicht raste das Eichhörnchen durch den schottischen Kiefernwald. In einem Augenblick war es da, im nächsten verschwunden, rauf und runter, zwischen die graumelierten Kiefernsäulen und wieder heraus. Es war nie länger sichtbar als den Bruchteil einer Sekunde, aber es war mir egal, dass ich seine lebhafte Gestalt nicht ganz zu sehen bekam, diese unverwechselbar puscheligen Ohren und die funkelnden, misstrauischen Augen. Schon ein flüchtiger Blick auf unser einheimisches britisches Eichhörnchen reichte, um mich zufrieden zu stimmen. Aber das sollte es nicht. Zunächst einmal hatte ich über tausend Kilometer weit fahren müssen, um eins zu sehen, und dabei ging es schließlich um unser Eichhörnchen. Wenn man heute in Großbritannien von Eichhörnchen redet, haben die Menschen genau dasselbe Bild im Kopf wie die Bewohner von North Carolina. Was wir heute Eichhörnchen nennen, ist grau und nicht rot.

Das ist ein Beispiel für das sogenannte „Shifting-Baseline-Syndrom" und tritt ziemlich häufig zutage, wenn man versucht, die wahre Funktionsweise eines britischen Ökosystems zu verstehen. Das Problem ist, dass wir schnell vergessen. Womit eine Generation aufwächst, wird zur Norm, zum Ziel, das wir anstreben. Hätten meine Eltern eher die Kurve gekriegt und mich ein paar Jahre früher bekommen hätten, hätte ich vielleicht auch noch mehr Farbe im Wald vor unserer Tür gesehen. So nahe dran waren sie, so schnell fand der Wandel statt und so kurz ist unser kollektives kulturelles Gedächtnis.

Dieser heimtückische, langsame, schleichende Wandel ist nur ein Beispiel dafür, wie unsere eigene Wahrnehmung der Wildnis sich mit der Zeit verändert. Wie das Land funktioniert und was hineingehört, gerät durcheinander und bildet einen steinigen Untergrund für die Samen der Renaturierung.

Eine hilfreiche Frage, die wir uns stellen können: Welchen Punkt auf einem Zeitstrahl von den ersten Schritten der Cro-Magnon-Menschen auf britischem Boden vor rund 800.000 Jahren bis 1988, als wir die Erdbauhummel verloren, peilen wir überhaupt an?

Es gibt zahllose weitere Beispiele für dieses Phänomen des Shifting-Baseline-Syndroms. Je weiter wir uns vom Land entfernen, desto weniger reden wir darüber, desto unwissender werden wir als Art und dann verirren wir uns. Getrennt von der Mutter, die uns letztendlich alle ernährt, haben wir Schwierigkeiten zu verstehen, weil wir aus den Augen verloren haben, was echt ist und was nicht; wir lösen die Verbindung und entwickeln ein Natur-Defizit-Syndrom. Wir laufen blind durch ein Land voller Schatten.

Ich habe schon häufig Leute die „Tatsache" zitieren hören, dass es inzwischen zu viele Sperber, Bussarde, Seeadler, Füchse oder Dachse gebe. Tatsächlich gibt es offenbar einen Club, in dem man garantiert aufgenommen wird, sobald man im Besitz eines krummen Schnabels, scharfer Zähne, Krallen oder Klauen ist.

Darüber hinaus pflegt unsere Art eine ökologische Fremdenfeindlichkeit, die sich auf so ziemlich alles erstreckt, das einen eigenen Willen zu haben scheint. Viele Menschen scheinen die Natur „unter Kontrolle halten" und aus ihrem Garten verbannen, Herrschaft über alle Lebewesen ausüben zu wollen, die großen und selbst die winzigen. Ich habe einmal von einer Frau gehört, die die Sandbienen in ihren Blumenrabatten ausrotten wollte aus dem einzigen Grund, dass sie sie unordentlich aussehen ließen. Dieses kurzlebige, harmlose Tierchen würde mir in meinem Garten viel Freude machen und wäre auch von großem Nutzen durch seine Bestäubungsaktivitäten. Falls Sie die Sandbiene nicht kennen: Sie ist ein kleiner, fuchsroter, geflügelter Flauschball, nicht größer als der Nagel Ihres kleinen Fingers. Sie ist eine Einzelgängerin, die Gesellschaft mag; das scheinbare Oxymoron bedeutet nichts weiter, als dass sie allein nistet, aber gerne Nachbarn in der Nähe hat. Das Nest selbst ist ein kurzer, bienenbreiter Tunnel, und das vom emsigen Insekt ausgehobene Erdmaterial bildet einen kleinen, lockeren Kegel aus feiner Erde, nicht höher als etwa einen Zentimeter. Die Art ist nur im Frühling aktiv und fliegt in der Regel in einem kurzen Zeitraum zwischen März und Mai. Die empfundene Notwendigkeit, ein solches Insekt zu beseitigen, ist für mich ein weiterer Beweis dafür, wie wir als Nation völlig abgedreht und ökologisch intolerant geworden sind.

Man braucht nur das Wort „Biene" zu sagen, und schon greifen alle entweder nach der Fliegenklatsche oder dem EpiPen. Fakt ist, dass die meisten unserer 230 Bienenarten Solitärbienen, also Einzelgänger sind, und weil sie keinen Honig lagern, der verteidigt werden muss, sind sie nicht aggressiv und führen keine Giftangriffe durch. Man müsste sich schon sehr anstrengen, um von einer gestochen zu werden, und damit meine ich, man müsste sie aufnehmen und drücken und selbst dann können die meisten gar nichts dagegen unternehmen, weil ihr Stachel nicht einmal unsere Haut durchbohren kann.

Mir scheint, wenn wir nicht mal ein kleines, passives, eindeutig hilfreiches bestäubendes Insekt in unseren Blumenbeeten dulden können, dann sind wir vermutlich noch nicht bereit dafür, die Wiedereinführung von supercharismatischen, lange verschollenen Schlüsselarten wie Biber, Wolf und Luchs zu begrüßen.

Verfolgt man diesen Gedanken weiter, stellt sich die Frage: Warum nicht? Die Renaturierung ist inzwischen verknüpft mit solchen besonders zahnreichen, charismatischen Arten, aber wenn man sie auf ihre grundlegendste, entscheidende Komponente zurückführt, dann kann Renaturierung auch einfach bedeuten, die eine Ecke des Rasens etwas länger wachsen zu lassen als üblich. Eine Toleranz für das Gänseblümchen oder die Pusteblume zu entwickeln, die durch den Asphalt bricht, oder ein bisschen Moos in den Spalten im Gehweg wachsen zu lassen, ist im Grunde genommen der Beginn des Renaturierungsprozesses. Oder?

Zumindest erlaubt man so ansatzweise der Wildnis, sich in ihrem eigenen Raum zu zeigen, und es verschafft einem die Gelegenheit, in die Poesie der Natur einzutauchen. Dieser Prozess steht im Zentrum der Instandsetzung von Landschaft und Lebensräumen; man schafft den Lebensraum und die Tiere, die ihn finden können, werden irgendwann auch einziehen. Es ist eine Art passiver Renaturierung, wenn man die Hand von Rasenmäher, Spaten und Pflanzkelle nimmt und die Natur einfach von selbst wieder einsickern lässt – in all ihrer berankten, stelzbeinigen, durchsichtig beflügelten, samtigen, fedrigen, kriechenden, knospenden, blühenden Fruchtbarkeit. Ein Renaturierungspurist würde sagen, Renaturierung bedeutet einfach in Ruhe lassen.

Wenn Sie einen Teich ausgehoben, ein Vogelhäuschen aufgestellt oder einen Nistkasten aufgehängt haben, betreiben sie unterstützte Renaturierung, indem Sie einen Lebensraum begehrenswerter für andere Arten machen. Manche würden argumentieren, das habe wenig mit der Wildnis zu tun und sei eine Form von Gärtnern. Aber während ich das hier schreibe, hat die Blaumeise an der Futterröhre vor meinem Fenster Gesellschaft von einer weiteren bekommen. Gerade hat sie ihre Flügel vor einer anderen, scheinbar identischen Blaumeise am Erdnussspender gespreizt (die Vogelversion des Anknurrens) und jetzt ist nur noch eine da. Dieser Vogel ist so wild wie jeder Tiger und er (oder sie, das lässt sich schwer bestimmen, wenn man selbst keine Blaumeise ist) bewegte sich durch den Garten und zeigte dasselbe Wildtierverhalten, wie er es auch im alten Wald auf der anderen Seite des Tals tun würde.

Der nächste logische Schritt entspräche der Wiedereinführung von etwas, das verloren gegangen ist, ausgelöscht aus dem Lebensraum, in den es einmal gehörte; besonders wichtig, wenn diese Art eine Schlüsselart ist oder die Atmosphäre, den Charakter eines bestimmten Lebensraums einfängt.

Wenn Sie einheimische Baumsorten pflanzen oder Wildblumen, die einst in Ihrer Nachbarschaft zu finden waren, oder Froschlaich in den Teich setzen, weil früher Frösche durch Ihren Garten hüpften, jetzt aber nicht mehr, dann tun Sie so ziemlich dasselbe wie diejenigen, die vorschlagen, eine Handvoll Biber in einem Strath in Schottland auszusetzen, oder Luchse oder Wölfe. Sie tun es nur auf Ihrem eigenen Grundstück auf Ihre Weise.

Eine gute Denkübung ist es, sich vorzustellen, wie die Welt in Ihrer Straße aussehen würde, wenn jemand etwas relativ Einfaches tun und einen einheimischen Baum pflanzen würde. Stellen Sie sich vor, jeder in Croydon würde eine Eiche in seinen

Garten pflanzen (ignorieren Sie dabei vorerst die praktischen Aspekte von Wurzeln und Abwassersystemen, mit Blättern verstopfte Regenrinnen und Abflüsse etc.) und die Eiche und den Garten einfach dem überlassen, worauf sie genetisch programmiert sind: In hundert Jahren hätte man einen urbanen Eichenwald und all die Freuden, die damit einhergehen – vielleicht würden ein paar Rehe einziehen, Nachtigallen könnten in jeder Straße singen und wenn Sie Glück haben, würde vielleicht sogar ein Luchs den Weg in Ihren Garten finden. Natürlich wünscht sich nicht jeder all diese Dinge, aber stellen Sie sich einmal eine Welt vor, in der es keins dieser Experimente irgendwo geben kann, denn das ist es wahrscheinlich, worauf wir zusteuern.

Natürlich würde eine Weiterführung dieses Szenarios bis zum Ende beinhalten, dass jeder seinen Garten aufgibt, und natürlich hätte jemand diesen Luchs erst einmal wieder einführen müssen (und den Rest der fehlenden Flora und Fauna, die sich dazu entwickelt haben, gemeinsam zu funktionieren). Wir hätten dem Drang widerstehen müssen, an Dingen herumzubasteln, die wir nicht nützlich finden oder die wir für schädlich oder einfach unnütz halten, oder sie zu entfernen. Schließlich ist das das Wesen der menschlichen Natur, das tun wir und haben es immer getan, seit wir selbst aus den Bäumen gestiegen sind. Das bringt einen anderen Faktor ins Spiel: uns. Mit Sicherheit sind auch wir ein Teil dieses Systems. Die menschliche Natur? Der natürliche Mensch wäre ein Teil dieser Ökologie gewesen. An welchem Punkt in unserer Geschichte ist unsere Beziehung mit der Natur gescheitert zum Nachteil von allem anderen?

Wie Sie sehen, ist die Renaturierung eine Skala. Sie können eine einheimische Baumart pflanzen, die in der Gegend vorkommt, und schon haben Sie den Ort etwas wilder gemacht, als er vorher war. Wenn Sie noch ein paar einheimische Wildblumen und etwas Gebüsch hinzufügen und es jeder Art das

Einziehen ermöglichen, die in unserem Garten existierte, bevor unser anthropogener Einfluss sich im ganzen Land verbreitet hat, dem Drang zur Einmischung standhalten und zusehen, was passiert, wenn man der Natur einfach ihren Lauf lässt, dann sind Sie am anderen Ende der Skala angekommen – Renaturierung in Reinform.

Wo auch immer Sie auf dieser Skala liegen, die Renaturierung ist ein Annehmen der Natur und der Tatsache, dass die Natur es am besten weiß, eine grüne Weisheit, der wahre Wert des Lebens. Sicherlich fällt es etwas schwer, sich ein Großbritannien vorzustellen, in dem wilde Wölfe durch die Landschaft streifen; leichter ist es, an ein Großbritannien mit ein paar mehr Lachsen in unseren Flüssen oder auch mehr Fröschen in unseren Teichen zu denken.

Es ist wahr, dass wir in Großbritannien lange Zeit ohne Raubtiere ausgekommen sind, die größer als ein Fuchs oder ein Dachs sind, aber wenn wir als Nation in die richtige Gemütsverfassung gelangen können, und mir ist klar, dass ich damit viel verlange, dann ist auf dieser Renaturierungsskala theoretisch alles möglich.

Welke Blüten

Warum hole ich im Sommer den Rasenmäher heraus und massakriere die Gänseblümchen und den Löwenzahn? Warum pflücke ich welke Blüten aus? Ja, wie viele von uns tue ich das von Zeit zu Zeit. Trotzdem verbringe ich viel Zeit im Garten damit, die winzigen Bewohner zu beobachten, die diese Pflanzen bevölkern, und ehrlich gesagt, verbringe ich wahrscheinlich mehr Zeit mit diesen Tierchen und sie machen mir mehr Freude als die bewusst gepflanzten Blumen.

Der Grund, warum ich die Spindel mit den Klingen rückwärts und vorwärts bewege, sobald das Gras zu wachsen beginnt, ist ganz einfach die gesellschaftliche Konditionierung; damit bin ich aufgewachsen, das habe ich als Norm wahrzunehmen gelernt. Das ist auch der Grund dafür, dass wir als Art Probleme haben und zu heuchlerischen Vertretern des Sankt-Florian-Prinzips werden, die sich eifrig dafür einsetzen, dass die Biber in unseren Flüssen bleiben, aber das Gras im eigenen Garten nicht wachsen lassen wollen.

Bei der Renaturierung geht es darum, das zu verbinden, was von den zerstreuten Lebensräumen von einst noch übrig ist, und Arten wieder einzuführen, die früher als Rivalen oder Bedrohung gesehen wurden, um eine natürliche Ordnung wieder einzusetzen. Dasselbe kann man auch von uns Menschen behaupten: Wir haben uns von unserem natürlichen Ich getrennt, distanziert, und es besteht ein verzweifeltes Bedürfnis danach, die Verbindung wiederherzustellen. Wir sind aus dem Gleichgewicht geraten, sind desillusioniert, verloren in einem selbst erzeugten Schattenland sowohl in uns, auf der Wahrnehmungsseite, als auch außen, auf ökologischer Ebene. Ich glaube, „Renaturierung" ist ein großer Begriff, der unsere Beziehung zur Welt verändern kann.

Auch wenn „Renaturierung" ein mächtiges Konzept mit vielen Facetten darstellt, ist sie für uns alle relevanter und uns näher, als wir zunächst denken mögen. Die Renaturierung unserer Haltung zur Natur, die kulturelle Anerkennung ihrer guten Eigenschaften könnte genauso gut als „Reekstasierung", „Resensorisierung", „Reinzentivierung" oder „Rebeglückung" beschrieben werden.

Was die Notlage des Austernfischers mit einem Vielfraß, eine Biene mit einem Biber verbindet, ist unsere Beziehung zur Natur; es zählt, wie wir über sie denken, wie wir sie wahrnehmen und wie wir sie in unserem Herzen spüren.

Natürlich birgt der Prozess der Renaturierung eine Reihe von theoretischen und praktischen Herausforderungen und auch wenn das langfristige Ziel der Wiedereinführung einiger fehlender großer Akteure in unserem gegenwärtigen Geisterland von entscheidender Bedeutung ist, sind wir tatsächlich noch sehr weit davon entfernt. Wenn wir Erfolg damit und mit der Wiederherstellung großer Landstriche haben wollen, müssen wir uns deutlich mehr Toleranz gegenüber dem Wilden beibringen. Und das bedeutet viel mehr, als über die Schlagzeilen der Boulevardpresse hinauszukommen, wo schon die Erwähnung von Wolf, Bär oder Biber alle in helle Aufregung versetzt. Es besteht kein Zweifel, dass wir diese „Schlagzeilen-Akteure" brauchen; natürlich tun wir das. Es sind die Schlüsselarten und wir können die Funktionsfähigkeit eines Ökosystems nicht vollständig wiederherstellen, wenn sie nicht ihren Platz darin haben.

Sie sind die Maskottchen des Begriffs „Renaturierung" und erinnern uns an das größere Ziel, das ehrgeizige Ziel. Wir können das ökologische i-Tüpfelchen nicht haben, bevor das i nicht steht. Wir haben an vielen Orten sowohl in Großbritannien als auch im Rest der Welt immer noch ein paar Reste der ursprünglichen funktionsfähigen Landschaft und solange wir die noch haben und das, was ihnen fehlt, besteht Hoffnung. Wir können sie immer noch alle zusammenbringen und unsere Welt erneuern und renaturieren, aber zuerst müssen wir unser Wertesystem wieder verbinden, wiederherstellen und neu kalibrieren. Wir müssen eine Veränderung herbeiführen in der Art, wie wir die Natur betrachten und mit ihr interagieren. Nicht als etwas, das immer geordnet, unterteilt oder kontrolliert werden muss – wir müssen beginnen, sie in unseren Alltag zu integrieren. Das Tolle an dieser Art der Renaturierung ist, dass wir alle dazu in der Lage sind. Sie ist einfacher zugänglich, als Sie vielleicht glauben.

Es hat wenig Sinn, sich damit abzufinden, dass Wölfe oder

Luchse durch den nahen Wald laufen, wenn man schon einen umgestürzten Baum unordentlich findet, Probleme mit ein bisschen Schlamm hat und mit der Vorstellung, eine Ecke des Gartens verwildern zu lassen, den Rasen nicht zu mähen oder auch Sandbienen in den eigenen Blumenrabatten zu dulden. Aber um zu verstehen, warum das wichtig ist, muss man sich zunächst ansehen, wie man die Natur betrachtet. Wie denken Sie über die anderen Arten, mit denen Sie Ihren Lebensraum teilen? Bemerken Sie sie überhaupt? Das ist die Art von Renaturierung, um die es in diesem Buch geht. Es geht darum, Sie selbst zu renaturieren, Ihr Leben, Ihre Haltung, Ihren Geist, während Sie Herz und Seele wieder einsetzen – und damit die Entstehung tiefer Zufriedenheit, einer Liebe zu sich selbst, zu anderen Tieren und dem Ort einleiten, den wir Heimat nennen. Es ist eine natürliche Therapie und ein Gegenmittel zur modernen, technologischen Blase, in der wir eine Runde nach der anderen drehen.

Wo fängt man an? Ganz einfach: Beginnen Sie mit dem, was Sie verändern können, und das sind Sie selbst. Irgendwo in Ihnen steckt ein empfindsames Wesen, geprägt durch sieben Millionen Jahre hominider Evolution. Sie haben in diesem Augenblick schon alles, was Sie brauchen, um sich auf die Natur einzulassen und sie zu erleben, genau wie alle anderen heute lebenden Menschen. Sie stecken voller Sinnesorgane, die Ihnen fantastische Erfahrungen bescheren können, die Ihnen ein tieferes Verständnis sowohl Ihrer selbst als auch Ihrer natürlichen Umgebung verschaffen. Dieses Buch ist keine Gebrauchsanleitung, die Sie gewissenhaft befolgen müssen; betrachten Sie es vielmehr als einen hilfreichen Verkäufer, der eine dieser Waren zu Hause hat, sie gut findet und Ihnen ihre besten Eigenschaften zeigen möchte und wie er dazu gekommen ist, zu lieben, zu würdigen und hochzuschätzen, was sie für ihn getan hat.

Es gibt viele Bücher auf dem Markt, die Ihnen sagen, wie man das macht und wie man das Ganze betrachten sollte. Ich sollte das wissen, ich habe einige davon geschrieben. Sie sind auf einer bestimmten Ebene großartig, aber sie können nicht den Platz der wahren Freude einnehmen – der erlesenen persönlichen Entdeckungsreise. Ein Naturforscher zu sein und die Verbindung zur Natur herzustellen, besteht zu einem großen Teil in dem, was man selbst lernt und entdeckt, all dem, was man nicht in Büchern findet. Ich verbringe einen großen Teil meines Lebens damit, Fragen zu beantworten und Menschen Dinge zu zeigen, die mich zum Staunen bringen; ich kann mir nicht helfen, das ist einfach natürlich.

Meine große Sorge ist, dass man mit jeder beantworteten Frage, ob im Fernsehen, in einem Internetforum, in den sozialen Medien oder bei einer Schulversammlung, dem Fragesteller diese unbeschreibliche Ergötzlichkeit nimmt, die Antwort selbst herauszufinden – den Prozess der Jagd und die schwer verdiente Antwort, die „Beute", die uns bleibt, das Hochgefühl, den Nervenkitzel der Jagd und natürlich die unbestreitbare Wahrheit der Entdeckung. Wir leben in einer Welt der sofortigen Befriedigung, der faulen Suchanfragen und einer Google-Mentalität; wie erfrischend ist es da, sich selbst überlassen zu sein, es selbst herauszufinden? Ich sage, gehen Sie hinaus und öffnen Sie die Sinne, erleben Sie die Natur aus erster Hand, kosten Sie die Einzelheiten und Komplexitäten aus und schwelgen Sie in der Verbundenheit aller Dinge; bestaunen Sie sie und haben Sie Spaß daran, die Punkte selbst zu verbinden. Dabei werden Sie Ihr inneres Kind wachrütteln und den verborgenen Affen wecken.

3
Im Auge des Affen

Dank Aristoteles und den anderen großen Denkern seiner Zeit werden die meisten, die man auf der Straße fragt, wie viele Sinne sie haben, mit „fünf" antworten: Sehen, Hören, Schmecken, Riechen und Fühlen – diese Vorstellung ist sehr tief in uns allen verwurzelt, das haben wir in der Schule gelernt. Die fünf Sinne entsprechen natürlich den fünf großen anatomischen Merkmalen, mit denen wir ausgestattet sind und durch die wir den Großteil unserer Sinneseindrücke aufnehmen.

Sieht man jedoch etwas genauer hin – oder, wenn wir schon dabei sind, benutzt einen anderen, passend erscheinenden Sinn –, scheint es plötzlich nicht mehr ganz so einfach.

Die fünf traditionellen Sinne, an die wir heute denken – Sehsinn, Hörsinn, Geschmackssinn, Geruchssinn und Tastsinn – leiten sich aus einem viel älteren Konzept ab.

Im Mittelalter beispielsweise hatten wir noch zehn Sinne. Man glaubte, es gebe sowohl innere als auch äußere Sinne. Die äußeren entsprechen den fünf Sinnen, die wir alle kennen, und zusätzlich gab es für die Menschen des Mittelalters noch fünf innere Sinne: Gemeinsinn, Vorstellungskraft, Einbildungskraft,

Urteilskraft und Gedächtnis. Der Gemeinsinn ist das, was wir heute als gesunden Menschenverstand bezeichnen würden, die Urteilskraft würden wir heute wohl als Instinkt bezeichnen. Im mittelalterlichen Englisch waren die Begriffe *wit* (Verstand) und *sense* (Sinn) ziemlich austauschbar. Wie auch immer Sie darüber denken – nur fünf Arten, die Welt zu verstehen, scheinen doch eine grobe Vereinfachung unseres Zartgefühls zu sein.

Selbst wenn man berücksichtigt, was wir aktuell über unsere Fähigkeiten wissen, scheint die Vorstellung von nur fünf Sinnen einfach nicht plausibel. Wir wissen definitiv, dass wir andere Sinne haben, und nicht nur den unerklärlichen „sechsten Sinn", der schon immer auf eine Art übernatürliche, außersinnliche Wahrnehmung mystischer Qualität hindeutete. Das können wir besser. Wie wäre es mit einem siebten, achten, neunten und zehnten Sinn – uns stehen reichlich andere sensorische Modalitäten zur Verfügung, von denen wir einige gerade erst zu verstehen beginnen. Vielleicht müssen wir die großen Fünf hinter uns lassen. Indem wir glauben, das sei unser Los, könnten wir uns tatsächlich selbst bremsen, wenn es um ein sensorisches Eintauchen in unsere lebendige, natürliche Umgebung geht.

Vieles von dem, was Sie an diesem Punkt glauben und verstehen, lässt sich wohl auf die Semantik zurückführen – was macht einen Sinn eigentlich aus? Es lässt sich nicht bestreiten, dass nur wenige von uns die Sinne, von deren Existenz wir wissen, in vollem Umfang nutzen, und da sie alles sind, was wir haben, um dieser Welt einen „Sinn" zu entlocken, ist es leicht, uns durch den Seesack zu wühlen.

Sehen wir uns die großen Fünf an, die wir gut kennen. Was sie sind, wie sie funktionieren, und, noch wichtiger im Kontext dieses Buches, wie wir jeden einzelnen effektiver nutzen können.

Rumms! „Au!", machte das eine Kind, als es direkt in einen Baum lief, gefolgt von dem Geräusch eines anderen, das über einen Baumstumpf gefallen war, und dann, nach einer kurzen, bedeutungsvollen Ruhepause ganz ohne Geräusche, eine Kakophonie aus Jammern, Stöhnen und den Geräuschen, die bei Kindern in der Regel Missfallen ausdrücken. All das zerriss die friedliche Stille der Nacht.

Mein Experiment eines nächtlichen Sinnesspaziergangs klang nicht nur nach einem Fehlschlag – als ich die Taschenlampe einschaltete, sah es auch verdächtig danach aus. Einige Kinder wälzten sich auf dem Boden und umklammerten schmerzerfüllt ihre Beine und Arme; einige steckten in Brombeerdickichten fest und konnten weder vorwärts noch zum Weg zurück, den sie eingeschlagen hatten; andere standen wie angewurzelt da und zeigten verschiedene Schweregrade und Symptome von Nyktophobie. Das Ziel des Spiels, denn das sollte es eigentlich sein, bestand darin zu beweisen, dass es im Dunkeln nichts gibt, wovor man Angst haben muss. Doch das war auch genau der Moment, in dem mir klar wurde, dass meine Nachtsicht deutlich besser war, als mir bewusst gewesen war. Die Frage war nur, warum? War das eine angeborene Fähigkeit? Hatte ich einfach bessere Augen als alle anderen? Hatte mein Alter damit zu tun – sind Erwachsenenaugen besser als Kinderaugen? Hatte ich mehr Möhren gegessen oder mich unwissentlich auf diese Aktivität vorbereitet? Damals verstand ich nicht wirklich, was in dieser katastrophalen Nacht passiert war. Offenbar hatte ich mehr Probleme unter meinen jungen Teilnehmern geschaffen, als ich anfangs hatte lösen wollen. Aber erst viel später, nachdem ich mit einem anderen Naturforscher gesprochen hatte, begann ich einen Teil des wissenschaftlichen Hintergrunds zu verstehen.

Diese frühe Lektion in menschlicher Sinneswahrnehmung

öffnete mir auf mehr als eine Art die Augen darüber, wie wir leben, welche Erwartungen wir an unsere Sinne haben und, noch wichtiger, wie wir uns beibringen können, sie besser zu nutzen.

Weil wir in unserem Innersten (oder vielmehr in unserem Kopf, da irgendwas zwischen 30 und 50 Prozent der Verarbeitungskapazität des Gehirns für die visuelle Verarbeitung genutzt werden) sehr stark visuell orientierte Affen sind, scheint dieser Sinn ein guter Ausgangspunkt für die allmähliche „Renaturierung" unseres Ichs zu sein. Der erste Teil dieser Aussage gilt für alle Affen. Es ist eine Tatsache, dass die Augen das primäre Sinnesorgan für uns und für alle die anderen Affen und Menschenaffen sind, die an unserem speziellen Ast des phylogenetischen Baums hängen. Sie sind im Verhältnis zu unserem Körper auch ziemlich groß; unsere Augen sind mit etwa 2,5 Zentimeter Durchmesser und sieben Gramm Gewicht die größten. Zu verdanken haben wir das wahrscheinlich den nächtlichen Aktivitäten unserer frühesten Vorfahren.

Während ich hier sitze und schreibe, wird gerade eine 3,2 Millionen Jahre alte Geschichte bekannt. „Lucy", der berühmteste fossile Hominide der Welt, entdeckt von Donald Johanson in den 1970er-Jahren in der Olduvai-Schlucht in Tansania, starb wahrscheinlich nach einem Sturz von einem Baum. Als ich das hörte, kam ich ins Nachdenken.

Sich bei einem Sprung zu verschätzen, würde das Individuum und alle seine Gene ziemlich schnell aus dem Genpool entfernen, während diejenigen, die darin besser waren, vielleicht wegen größerer, besserer und mehr nach vorn ausgerichteter Augen, eine deutlich bessere Überlebenschance hatten und damit auch eine größere Chance, sich zu vermehren und die siegreichen Merkmale weiterzugeben.

Offensichtlich war Lucys Unfall ein Unglück; sie hatte bereits unsere Augen und einige Forschungsarbeiten deuten darauf hin, dass die frühen Hominiden sogar bessere visuelle Fähigkeiten hatten als moderne Menschen, aber soweit wir wissen, hätte sie die Hand ausstrecken und ohne viel Herumgetaste ein Objekt vor ihr ergreifen können, genau wie Sie und ich. Unser ausgezeichneter Sehsinn hat zum Teil mit dem Leben unserer Vorfahren in den Bäumen zu tun und ist etwas, das wir mit Lucy und vielen anderen Primaten teilen.

Eine der Theorien für unseren hervorragenden Sehsinn hat mit genau diesem Umstand zu tun – unsere Augen zeigen nach vorn und sorgen für ausgezeichnetes Binokular- oder stereoskopisches Sehen. Wenn Sie durch einen Zoo schlendern oder durch eine Tierenzyklopädie blättern, können Sie die Tiere darin in zwei große Kategorien einordnen: Tiere, deren Augen vorn am Kopf sitzen, und Tiere, bei denen sie seitlich angeordnet sind.

Es leuchtet ein, dass bei der allmählichen Verschiebung der Augen nach vorn die Überlappung des Gesichtsfelds beider Augen immer größer wird. In diesem Überlappungsbereich sieht jedes Auge dieselbe Szene aus einem leicht unterschiedlichen Winkel von einigen Grad, was diesen Tieren, also auch uns, das sogenannte Binokularsehen ermöglicht: die Fähigkeit, präzise Entfernungen zu beurteilen und Raumtiefe wahrzunehmen. Zum Ausgleich wird unser Gesichtsfeld insgesamt kleiner, je besser unser Binokularsehen wird. Mit anderen Worten, wir können Entfernungen besser beurteilen als beispielsweise ein Kaninchen, aber wir haben nur ein Gesichtsfeld von knapp 180°, während ein Kaninchen über 360° verfügt und fast sein gesamtes Umfeld beobachten kann, vor ihm und auch hinter ihm.

1922 stellte der britische Augenarzt Edward Collins fest, dass frühe Primaten ein visuelles System brauchten, mit dem sie „mit Präzision von Ast zu Ast schwingen und springen ...

Nahrung mit den Händen ergreifen und damit zum Mund führen konnten". Als unsere Vorfahren in die Bäume zogen, mussten sie ihren Fressfeinden entkommen und fliehende Beute ergreifen können; es ist absolut logisch, dass der Evolutionsdruck auf diese frühen Primaten ein visuelles System mit ausgezeichneter Tiefenwahrnehmung begünstigte.

Diese Theorie erscheint sehr plausibel, bis man Eichhörnchen ins Spiel bringt. Eichhörnchen sind ebenso zu todesverachtenden Sprüngen in der Lage wie Affen, und doch sitzen ihre Augen seitlich am Kopf! In Reaktion auf das Eichhörnchenhaar in Collins Theoriesuppe entstand eine weitere Theorie.

2005 stellte der biologische Anthropologe Matt Cartmill eine andere Idee vor: Räuber brauchen nach vorn ausgerichtete Augen, um sich mit größter Genauigkeit auf ihre Beute zu stürzen. Denkt man an Eulen und Katzen, ist das plausibel. Frühe Primaten waren vermutlich Insektenfresser und jagten wie die heutigen Buschbabys und Koboldmakis eher mit den Augen als mit der Nase. Sie waren vorwiegend nachtaktiv und diese Abhängigkeit von den Augen bedeutete, dass in der Evolutionszeit, in der die Augen und alle zugehörigen neurologischen Verknüpfungen nach vorn wanderten, der physische Platz für eine Nase und die verschiedenen Nervenverbindungen, die zur Übermittlung dieser Informationen ans Gehirn nötig sind, verdrängt wurden, und damit ein Primärsinn gegen einen anderen ausgetauscht wurde.

Es gibt jedoch auch Räuber, die nicht in dieses spezielle Modell passen, hauptsächlich tagaktive Jäger wie die Manguste.

Die Theorie musste also noch weiter verfeinert werden. Der Neurobiologe John Allman warf in die Debatte, dass diese Theorie sich am besten durch Räuber erklären ließ, die sich im Laufe der Evolution auf die Jagd bei Nacht spezialisiert haben. Er argumentierte, dass nach vorn ausgerichtete Augen wesentlich besser das Licht sammeln als seitlich positionierte. Unsere frühen Vorfahren waren wahrscheinlich nachts aktiv, also könnte diese Theorie den Ist-Zustand sehr wohl erklären. Eine weitere hübsche Ergänzung dazu war die „Röntgenblick-Theorie" eines weiteren Neurobiologen namens Mark Changizi. Er erklärte, dass unser ausgezeichnetes stereoskopisches Sehen darauf zurückzuführen sei, dass unsere Vorfahren durch dichtes Laubwerk spähen mussten, daher die Anspielung auf Superkräfte im Namen dieser Theorie.

Sie können sich diesen „Röntgenblick" selbst demonstrieren, indem Sie einfach einen Finger vor Ihrem Gesicht hochhalten und auf einen Punkt dahinter sehen – Sie werden zwei Bilder Ihres einzelnen Fingers bemerken und wegen des Abstands Ihrer Augen erscheinen beide transparent. Sie können also durch Ihren Finger hindurchsehen – jawohl, offenbar haben Sie einen Röntgenblick!

Übertragen Sie dieses Phänomen nun auf ein anderes Szenario, in dem ein scheuer, nervöser Halbaffe nicht einen Finger vor seinen Augen hochhält, sondern in dichtem Laubwerk kauert und versucht, unentdeckt zu bleiben, gleichzeitig aber seine dreidimensionale Welt nach Beute absucht – schon hat die Fähigkeit, durch das Durcheinander eines dichten, üppigen tropischen Waldes hindurchblicken zu können, einen konkreten Sinn.

Klar zu sehen

All das erklärt bis zu einem gewissen Grad die Position unserer Augen, aber was ist mit der eigentlichen inneren Mechanik des Auges? In verschiedener Hinsicht ist das sogar noch relevanter für das Thema dieses Buches; schließlich können wir an der Position unserer Augen nicht viel ändern, aber wie wir die sensorischen Informationen in unserem „geistigen Auge" nutzen und verarbeiten, ist manchmal wahrscheinlich wichtiger für die „Renaturierung" unseres Kopfes als die Rohmaterialien, die uns zur Verfügung stehen. Darauf werden wir in späteren Kapiteln noch genauer eingehen. Um uns wirklich zu verstehen, müssen wir die Dinge manchmal wie bei einer Maschine auseinandernehmen, sie zerlegen. Denn wenn wir wissen, woraus wir bestehen, können wir unsere Stärken besser einsetzen und bessere Methoden entwickeln.

Wir verstehen nun also, warum unsere Augen vorn an unserem Kopf sitzen, und was uns das für Vorteile verschafft. Das wirklich Interessante jedoch passiert, wenn Licht in die Augen eindringt. Das menschliche Auge ist bemerkenswert. Es hat grundsätzlich die Fähigkeit, einen außergewöhnlichen Bereich des Lichtspektrums über neun Zehnerpotenzen, zehn Millionen Farben und schwaches Sternenlicht bis helles Tageslicht wahrzunehmen; zu jedem gegebenen Zeitpunkt ist es jedoch auf einen sehr viel kleineren Bereich beschränkt. Das erreicht das Auge durch eine Alchemie aus Licht, Proteinen und Elektrizität. Der Vorgang verläuft so bewundernswert nahtlos, als wäre es Zauberei, und um diesen Lichttrick zu durchschauen, müssen wir hinter die Kulissen sehen und die Geheimnisse des Zauberkünstlers lüften.

Wenn Licht durch die Hornhaut auf die Rückwand des Augapfels fällt, laufen mehrere Prozesse gleichzeitig ab. Zunächst einmal löst die Menge des Lichtes, das auf der Netzhaut auftrifft, unmittelbare physische Anpassungen des Auges an sich aus. Das Auge kann die eintretende Lichtmenge steuern, indem es die Blende in der Iris zusammenzieht, dem farbigen Teil des Auges. So wird ganz einfach die Pupille, das Fenster des Auges, größer oder kleiner (siehe auch S. 66–7).

Die wahre Magie findet aber an der Rückwand des Auges

statt, auf der Netzhaut. Sie wandelt die Lichtenergie in elektrische Impulse um, die mit dem Hirn kommunizieren – tatsächlich ist die Netzhaut technisch gesehen ein Teil des Gehirns und der einzige Teil des zentralen Nervensystems, der sich betrachten lässt, ohne zuerst ein Skalpell zur Hand zu nehmen.

Die Oberfläche der Netzhaut besteht überwiegend aus zwei Arten von Zellen, Zapfen und Stäbchen. Wie sie funktionieren und nicht funktionieren, erklärt, wie wir die Welt um uns herum wahrnehmen, und wenn wir ihre Funktionsweise verstehen, hilft uns das gewaltig dabei, unsere Augen zu Höchstleistungen anzutreiben.

Der erste Zelltyp, die Zapfenzellen, sind für das Farbsehen verantwortlich. Sie haben sich für die Sicht am Tage entwickelt. Bei schwacher Beleuchtung reagieren sie jedoch nicht. Stellen Sie sich nur mal vor, Sie betrachten nicht die Seiten dieses Buches, sondern einen leuchtend blauen Morphofalter, der auf einer roten Blüte sitzt, umgeben vom grünen Laub des Regenwaldes. Diese farbenprächtige Szene ist deshalb so farbenprächtig, weil die sieben Millionen Zapfenzellen im Hintergrund Ihres Auges Ihnen auf irgendeine Art vermitteln, dass sie es ist. Weil wir trichromatisch (dreifarbig) sehende Tiere sind, können wir ausgezeichnet einen Farbbereich im visuellen Spektrum erkennen und unterscheiden, vielleicht bis zu zehn Millionen. Das ist der Tatsache geschuldet, dass wir drei verschiedene Arten (daher das „tri" in trichromatisch) von Zapfenzellen besitzen. Jede davon reagiert auf eine andere Farbe, nämlich auf Blau, Grün oder Rot. Anders gesagt: Unterschiedliche Zapfen sind empfindlich für unterschiedliche Wellenlängen des Lichts – kurze, mittlere und lange Wellenlängen. Das Licht, das vom Flügel des Morphofalters reflektiert wird, verursacht eine starke Fotoerregung in den Zapfenzellen, die für diese Wellenlängen am kurzen Ende des Lichtspektrums empfänglich sind, und wird daher blau wahrgenommen, während gleichzeitig das Licht, das von den Blütenblättern und dem umgebenden Laub reflektiert wird, die Zellen der anderen beiden Arten in helle Aufregung versetzt.

Der andere Zelltyp sind die Stäbchen, von denen wir 150 Millionen haben, und sie reagieren über tausendmal empfindlicher auf einfallendes Licht. Sie sorgen für unsere Nachtsicht. Die Stäbchenzellen als empfindlich zu bezeichnen, ist eine Untertreibung erster Ordnung; sie können ein einzelnes Photon entdecken, den kleinsten gemeinsamen Nenner der Lichtenergie. Am Tag jedoch funktionieren sie nicht – sie sind gesättigt, überstimuliert, unterworfen von den vielen Photonen, die unterwegs sind.

Farben bevölkern die gut beleuchtete Welt; wenn die Anzahl der Photonen sinkt, die uns von der Sonne her erreichen, werden die Zapfen nicht mehr stimuliert und die lichtempfindlichen Stäbchen kommen ins Spiel. Aber da sie nicht zwischen unterschiedlichen Wellenlängen dieses schwachen Lichtes unterscheiden können, sehen wir nur noch Farbtöne, was erklärt, warum die Welt für uns nachts schwarz-weiß ist.

Die Art, wie Zapfen und Stäbchen unterschiedlich auf Licht reagieren, ist verantwortlich für mehrere häufig erlebte visuelle Phänomene wie das sensorische Miasma, wenn man eine Taschenlampe ausschaltet oder in die Nacht hinaustritt, die sogenannte „Dunkeladaptation". In unserer überbeleuchteten Welt ist dieser Anpassungsvorgang ein wesentlicher Bestandteil unseres Verständnisses der persönlichen Renaturierung. Wir müssen lernen, uns von den Lichtern unabhängig zu machen und zu unseren natürlichen Sinnen zurückzukehren.

Zunächst muss man die Grundlagen dessen verstehen, was auf molekularer Ebene in den Zellen selbst vorgeht, die zugrundeliegende Chemie des Sehens.

Das einzige lichtvermittelte Ereignis beim Sehen findet

statt, wenn ein Lichtphoton mit den Opsinen (lichtempfindlichen Proteinen) und Rhodopsinen (einem lichtempfindlichen Pigment) in den Stäbchen interagiert. Beide enthalten ein Molekül namens Retinol. Wenn das Opsin oder Rhodopsin von einem Photon getroffen wird, wird es durch die sogenannte Photoisomerisation in einen aktiven Zustand versetzt; es gibt Retinol ab, löst eine komplexe Kette chemischer Reaktionen aus und wird schließlich zum Neurotransmitter, der ein Nervensignal an das restliche optische System und wieder zum visuellen Cortex im Gehirn schickt. Sobald es sein Retinolmolekül in diese Kette abgegeben hat, ist das Opsin im Hinblick auf das visuelle System „chemisch erschöpft"; in diesem Zustand wird es „freies Opsin" genannt und muss sich selbst wieder auffüllen und in den Vorzustand zurückversetzen, um für das nächste Photon bereit zu sein. Dieses Auffüllen des freien Opsins mit einem unveränderten Retinolmolekül dauert eine Weile, und diese Weile führt zu einer Verzögerung in unserem optischen System – die wir bewusst wahrnehmen, wenn wir uns an unterschiedliche Umgebungen anpassen. Die Zeitspanne, die dafür benötigt wird, ist als „Dunkeladaptation" bekannt und dauert bei Zapfenzellen und Stäbchen unterschiedlich lange. Zapfen passen sich sehr schnell an Veränderungen der Beleuchtung an – denken Sie an das Hereinkommen von der sonnenhellen Straße in die düsteren Tiefen eines Ladens: Hier dauert die Anpassung etwas länger, als wenn Sie aus dem Laden wieder auf die Straße treten. Stäbchen dagegen sind viel, viel langsamer – ein Umstand, mit dem wir alle zu kämpfen haben und der, wenn wir ihn besser verstehen, uns zu einem visuell viel effektiveren Tier machen kann.

4
Die Dunkelheit ist hell genug

Wir verbringen über ein Drittel unseres Lebens mit geschlossenen Augen, weil wir schlafen, und da wir tagaktive Lebewesen sind, fällt ein großer Teil dieser Zeit in die dunklen Stunden. Das bedeutet, durch eine einfache Änderung des eigenen Aktivitätsmusters eröffnet sich eine ganze neue Welt von Erfahrungen, eine Parallelwelt, die über der Topografie einer vertrauteren Landschaft liegt. Die Gelegenheit, über diese Grenze zu gehen, sollte für den inneren Abenteurer unwiderstehlich sein; die eigenen physiologischen Grenzen werden dabei ebenso ausgelotet wie einige intellektuelle und physische Herausforderungen. Das Abenteuerpotenzial ist gewaltig. Diese acht Stunden pro Tag warten nur darauf, genutzt zu werden.

Ein Spaziergang in der Nacht, selbst im dicht bebauten, beengten Raum der Stadt, kann eine ganz neue Welt eröffnen. Einfach nur allein zu sein, fort von den erdrückenden Beschränkungen durch den Rest unserer Art, kann uns befreien, also schalten Sie das Handy aus, reißen Sie sich von den hypnotisierenden Insignien des modernen Lebens los und treten Sie hinaus in die einladende, anregende Schwärze der Nacht. Ich sage „Schwärze", dabei ist sie gar nicht wirklich schwarz.

Um die Dunkelheit – und ich meine das echte, vollkommene, absolute Fehlen von Licht, wo nicht ein Photon Sie findet – zu erleben, müssten Sie unter der Erde in einem Höhlensystem oder zehntausend Meter unter der Meeresoberfläche im Marianengraben sein, und selbst hier gibt es Lebewesen, die Ihre Sinne durcheinanderbringen – exzentrische Lebensformen, die über ihre eigene Technologie der Lichterzeugung verfügen. Unter der Erde oder so tief unter Wasser ist nicht der normale Ort für einen Menschen, dem sind wir nicht gewachsen. Solche Orte machen mir richtig Angst. Ich war schon vier Kilometer unter der Erde in einem Höhlensystem, ohne Licht; ich bin dort sogar getaucht. Glauben Sie mir, und ich habe keine Scheu, das zuzugeben, solche Orte sind dunkler als die Fantasie. Selbst wenn Sie sich einen solchen Ort vielleicht gerade vorstellen, müssen Sie ihn vor Ihrem geistigen Auge ausleuchten. Ich rede aber von totaler Dunkelheit, kein Schimmer, nicht ein einziges Photon der Hoffnung. Meine Angst vor solchen Orten verdanke ich einem vollständigen und absoluten Vertrauen in unsere eigene Schlauheit, unsere eigene Technologie und Lebenserhaltungssysteme, um sie visuell wahrnehmen zu können.

Nein, die Dunkelheit, die ich eigentlich erforschen möchte, ist die zugängliche, die nur wenige von uns absichtlich erleben – die Nacht, das Nichtdunkel. Es ist eine Zeit im Tageszyklus, den wir bestenfalls widerstrebend tolerieren, wenn wir aus der Kneipe nach Hause gehen oder aus der Haustür zum Auto sprinten.

Da draußen, hinter dem Lichtkreis der Straßenlaterne und dem hypnotisierenden künstlichen Schein verführerischer Bildschirme, die uns ständig zu gefälschter Selbstoptimierung und faulem Eskapismus drängen, liegt eine kaum wahrnehmbare, alternative Welt voller neuer Erfahrungen. Es ist ein beruhigender Spaziergang in die Wildnis des eigenen inneren

Aufruhrs. Wenn sie von der Quelle getrennt werden, verblassen die künstlichen Gespenster im Angesicht des Realen. Ein Spaziergang, der uns über das hinaus mitnimmt, was vertraut ist, und auf eine tiefgehende Art in die Gegenwart bringt. Er testet unsere Sinne aus.

Mit den eigenen Dämonen tanzen – die Angst vor der Nacht

Das rasselnde, dissonante Kratzen seines Fells, als er an der Fußleiste entlang auf mein Bett zuschlich, ließ mich aus dem Schlaf aufschrecken. Unter der Decke zitternd, konnte ich deutlich das hohle *tapp, tapp, tapp* seiner gebogenen Krallen auf dem lackierten Holz näher kommen hören. Ein metronomisches Herunterzählen der Sekunden, bevor er mich erreicht hatte. Er materialisierte sich aus dem Mondschatten, eine spinnenhafte Gestalt, mit missgebildeten Gliedmaßen auf mich zuhoppelnd und -taumelnd ... diese knochigen Finger. *Tapp, tapp, tapp* auf meinen Nerven.

Soweit ich weiß, bin ich der einzige Naturforscher, der nächtliche Angstzustände wegen einer der seltensten und bedrohtesten Lemurenarten bekommt. Lassen Sie mich das einschränken, bevor Sie komplett das Vertrauen in mich verlieren. Ich hatte Angst vor Fingertieren.

Wahrscheinlich war es ein im halbwachen Zustand gesehener spätabendlicher Dokumentarfilm, der meine irrationale Angst vor dieser madagassischen Rarität begründete. Meine Fantasie übernahm die Kontrolle und verwandelte das Rascheln einer Maus auf dem Dachboden über mir, die bewegten Schatten an meiner Wand und die zusammengeknüllten, achtlos hingeworfenen Kleider auf dem Boden in meinem Zimmer in Dämonen. Das Problem mit der Angst vor der Dunkelheit ist, dass wir überhaupt nicht vor der Dunkelheit Angst haben, sondern vor dem, was sich darin verbergen könnte.

Inzwischen habe ich eine Nacht allein im madagassischen Wald verbracht und bin dem nächtlichen Dämon meiner Kindheit gegenübergetreten. Ich wachte davon auf, wie er durch die Äste trappelte und mit einem unheimlichen mechanischen Ticken und Klicken auf Nahrungssuche ging, indem er die Äste auf der Suche nach Hohlräumen und Bauen von Insektenlarven abklopfte, sie akustisch aufspürte, bevor er sie mit seinem seltsamen, knochigen Mittelfinger herauspulte, der dünner war als ein Bleistift. Sich seinen Ängsten zu stellen, darum geht es. Ziemlich schnell wurde mir klar, dass mein Fingertier, auch wenn es tatsächlich aussah wie ein Überbringer aller möglichen schlechten Nachrichten, eine ziemlich exzentrische und grantige, missbilligend knurrende Figur der madagassischen Nacht war; eine liebenswerte und höchst bedrohte Interpretation einer ökologischen Nische, die normalerweise von Spechten besetzt ist. Nur haben diese Vögel nie einen zygodactylen Fuß nach Madagaskar gesetzt, die Lemuren waren schneller.

Ein interessanter Nebeneffekt meines Kennenlernens des Fingertiers war die Entdeckung, dass meine kindliche Angst vor diesem Wesen zwar vollkommen irrational war, für die Madagassen aber nichts Seltsames. Wie sich herausstellte, gilt das Fingertier bei ihnen als Unglücksbringer, ein Wesen der Geisterwelt, das in ihrer Sprache *fady* ist.

Man kann wohl sagen, dass ziemlich viele von uns Angst im Dunkeln haben, und das mit gutem Grund. Wir sind nicht für die Dunkelheit gemacht. Schließlich sind wir visuelle Wesen, deren Augen nur mit Licht funktionieren, und das Sehen ist unser wichtigster Sinn. Wir brauchen ihn, um unsere unmittelbare Umgebung zu verstehen. Wenn das Licht aus ist oder, da wir von der Sonne reden, wenn wir langsam von ihm wegrollen, funktionieren wir weniger gut. Unserer Sinneseindrücke beraubt, fühlen wir uns verständlicherweise immer verletzlicher. Diese Verletzlichkeit war wahrscheinlich ursprünglich im einfachen Überleben verwurzelt. Nachts wurden die Lebewesen, über die wir tagsüber herrschten, plötzlich zu unseren rachsüchtigen Meistern. Viele Tiere ohne unsere geschwächte visuelle Wahrnehmung und mit anderen Supersinnen hatten nun plötzlich die Oberhand. Der Jäger wird zum Gejagten, das Blatt wendet sich. Von der Undurchdringlichkeit der Nacht gelähmt, erstarren wir, ziehen uns zurück, verstecken uns. Das ist die rationale Seite der Angst vor der Dunkelheit. In einer 2011 veröffentlichten Forschungsarbeit wurden tausend Löwenangriffe auf Menschen zwischen 1988 und 2009 auf die Tageszeit des Angriffs hin untersucht. Die Ergebnisse stimmen mit Sicherheit nachdenklich, was das Hinausgehen nach Einbruch der Dunkelheit angeht: 60 Prozent dieser manchmal tödlichen Begegnungen fanden zwischen 18 und 21:45 Uhr statt. Wer in Tansania lebt, hat allen Grund, nach Einbruch der Dunkelheit vorsichtiger zu sein. Obwohl wir also im Laufe der Evolution von den Bäumen gestiegen und kluge Primaten geworden sind, die sich mehr von ihrem Intellekt leiten lassen als von ihren angeborenen Instinkten, kehren einige von uns offenbar in den Urzustand zurück, sobald das Licht ausgeht, die Kerze gelöscht oder der Schalter umgelegt wird. Zurück zu unserem wilden Ich.

Mir ist durchaus die Ironie bewusst, wenn ich Sie an dieser Stelle ermutigen möchte, in die Dunkelheit hinauszutreten, und für die meisten Leser geht es dabei um ein Land, in dem die großen Räuber fehlen, die in vielen Fällen das ultimative Ziel der Renaturierung sind. Viele von uns brauchen jedoch trotzdem die „Angst", sie ist ein intellektuelles Erfordernis. Wir müssen vor etwas Angst haben, und während diese Reaktion früher einmal rational war, dämonisieren wir, oder zumindest die meisten von uns, in unserer modernen Welt deshalb andere Lebewesen, Menschen, Gespenster und ersetzen das Reale mit den Produkten unserer Fantasie.

Die beste Methode, diese Nyktophobie zu überwinden, besteht wie bei jeder Angst vor etwas darin, sich hindurchzukämpfen, sich genau dem zu stellen, das einem Angst macht. Sie müssen Ihrem Fingertier gegenübertreten, was immer das bei Ihnen sein mag. Sie werden feststellen, dass ein nächtlicher Spaziergang nicht nur befreiend ist, sondern Ihnen als einer Seele auf der Suche nach Renaturierung viele weitere Gelegenheiten und Vorteile eröffnet. Ich räume ein, dass diese Angst vor der Dunkelheit oft auch ein „menschliches Element" hat. Viele von uns wollen einfach nicht das durch die Medien aufgeblasene Risiko eingehen, einem weniger angenehmen Mitglied unserer eigenen Art über den Weg zu laufen. Mit dieser Überlegung im Hinterkopf ist es wohl am besten, in einer Umgebung zu beginnen, in der Sie sich in diesem Sinne „sicher" fühlen. Sie werden schnell entdecken, dass Ihre verbesserten Wahrnehmungsfähigkeiten Sie dazu befähigen werden, sich die Nacht anzueignen und viele dieser Ängste ebenfalls zu beseitigen.

Warum es gut ist, nachts rauszugehen
Unsere moderne Existenz bedeutet, dass das, was früher Zeit zum Nachdenken war, eine Gelegenheit, die Ereignisse des Tages zu verarbeiten, ob in der Schule oder auf der Arbeit, nicht mehr heilig ist. In unserem allzeit bereiten Leben durchdringt ein elektronisches „Ping" alles. Während ein geregelter Arbeitstag früher bedeutete, dass wir unseren Arbeitsalltag, ob im Beruf oder in der Schule, unterteilen und von unserem Privatleben

trennen konnten, werden wir heute mit elektronischem Müll bombardiert. Wir leben an einem Ort der ständigen Kommunikation; Telefone, die nicht länger an die Wand gekettet sind, folgen uns überallhin, ein Telefonbuch voller „Freunde", die man nie kennengelernt hat, stalkt uns aus den Schatten unserer Hosentasche heraus. E-Mails können uns zu jeder Stunde erreichen, wir leben in ständiger Angst, etwas zu verpassen; das Posten auf Facebook oder Twitter, 140 Zeichen lange digitale Episteln lenken unsere Gedanken ab und drängen uns aus dem Augenblick, wann immer wir versuchen, sie zu fassen. Unsere moderne Welt drängt sich mühe- und rücksichtslos von Sonnenuntergang bis Sonnenaufgang in die dunklen Stunden hinein. Wir werden unbequemerweise von unseren technischen Spielereien der Bequemlichkeit angesprungen und heimtückisch zu der Überzeugung gebracht, dass sofort eine Antwort erforderlich ist. In unserer ständigen Verzweiflung voranzukommen, leben wir in der Angst, etwas zu verpassen, verlassen zu werden. Ist das die nächtliche Angst der neuen Welt?

Unsere digitale Fassade nimmt zunehmend in Anspruch, was einmal eine ganz persönliche Zeit war, eine Zeit der Erholung und Reflektion, ein Ort für die kognitive Verarbeitung. Diese Tatsache allein ist schon ein guter Grund, nachts rauszugehen.

Wenn wir in der Lage sind, einen Nachtspaziergang zu unternehmen, in die kühle Luft hinauszutreten, holen wir uns etwas zurück, das uns rechtmäßig zusteht. Vor allem anderen ist es beruhigend, eine Zeit zum Dechiffrieren und Wiedererlangen von Klarheit, aber es verleiht auch Kraft – es ist eine Überlebenstaktik. Sich seinen Ängsten zu stellen und sie zu überwinden, gehört zu den urzeitlichen Nervenkitzeln, bei denen es ganz pragmatisch darum geht, mit den Dämonen fertigzuwerden, falls man jemals draußen von der Dunkelheit überrascht wird.

Aber es bereichert auch unser Verständnis von Lebensräumen und unserer Umgebung. Selbst die vertrautesten Gegebenheiten bekommen im Dunkeln eine neue Bedeutung, und das zu verstehen und ein echtes Gefühl für den Raum zu bekommen, ist entscheidend.

***

Vor Kurzem erklomm ich den Gipfel des Kinabalu in Borneo, und auch wenn das wahrscheinlich einer der am leichtesten zugänglichen und bestbesuchten großen Berge weltweit ist, war es ein einzigartiger und spezieller Aufstieg für mich, weil ich den Gipfel im Dunkeln erreichte. Zugegeben, ich war nicht allein, sondern befand mich inmitten einer bunten Mischung aus Menschen aller Altersgruppen, die die teilweise spiegelglatten Granodiorithänge hochkletterten, um vor Sonnenaufgang am Gipfel zu sein. Es war laut; eine Kakophonie von klirrenden Ausrüstungen, raschelnden Regenjacken und Energieriegelverpackungen begleitete uns sowie das Reden, Lachen und Keuchen, das große Menschenhorden mit sich bringen. Der Aufbruch aus der Hütte um ein Uhr nachts schien im Einklang mit dem heiligen Berg zu stehen, die Kopflampen, auf die der Sicherheit wegen bestanden wurde, weniger. Obwohl ich versuchte, nicht in die allgegenwärtigen gleißenden LED-Kopfleuchten zu blicken, wurde ich oft geblendet und wegen des Tempos des Aufstiegs musste ich schließlich auch meine eigene einsetzen. Zwischen den unaufhörlichen Blendattacken derjenigen mit schlechter Kopflampen-Etikette konnte ich wenigstens den himmlisch opulenten Himmel erleben, während das Mondlicht Lachen bildete und Risse im Fels füllte, ganz anders, als ich es je zu Hause erlebt hatte. Und natürlich ging es bei dem Aufbruch zu dieser unchristlichen Zeit darum, den 4095 Meter hohen Gipfel zu erklimmen und dort den Sonnenaufgang über Borneo zu bewundern.

Es erinnerte mich an die Freuden nächtlicher Ausflüge. Man muss wirklich nicht bis ans Ende der Welt gehen oder bis auf die Gipfel der Berge, um denselben Zauber zu erleben. Das Spiel des Mondlichts auf einem Pfad voller Pfützen zu erleben, sein Schimmern auf der Eiskruste einer Winterwiese oder die bezaubernden Schatten hinter einem Dornengestrüpp, ist etwas sehr Seltenes und Wunderbares – es ist die ganze Zeit da, aber nur wenige von uns gehen extra hinaus, um es zu erleben. Versuchen Sie es einmal – es ist, als lernen Sie Ihren besten Freund von einer ganz anderen Seite kennen. Ein Spaziergang durch Mondschein und Schatten lässt selbst die vertrautesten und alltäglichsten Orte magisch erscheinen. Kleiner Extrabonus: In den gemäßigten Breiten mit ihren kurzen Wintertagen haben wir es manchmal eilig, zurück zum Herd zu kommen, schnell nach Hause zu laufen, vor der rasch hereinbrechenden Nacht weg, wir stolpern über unsere eigenen Füße, um nicht von der Dämmerung gefangen zu werden. Warum? Gehen Sie selbstbewusst weiter, auch wenn die Nacht hereinbricht. Wenn das neu für Sie ist, folgen nun ein paar Grundsätze, damit Sie sich gefahrlos damit vertraut machen können. Wenn Sie mit Wissen und etwas Vorbereitung an die Sache herangehen, ist ein Nachtspaziergang eins der aufregendsten, gefühlvollsten und am leichtesten durchführbaren Abenteuer des Alltags.

Der richtige „Moonwalk"

Die Erde hat sich wieder gedreht, wir haben uns vom Tag weggerollt, das letzte Licht ist im Westen verloschen, alles ist dunkler und wir sind auf die Schattenseite der Dinge übergewechselt. Gehen wir also hinaus. Zuerst greifen die meisten von uns, die nicht im ständigen Tageslicht der Stadt leben, nach einer Taschenlampe. Über diese Abhängigkeit von unserer technologischen Erlösung habe ich schon weiter oben geschrieben. Als Art ist es uns gelungen, den Tag in die Nacht hinein zu verlängern, in die dunkle Zuflucht mit den Lichtkreisen unserer künstlichen Beleuchtungen einzufallen. Die Dunkelheit ist eine moderne Unannehmlichkeit, die wir abzuändern gelernt haben; wir gehen die Nacht mit Wolfram, Halogen und Feuer an, unsere persönlichen Sternbilder und unser Nicht-Mondlicht. Es gibt gute Gründe für künstliches Licht bei der Erkundung der Nacht, aber zuerst versuchen wir es einmal ohne.

Vielleicht überrascht es Sie, aber zumindest in einigen Nächten verfügen wir alle über ein gewisses Maß an Nachtsicht. Es hat zwar keinen Sinn, die farbempfindlichen Zapfen in Ihrer Netzhaut zu stimulieren, Sie dürfen jedoch die besonderen Eigenschaften Ihrer Stäbchen nicht vergessen. Sie kommen ins Spiel, wenn eine hohe Empfindlichkeit gefordert wird.

In der Nacht fehlt es nie an Licht. Zuallererst ist da das Dämmerlicht vor Sonnenauf- und nach Sonnenuntergang: In einer klaren Nacht brauchen die Sonnenfinger erstaunlich lange, um den Tag ziehen und in Schwärze übergehen zu lassen, und selbst dann ist die Sonne nicht völlig verschwunden. Es gibt immer ein gewisses Maß an Mondhelligkeit. Selbst wenn sie nur vom Mond reflektiert wird, hat die Sonne immer noch einen Einfluss, wenn bei Neumond auch minimal. Bei Vollmond wirft die silbrige Scheibe immerhin 7 Prozent des Sonnenlichts zu uns hinab; ein Licht, das hauptsächlich aus den blauen Anteilen des Spektrums besteht. Das versorgt uns visuelle Affen mit reichlich Arbeitsmaterial. Die Augen können dieses Licht immer noch wahrnehmen, auch wenn es unseren visuellen Cortex nicht so mit Informationen überschwemmt wie tagsüber. Nachtsicht klingt nach einer weiteren unrealistischen, übermenschlichen

Eigenschaft, dabei besitzen wir alle die Fähigkeit, den Samtvorhang wegzuziehen, der nach der letzten Verbeugung der Abenddämmerung fällt.

Die Iris des menschlichen Auges, der farbige Teil also, funktioniert wie die Blende einer Kamera und wird von paarigen Muskeln gesteuert. Sie sorgen dafür, dass sich die Iris zusammenzieht oder entspannt, und das wiederum steuert die Lichtmenge, die zur Netzhaut durchdringt. Bei hellem Licht zieht sich die Iris daher zusammen und die Pupille, das Fenster, durch das das Licht fallen muss, wird kleiner. Nachts jedoch braucht das Auge so viel Licht, wie es bekommen kann; das Pupillenfenster wird weit aufgestoßen, was bei einem jungen Menschen (die Fähigkeit und Kraft der verantwortlichen Muskeln lässt mit der Zeit nach) einen Durchmesser von sieben Millimetern bedeutet. Wenn ich sage „aufgestoßen", dann ist das irreführend; es deutet eine Sofortreaktion an und Sie werden gleich sehen, warum das für Ihre Nachtsicht von Belang ist. Tatsächlich dauert es etwa fünfzehn Minuten, bis eine Pupille ihren maximalen Öffnungsgrad erreicht. Das sind also fünfzehn Minuten nach Sonnenuntergang – oder aber nach jedem anderen Lichtreiz, ob Taschenlampe, Scheinwerfer, Straßenbeleuchtung oder Lampe –, bis Ihr Auge die maximale Lichtmenge hereinlassen kann, und eine weitere halbe Stunde oder mehr, bis die Zellen auf Ihrer Netzhaut sich daran angepasst haben. Erinnern Sie sich an die ausführliche Beschreibung, in der ich Sie mit wissenschaftlichen Erklärungen geblendet habe? Den Teil über Photoisomerisation, Anpassung der Netzhaut und Dunkeladaptation? Tja, hier wird das alles relevant: Diese runde halbe Stunde ist der Zeitraum, den die freien Rhodopsine in Ihren Stäbchen brauchen, um sich zu erholen und sich wieder mit unverändertem Retinol zu kombinieren. Auch Ihre Zapfen regenerieren sich, und das viel schneller, aber weil sie bei den geringen Lichtmengen in der Nacht nicht „anspringen", sind sie so gut wie nutzlos. Insgesamt sind das also rund 45 Minuten, eine Dreiviertelstunde, bis Ihre Augen bei schwachem Licht mit höchster Effizienz arbeiten.

***

Wenn Sie eine bessere Nachtsicht haben und Ihr ganzes Potenzial freisetzen wollen, sollten Sie zunächst einmal Ihre Augen vom künstlichen Licht entwöhnen. Am liebsten mache ich das, indem ich einfach die Abenddämmerung geschehen, die Nacht über mich hereinbrechen lasse. Das ist natürlich, dafür haben wir uns entwickelt. In der Natur gehen Lichter selten einfach an. Der langsame, allmähliche Übergang von zapfendominiertem Farbsehen zur Schwarz-Weiß-Farbtonempfindlichkeit der Stäbchen ist eine sanfte und graduelle Angelegenheit, ein unbemerkter Übergang in den Nachtmodus. Dieses Auslaufen in die Nacht hatte ich unwissentlich vollzogen, bevor ich mich mit meinen jungen Nachtwanderungsbegleitern vom Anfang des vorigen Kapitels getroffen hatte. Das Problem war nur, sie hatten das nicht getan.

Dieselbe Problematik ergibt sich, wenn Sie später hinausgehen, ob Sie nun vorher am Steuer saßen, drinnen waren oder sogar direkt in eine Taschenlampe geschaut haben. Nur ein Augenblick, in dem Sie einer beliebigen hellen Lichtquelle ausgesetzt sind, reicht aus, dass Ihre Augen auf Werkseinstellung zurückgesetzt werden, Ihre Zapfen stimuliert werden und schnell reagieren, die Iris sich zusammenzieht, die Stäbchen mit Reizen überflutet werden und Ihre Nachtsicht wieder vorübergehend beeinträchtigt ist. Die Nachtsicht ist also etwas Empfindliches, das sich langsam entwickelt und schnell verloren geht.

Der Grund, warum die meisten von uns unsicher sind, wenn sie in die Nacht hinausgehen, besteht darin, dass nur wenige von uns diese volle Nachtsichtfähigkeit unserer Augen überhaupt einmal erlebt haben.

Dieses sensorische Handicap haben wir uns wahrscheinlich unwissentlich selbst auferlegt, seit wir uns zum ersten Mal um ein Feuer drängten, um den Schrecken der Nacht zu entkommen. Seit sie das Feuer entdeckt haben, sind die Menschen gestrandet, von der Nacht isoliert, schwimmen nervös in ihrer eigenen Lichtlache herum und spähen in die halbdunklen Randbereiche der Düsternis – die, wenn wir den Mut hätten, das Licht abzuschalten oder auszupusten, eine Welt enthüllen würde, die uns etwas weniger furchteinflößend vorkäme.

Es gibt keine Abkürzung. Wie auch immer Sie die Nacht erleben möchten, Sie müssen Ihren Augen Zeit geben, sich anzupassen. Das ist etwas, das ich – zum Teil zufällig – auf die harte Tour lernte.

Eine Lektion, die mir dabei besonders im Gedächtnis blieb, ist ein ziemlich spektakulärer Unfall, als ich mich auf den Weg in den Wald machte, um eine Fuchsfamilie mit Jungen zu beobachten. Ich brach überstürzt zu meinem Hochsitz auf, weil ich die dunklen Stunden bis zum Zapfenstreich möglichst gut nutzen wollte; am nächsten Tag war Schule und ich musste wieder zu Hause sein, bevor es allzu spät wurde. Ohne dass ich mich hier alt anhören möchte: Damals hatten wir noch keine leistungsstarken Batterien oder überhaupt helle tragbare Lichter wie heute. Ich kam zu meinem selbst gebauten Hochsitz, einem alten, verrotteten hölzernen Windsor-Stuhl, den ich von der örtlichen Müllkippe stibitzt hatte. Ich hatte die Beine abgesägt und den Rest mit selbst ausgedachten Knoten an einem Ast befestigt.

Die ganze grobe, rustikale Konstruktion war, gelinde gesagt, recht wackelig, aber wenn ich erst einmal saß, befand ich mich rund sechs Meter über dieser ziemlich ungestümen Fuchsfamilie, wo sie mich nicht riechen konnte. Die einzige Herausforderung war nicht etwa das Klettern auf den Baum, das konnte ich mit geschlossenen Augen – eine Reihe einfacher waagerechter Äste und ein natürliches Flechtwerk aus Efeu, in dem sich Füße und Hände ideal platzieren ließen –, sondern der Drehsprung, mit dem ich mich vom Baumstamm in den labilen Hochsitz Marke Eigenbau katapultieren musste. Ich hatte das schon Dutzende von Malen ohne größere Zwischenfälle getan. Auch in dieser Nacht war ich rasch und ohne Probleme in Position gegangen. Ich hatte jedoch vergessen, den Ladezustand der Batterien in meiner Taschenlampe zu überprüfen, bevor ich das Haus verließ. Als die Fuchsfamilie herausgekommen, sich gekratzt, gespielt und gerauft hatte und nachdem ihnen dann langweilig geworden war und sie davongeschlichen waren, um woanders Unsinn anzustellen, war es dunkel. Meine Zeit war um und ich musste wieder vom Baum herunter. Ich drückte auf den Schalter und kurz bevor ich mir die Taschenlampe um den Hals hing, um das heikle Drehmanöver andersherum durchzuführen, ging das Licht mit einem leisen *pling* aus. Verzweifelt knipste ich den Schalter mit dem Daumen an und aus, um noch etwas Saft aus der Batterie zu holen. Ich brauchte nur ein paar Sekunden, den Rest des zehnminütigen Marsches konnte ich wahrscheinlich ohne Licht nach Hause stolpern; das hatte ich schon so oft getan, dass es mir zur Gewohnheit geworden war.

    Ich hatte jedoch kein Licht und somit auch keine Wahl. Ich musste das heikle gymnastische Manöver nicht nur im Dunkeln versuchen, sondern auch nachtblind. Ich hatte einen Versuch dafür und ich versagte. Ein halb erwischter Halt mit dem Fuß, mit der Hand daneben gegriffen, und schon stürzte ich gen Boden. Ich fiel auf den Waldboden und nahm dabei schmerzhaft Kontakt mit all den Ästen auf, die auf dem Weg nach oben noch meine Freunde gewesen waren. Jetzt landete jeder von ihnen einen unerwarteten Treffer, als ich von ihm abprallte, und hinterließ einen blauen Fleck, der bis zum Morgen violett werden würde. Mit einem dumpfen Schlag kam ich auf dem Boden auf, nachdem ich noch durch ein Brombeergestrüpp gerauscht war. Ich landete flach auf dem Rücken und rang nach Atem, der erst nach einer gefühlten Ewigkeit wieder floss. Das war im wahrsten Sinne des Wortes eine harte Lektion.

Etwa um die Zeit, als ich aus Bäumen purzelte, bekam ich ein Buch in die Hände, das mich dazu inspirierte, mir Freunde in der Nacht zu suchen: ein zauberhaftes Buch von Chris Ferris namens *Darkness is Light Enough* („Die Dunkelheit ist hell genug"), dessen Titel ich mir für dieses Kapitel geborgt habe. Es ist die Geschichte einer inspirierenden Frau, die von Rückenschmerzen und Schlaflosigkeit geplagt wird und daher nachts durch die Wälder und Felder um ihr Haus am Rand von Schottland streift. Ein spannender Bericht über eine Naturforscherin und die nächtliche Tierwelt, mit der sie die Nacht teilt. Das Buch steckt randvoll mit Informationen über Tierverhalten und die wenig ersprießlichen Absichten von Wilderern und den Anhängern der illegalen Dachshetze. Es fesselte mich, es klang glaubhaft und in vielerlei Hinsicht hatte sie dieselben Beobachtungen gemacht wie ich – aber was mir einfach nicht in den Kopf wollte, war ihre Beschreibung, wie sie ohne Taschenlampe umherstreifte und ihren Tieren bei ihrem nächtlichen Treiben folgte. Bis zu diesem Punkt war ich bei meinen nächtlichen Beobachtungen immer an einem Ort geblieben. Ich hatte eine Taschenlampe dabei und wenn ich tatsächlich einmal auf einen Dachs, einen Fuchs oder ein Reh traf, wenn ich nach Einbruch der Dunkelheit unterwegs war, war das Tier fast jedes Mal bis zu diesem Punkt in meinem Leben in dröhnender, krachender Panik, die beim menschlichen Protagonisten ebenso viel Stress hervorruft wie beim Tier. Es war, als hätte die Frau übermenschliche Kräfte, die ich niemals anstreben konnte – vor allem deshalb nicht, weil ich sie für künstlerische Freiheit hielt, für Unwahrheiten im Dienste der sonst glaubhaften Erzählung. Bis ich es selbst ausprobierte.

Ich ging ans Ende unseres langen, schmalen Gartens, weit weg vom warmen Schein des Küchenfensters, und wartete, bis die Außenbeleuchtung hinten am Haus verlosch; dann schaltete ich meine Taschenlampe aus. Ich war vollkommen blind. Weiterzugehen, war selbstverschuldeter Wahnsinn; oft blieb ich wie gelähmt stehen, sobald ich an die Stelle kam, bis zu der das Umgebungslicht aus den erleuchteten Fenstern des Hauses kam, oder in dem Augenblick, in dem der Taschenlampenstrahl erlosch. Da ich aber weder mit Geduld gesegnet war, noch wusste, was ich heute weiß, versuchte ich es zu erzwingen.

Ich verhedderte mich in Zäunen, fiel in die alte Badewanne (in den Boden eingelassen und von unseren zahmen Enten als Teichersatz benutzt) und stank tagelang nach sauerstofffreiem Teichwasser, stieß mir den Kopf an Ästen und vollführte spektakuläre Stürze, Stolperer und unbeabsichtigte Purzelbäume an Böschungen hinunter. Es lief nicht gut.

Manche Dinge lassen sich nicht beschleunigen, was wahrscheinlich auch der Grund dafür ist, dass die Mehrheit von uns die Nacht nicht mit den richtigen Augen sieht, also mit unseren unbehinderten wilden Augen. Wir leben in einer Welt ohne vorübergehenden Raum, ohne Zeit, Atem zu holen. Frenetisches Herumgerenne und -gerase, nie eine Minute verschwenden, nie eine Minute Zeit. Es liegt keine umgehende Befriedigung in der Entdeckung des eigenen nächtlichen Potenzials. Können Sie sich vorstellen, einmal 45 Minuten lang auf keinen Bildschirm zu starren? Kein Anruf, kein Tweet? Die meisten bekämen einen technologischen Nervenzusammenbruch. Dann ist da die andere schwierige Frage: Was kann man in diesen Minuten alles tun? Deshalb ist es einfacher, wenn Sie als Anfänger einfach spazieren gehen, solange es noch etwas Tageslicht gibt, und dann ganz natürlich in den Nachtmodus übergehen können. Sie können natürlich auch meditieren, Achtsamkeit praktizieren oder sogar Dehn- und Aufwärmübungen machen; je beweglicher Sie sind, desto geringer die Wahrscheinlichkeit, dass Sie sich verletzen, wenn Sie doch stolpern oder hinfallen.

50.000 Shades of Grey

Um die Sache noch zu vereinfachen, zumindest dann, wenn Sie noch nicht oft Nachtwanderungen unternommen haben, sollten Sie eine Vollmondnacht wählen. Vorausgesetzt, der Himmel ist klar oder zumindest nur von dünnen Wolkenschleiern überzogen, nutzen Sie unter diesen Bedingungen den maximalen Reflexionsgrad des Mondscheins, der Ihnen vom Verblassen des Sonnenlichts in der Abenddämmerung bis zu seinem Wiederauftauchen in der Morgendämmerung Gesellschaft leistet. Dieses Bewusstsein für die Mondphasen war für die menschliche Kultur vor der Sesshaftwerdung von entscheidender Bedeutung. Vollmond heißt ganz einfach, dass der Mond in einer Linie mit der Sonne steht – mit uns, der Erde, in der Mitte. Ohne unseren verdunkelnden Schatten zeigt er uns daher sein ganzes Gesicht. Unseren Vorfahren kam das als eindeutiger Zeitbezugspunkt sehr gelegen. Im Vergleich zur Sonne zeigte er das Vergehen der Zeit mit großer Klarheit an und eine Mondscheinnacht war immer etwas ganz Besonderes. Unsere heutigen Kalender basieren noch immer auf diesen Bewegungen von Himmelskörpern im Verhältnis zueinander, unsere Monate oder „Monde" entstammen der Beobachtung und dem Zählen der Himmelskörper, die am Himmel erscheinen. Bevor es effektive moderne Beleuchtung gab, ermöglichte der Vollmond eine Verlängerung unserer täglichen Aktivitäten. Auf der Nordhalbkugel trägt die runde Mondscheibe sprechende Bezeichnungen, die ihre Bedeutung in den verschiedenen Naturvölkern deutlich machen, symbolische Benennungen der Jahreszeiten mit einer deutlich weiter gefassten Bedeutung und Auflösung als ein einfacher monatlicher Name. Beschreibungen wie „Hungermond", „Schneemond", „Mond, wenn die Gänse heimkehren", „Jägermond", „Saftmond", „Pflanzmond" und „Bibermond" illustrieren die praktische und an vielen Orten auch frühere Bedeutung. Den Mond zu kennen bedeutet, genau zu wissen, an welcher Stelle des Kalenders man sich befindet, statt sich auf das Kalte und Digitale zu verlassen; die Kenntnis des Mondes ist ein wesentlicher Teil des Weltverständnisses und bringt denjenigen, die dafür offen sind, diese Beziehung wieder anzufachen, einen großen Schritt nach oben auf der Leiter der Wiederentdeckung. Ihn auf diese Weise zu kennen, entstammt keiner Sentimentalität oder Nostalgie. Es ist ein Kreislauf, dem ein großer Teil der Natur folgt; um ein Gespür für Orte zu bekommen, müssen Sie daher zunächst ein echtes Gespür für die Zeit entwickeln.

Für Ihren ersten Mondspaziergang brauchen Sie Vollmond und ruhige Wetterbedingungen mit wenig oder gar keinem Wind. Manche würden sogar sagen, dass gute Wetterbedingungen wichtiger sind als ein voller Mond. Eine ruhige Nacht heißt, dass Ihre anderen Sinne, die Sie bald in größerem Umfang einsetzen werden, da Sie durch das Dunkel gehen, nicht beeinträchtigt werden. Eine steife Brise macht nervös wie kaum etwas anderes und erhöht die Spannung. Die unablässige Bewegung des Beweglichen. Das Kollidieren zahlloser Blätter und Stängel, das Klappern und Kratzen unzähliger Klangstäbe und Gongs, es sind die Pauken der Natur und sie gehören natürlich zur Musik, konkurrieren aber auch mit anderen Hinweisen auf Ihren Aufenthaltsort. Diese Trennung von einem so wichtigen Sinn und das Gefühl der Beklemmung, das sie unweigerlich mit sich bringt, hat möglicherweise mit einem tief verborgenen rationalen Überlebensmechanismus zu tun. Die Schritte eines Räubers sind nicht zu hören. Noch heute fahre ich beim plötzlichen, schwirrenden Auffliegen einer überraschten Waldschnepfe, die von einem Waldpfad krächzend in die Nacht flüchtet, in einer windigen Nacht mehr zusammen als in einer stillen; vielleicht höre ich sonst die subtileren Vorboten besser, mit denen der Vogel sich zum Abflug bereit macht? Diese Nervosität kennen viele andere Nachtwanderer auch – nachtaktive Vögel und Säugetiere sind ebenfalls schreckhafter und nervöser. Es ist viel schwieriger, etwas zu beobachten, vom Nashorn am Wasserloch bis zum Igel in den Blumenrabatten, wenn es sich in Alarmbereitschaft befindet.

Gehen Sie dort entlang, wo Sie eine freie Sicht auf den Himmel haben; einer pechschwarzen Finsternis kommen Sie am nächsten, wenn Sie unter einem Blätterdach oder durch einen Nadelwald spazieren. Eine andere schöne Art, die Dunkeladaptation abzuwarten, besteht darin, den Himmel zu beobachten. Warten Sie auf die ersten Himmelsobjekte – in der Regel ist das ein Planet gegenüber der untergehenden Sonne, weil es dort weniger Störungen durch die letzten Sonnenstrahlen gibt. Die Vertrautheit mit dem Nachthimmel nimmt so noch einmal eine andere Dimension an. Wenn Sie sich mit den Planeten und Sternbildern vertraut machen, lassen Sie sich auf eine Weise auf die Welt ein, die die frühen Seefahrer noch kannten. Später dienen sie Ihnen dann als Kompass und helfen Ihnen auf dem Nachtspaziergang bei der Orientierung.

Bei Idealbedingungen wird der Spaziergang unter dem Mond zu einem magischen, fast übernatürlichen Erlebnis. Es scheint nicht ganz richtig, aber Sie sehen fast so gut wie bei Tag. Ihre Stäbchen schwelgen im nächtlichen Widerschein; sie überfluten Ihre Sehrinde nicht nur mit Schwarz und Weiß, sondern mit bis zu fünfzigtausend Grautönen, wie manche behaupten. Auch wo Sie entlanggehen, sollten Sie sich vorher gut überlegen. Sicherlich sollten Sie bei den ersten Versuchen Orte wählen, die Sie kennen; wählen Sie Landschaften, die Ihnen vertraut sind. Selbst der reizärmste 20-Minuten-Verdauungsspaziergang erfährt eine Auffrischung, wenn er im Schutze der Dunkelheit erfolgt, also seien Sie beim ersten Versuch nicht zu ehrgeizig.

Indem ich meinen eigenen Rat ignorierte, bin ich schon mal am Rand eines kleinen Steinbruchs an einer Klippe gelandet, die in dichtem Farngestrüpp an einem Abhang verborgen lag, den ich wie meine Westentasche zu kennen glaubte. Lassen Sie sich meinen Heimweg nach diesem Versehen, voller blauer Flecken und Brombeerkratzern, eine Lehre sein.

Suchen Sie sich eine Gegend mit wenigen physischen Hindernissen – eine mit nicht allzu anspruchsvoller Topografie und Stolperfallen ist das ideale Klassenzimmer. Kurz gesagt, verplanen Sie keinen allzu großen Teil der Nacht, machen Sie es nicht zu kompliziert. Wählen Sie Orte mit breiten Wegen, die idealerweise auch nicht weit von Straßen oder anderen Zugangsmöglichkeiten entfernt liegen, falls Sie an irgendeinem Punkt Ihres Projekts den Wunsch verspüren sollten auszusteigen.

Reflektierendes Wasser kann ein Segen für den Nachtwanderer sein. In einer ruhigen Nacht zeigt die Wasseroberfläche ein helles Spiegelbild des Himmels. Mondlicht, das von wassergefüllten Schlaglöchern, Spurrillen und Pfützen reflektiert wird, beleuchtet Ihren Pfad wie die Notfallbeleuchtung am Flugzeugboden. Große Gewässer, Seen und Flüsse sorgen nachts nicht nur für klare Begrenzungen, sondern können ebenfalls mehr Licht wieder in die Umgebung abgeben.

Die Nacht kann Sie orientierungslos machen und wenn Sie nicht daran gewöhnt sind, verlieren Sie sich sehr leicht in Raum und Zeit. Sie sollten also nicht nur eine vertraute Umgebung aussuchen, sondern zunächst einmal Navigieren lernen – und damit meine ich nicht durch Google Maps. Smartphones sind zwar praktisch, aber der Akku hält nicht ewig. Ich hatte früher ein GPS-System in meinem Handy, um meine nächtlichen Spaziergänge aufzuzeichnen. Das ist nicht schlecht, aber es frisst ziemlich viel Akku – und den Akku brauchen Sie möglicherweise einmal für einen Notruf. Ich weiß, man kann eine Powerbank mitnehmen, aber dann müssen Sie die mitschleppen und auch die entsprechenden Kabel und bevor Sie es merken, sind Sie mit lauter Kram beladen. Die technologische Last, der Sie gerade entkommen wollen, bepackt Sie auf diese Weise wie ein schwankendes Kamel. Nein, wenn ich Navigieren sage, dann meine ich die bewährte analoge Art. Wenn Sie wirklich einen neuen Draht zur Natur bekommen wollen, empfehle ich Ihnen, einen Kurs in natürlicher Navigation zu besuchen. Die Umgebung bietet reichlich Hinweise darauf, in welcher Himmelsrichtung Sie unterwegs sind, und es gibt viele Leute, die diese alte, aber lebenswichtige, autarke Fertigkeit lehren. Ein Kompromiss zwischen den beiden Extremen wäre eine Karte und ein Kompass – aber packen Sie beides nicht nur ein. Die Anwendung dieser einfachen, wunderbaren Hilfsmittel zu erlernen, ist für sich genommen schon eine nützliche Fähigkeit im Leben.

Für mich ist es eine Zeit der Einsamkeit. Auf Nachtwanderungen habe ich Zeit zum Nachdenken, kann mein Bewusstsein weit in die grenzenlose Nacht hinaus ausdehnen. Ich kann meine Sinne schärfer werden lassen und mich in die Umarmung der Nacht begeben, im Einklang mit ihren Rhythmen.

Ein wichtiger Teil der Erfahrung kann wie eine Seifenblase zerplatzen, wenn Ihre Begleitung beschließt, den Bonbon auszuwickeln und in den Mund zu stecken, den sie gerade in den Tiefen ihrer handwärmenden Tasche gefunden hat. Menschen sind toll, machen aber eine Menge Lärm, selbst wenn sie versuchen, leise zu sein.

Was Sie von einem Nachtspaziergang oder aus der Natur im Allgemeinen mitnehmen, ist oft etwas ganz Persönliches. Niemand geht, verhält sich, spürt oder interpretiert auf dieselbe Weise. Das macht es so besonders, im einfachsten Sinne des Wortes.

Wir werden an späterer Stelle noch genauer darauf eingehen, aber wenn Sie allein sind, können Sie sich auf die Nacht konzentrieren, das Rascheln und Trampeln eines anderen Menschen im Hintergrund fällt weg, Sie verspüren keinerlei Verpflichtung anzuhalten, loszugehen, hinzusehen oder nicht hinzusehen und werden nicht von dem sozialen menschlichen Impuls zu reden geplagt. Andererseits kann Gesellschaft auch hilfreich sein, wenn man zum ersten Mal hinaus in die Nacht geht oder noch in einem Alter ist, in dem die Eltern einen ungern allein losziehen lassen. Gesellschaft lenkt jedoch vom Hauptziel ab, nämlich der eigenen Renaturierung. Wenn Sie jemanden mitnehmen, verleiht Ihnen die Nacht in gewissem Maße weniger Stärke; Sie verpassen den Nervenkitzel, die Aufregung, die dadurch entsteht, dass Sie sich einigen Urängsten stellen, sie aus Ihrem Kopf vertreiben und so die Nacht in reinster Form erleben können.

Erinnern Sie sich daran, was Sie über die Funktionsweise Ihrer Augen gelernt haben. Weil der Brennpunkt Ihres Auges, die Sehgrube, mit Zapfen vollgestopft ist, die nur bei Tageslicht funktionieren, hat es nicht viel Sinn, einen Gegenstand, ob Tier, Pflanze oder Landschaftsmerkmal, direkt anzusehen. Das direkte Ansehen von Dingen, die das Interesse wecken, das wir dem

Muskelgedächtnis oder einem Instinkt verdanken, muss für die Nacht umgelernt werden.

Die hochempfindlichen Stäbchenzellen um die Sehgrube sind die wesentlichen Bestandteile, die Sie nachts einsetzen – Sie müssen also leicht seitlich versetzt sehen. Ist das ein Wallaby oder ein Wombat? Wenn Sie rechts oder links an ihm vorbeisehen, wissen Sie es, weil Sie sein Bild nun an die Stäbchen weiterreichen. Die Auflösung und damit der Detailreichtum werden zwar nicht so gut sein wie bei Tageslicht, weil Stäbchen keine besonders gute Auflösung liefern, aber wenigstens sehen Sie überhaupt etwas – und das ist mehr, als wenn Sie sich auf Ihre Zapfenzellen verlassen würden, die von der Szene im Mondlicht noch nicht einmal aktiviert werden. Wenn Sie Dinge mehr am Rand Ihres Sehfelds betrachten, bemerken Sie vielleicht auch, dass die Stäbchen wesentlich empfindlicher auf Bewegung reagieren. Oft ist es ein Flügelschlag oder das Zittern eines Näschens, das Sie am Rand Ihres Sehfelds wahrnehmen und das Sie auf das ruhende Rotkehlchen oder die Madagassische Riesenratte hinweist, die am Eingang ihres Baus in die Luft schnuppert.

Wenn Sie überhaupt künstliches Licht brauchen – und manchmal werden Sie dafür dankbar sein –, nehmen Sie rotes Licht. Wie wir gesehen haben, sieht man nachts am besten, wenn man seine Stäbchen zuvorkommend behandelt. Wenn wir verstehen, wie sie funktionieren, und dass sie sich einfach nicht in einer Welt entwickelt haben, in der sie im Dunkeln plötzlich von einer Taschenlampe oder einem Smartphonebildschirm angestrahlt werden, können wir das Optimum aus ihnen herausholen. Gut zu wissen ist auch, dass ihre Lichtreaktion bei blauem Licht am stärksten ausfällt; schließlich sind sie dazu gemacht, in der natürlichen Nachtbeleuchtung zu funktionieren. Das vom Mond reflektierte Sonnenlicht ist nicht silbern, sondern eigentlich blau – unsere Augen sind von Natur aus auf den Blaumond eingestellt.

Dieser Effekt lässt sich an einigen interessanten Phänomenen beobachten. Eine rote Rose sieht im Tageslicht natürlich rot aus – die farbempfindlichen Zapfen haben die Oberhand und lassen die Rose gegen die etwas gedämpfteren Grüntöne der Blätter herausstechen. Aber wenn das Licht in der Abenddämmerung schwindet, stellen die Zapfen ihre Aktivität ein, weil sie von den geringeren Helligkeitswerten nicht mehr stimuliert werden, und die Stäbchen übernehmen. Diese Zellen werden nicht vom langwelligen Licht der roten Blüte stimuliert; bevor sie vollkommen auf Nachtsicht umstellen, herrschen die viel kürzeren Wellenlängen der grünen Blätter vor und in einem bestimmten Zeitfenster erscheint das Grün viel leuchtender. Eine fantastische Demonstration der Funktionsweise des Auges und eine unterhaltsame Art, die 45 Minuten Wartezeit in der Dämmerung herumzukriegen.

Die Unempfindlichkeit des menschlichen Auges gegenüber rotem Licht ist auch der Grund, warum Flugzeugcockpits und einige moderne Autos eine rote Armaturenbeleuchtung haben und warum einige Piloten rosa getönte Brillengläser benutzen – all das verringert das Risiko, geblendet zu werden und im Dunkeln zu stehen. Ein zusätzlicher Bonus für den nächtlichen Naturforscher ist die Tatsache, dass andere Lebewesen auch nicht besonders empfindlich gegenüber rotem Licht sind; es ist praktisch unsichtbar für sie.

Kehren wir zum Augenhintergrund zurück: Nachtaktive Tiere sehen mit ihren lichtempfindlichen Stäbchen, genau wie Sie nach dem Abschalten der Taschenlampe. Ihre größte spektrale Empfindlichkeit liegt bei einer Wellenlänge um 505 Nanometer (das Cyanblau des Mondlichts); alle größeren Wellenlängen wie tiefrotes Licht um 650 Nanometer ist daher unsichtbar für sie. Da wir jedoch farbempfindliche Zapfen haben, können wir im Gegensatz dazu dieses Licht sehen und

Einzelheiten darin erkennen und damit beobachten, ohne gesehen zu werden.

Einer meiner Tricks aus der Zeit, bevor man im Internet alles kaufen konnte und auch vor der Weiterentwicklung der Taschenlampen, bestand darin, rote Bonbonpapiere oder rotes Zellophan – damals ein seltener Schatz unter den Verpackungen – zu sammeln und sie zu einem Filter für meine Taschenlampe zusammenzukleben. So hatte ich zwar rotes Licht, aber es war eine unbefriedigende Lösung wegen der schlechten optischen Qualität in Kombination mit der geringen Leistung meiner Taschenlampe. Das Licht war so jämmerlich funzelig, dass es zwar keine Nachttiere störte, aber wenn ich nicht aufpasste, raschelte das Bonbonpapier quälend laut. Nicht selten blieb mir nichts anderes übrig, als Lebewesen zu beobachten, an die ich mich ganz nah heranschleichen konnte, weil sie keine Ohren hatten – also Schnecken und Käfer statt Hirschen und Dachsen!

Heute kann man Taschenlampen mit eingebautem Rotfilter für genau diesen Zweck kaufen und die moderne LED-Technologie kann so viele Lumen erzeugen, dass das Licht selbst durch einen Rotfilter weit genug reicht, um entferntere Objekte zu beleuchten. Wenn Sie sich also ernsthaft mit der nächtlichen Tierwelt beschäftigen wollen und die Ausgabe vertreten können, erspart Ihnen der Kauf einer guten modernen Taschenlampe mit Rotfilter viele Stunden blinden Herumstolperns oder Herumstehens und Wartens, bis Sie sich wieder an Ihre Umgebung gewöhnt haben.

Selbst in der hellsten Nacht, wenn ein ferner Wald so dreidimensional erscheint wie im Sonnenlicht, die dunklen Adern der Hecken auf den silbernen Feldern gut zu sehen sind und selbst so kleine Nachtwesen wie Mäuse sich beobachten lassen, solange sie nicht im Schatten laufen, fehlen trotzdem die Einzelheiten und Texturen. Diese bedauerliche Wahrnehmungslücke tritt auf, weil die Gesetze der Physik die Grenzen Ihrer Klarsichtigkeit erreicht haben: Ihre Stäbchen finden zwar mit großer Treffsicherheit das bisschen Licht, das auf sie fällt, aber sie können es mit den eng gedrängten, extrem hochauflösenden Zapfen, die vom Tageslicht stimuliert werden, nicht aufnehmen, also mit der visuellen Auflösung, an die sich ein tagaktiver Primat gewöhnt hat. Ein Schüler der Nacht muss also entscheiden, welche Erfahrung er aus dem Unternehmen ziehen möchte. Der Mikrozauber der kleineren Bewohner der Nacht gehört genauso zu ihr wie der Mond selbst, doch für diejenigen, die die Nacht als natürliches Erlebnis erfahren wollen, ungestört von elektronischen Lichtstärken, bleiben sie unsichtbar, solange man sich nicht gegen Mond und Sterne blind stellt.

Zum Beispiel das ätherische Leuchten des weiblichen Glühwürmchens – das gelbgrüne Licht aus den Tiefen der Anarchie von Gras und Gestrüpp ist der Inbegriff eines romantischen Nachtspaziergangs. Wir lieben alles, was sein eigenes Licht erzeugt, von Pilzen über Tausendfüßer bis hin zu Käfern; Biolumineszenz ist etwas so Seltenes und Zartes, dass man es nur mit vollständig eingewöhnten und angepassten Nachtaugen sehen kann. Doch aufgrund unserer eigenen inneren physikalischen und chemischen Gegebenheiten können wir nicht das Ganze so wahrnehmen, wie wir es einmal konnten. Können wir uns nur mit dem mystischen, kühlen Licht aus dem Bauchgewebe des Käfers zufriedengeben in dem Wissen, dass es noch so viel mehr zu sehen gibt? Schließlich ist das natürliche Licht nur ein kleiner Teil unseres Verständnisses dafür, was sich tief im Gewirr am Wegrand abspielt. Ich möchte dieses Licht erleben und zu eigen machen, mir dieses Wissen noch mehr aneignen. Ich möchte erfahren, was das liebestolle Männchen fühlen mag, wenn es ihren wie mit Steppnähten verzierten, eisschweren Körper anpeilt, vielleicht sogar den doppelten Jackpot knacken und es ebenfalls zu Gesicht bekommen, es erwischen, wenn es vom Liebeslicht bereits angelockt wurde.

Also kehre ich zum Standardverfahren zurück und schalte die Taschenlampe ein – einerseits nimmt das einen Teil des Zaubers fort, aber manchmal ist es das wert. Jetzt kann ich die Topografie der Lichtquelle verstehen, kann die sehr käferuntypische Form des Weibchens erkennen, ein sanft eingerolltes C, das sich mit sechs steifen, stacheligen Beinen an einen Grashalm klammert, ihre Flanken in gedecktem Rosa weich neben der harten Hülle am Rücken. Das Leuchten des Glühwürmchens ist nur eine Seite der Medaille; die andere ist die eigentliche Beobachtung, dass es gar kein Wurm ist, diesen seltsamen Leuchtkäfer zu verstehen, ihn als Lebewesen kennenzulernen und auch außerhalb des Nachtkontextes wiederzuerkennen, wenn man einen Stein umdreht oder er tagsüber unterwegs ist. Das ist natürlich ebenso gültig und verleiht Ihrer Erfahrung und Ihrem Verständnis eine weitere Dimension, ist Teil der stetigen Anhäufung Ihres Wissens über die Nacht. Ich habe immer eine Taschenlampe dabei; zwar versuche ich stets, der Versuchung nicht nachzugeben, sie einzuschalten, aber für den Notfall oder im Falle von Glühwürmchen und anderen Einzelheiten, die ich sonst übersehen würde, ist sie da.

Eine weitere technologische Neuerung, die unserem Verstehen der Bewohner der Nacht auf die Sprünge hilft, ist das Nachtsichtgerät oder Restlichtverstärker. Ich liebe und hasse sie zugleich. Ich weiß noch, wie ich als kleiner Junge, bevor ich Dachse beobachten ging, in meinen Tagträumen (bzw. Nachtträumen) darüber fantasierte, im Dunkeln sehen zu können, als wäre es Tag. Mehr als alles andere wollte ich wilde Tiere sehen, und je größer und pelziger die Lebewesen, desto scheuer schienen sie zu sein. Doch stellen Sie sich nur vor, was Sie sehen könnten, wenn Ihre Augen alle winzigen Details der Nacht durchdringen könnten, wie eine Eule das kann – ich könnte die Füchse an Feldrändern entlangschleichen sehen und die plumpen Umrisse der Dachse hätten so viel mehr Oberflächenstruktur und würden vor Einzelheiten strotzen. All das war reine Fantasie – bis zu meinem Studium, als mein Säugetier-Dozent unvorsichtigerweise fallen ließ, dass er ein altes Militär-Nachtsichtgerät besaß. Nach einer Menge Betteln und Flehen gab er schließlich nach; ob er meine Begeisterung anfachen wollte oder sich nur wünschte, ich würde endlich den Mund halten, kann ich nicht sagen. Kurz gesagt, in dieser Nacht machte ich mich mit seinem hochgeschätzten Stück russischer Technologie auf den Weg. Es war etwa achtzig Zentimeter lang und hatte am größeren Ende einen Durchmesser von gut dreißig Zentimetern. Ein Monstrum: An einem Riemen über der Schulter getragen, wirkte es voll und ganz wie das militärische Gerät, das es war – zu seinem beeindruckenden Gewicht kam noch ein Vergrößerungsbildschirm, den man an das Okular schrauben konnte.

Im langen schwarzen Mantel, auf dem Kopf einen schwarzen Hut mit breiter Krempe und mit etwas über der Schulter, das aussah wie eine Bazooka, machte ich mich auf den Weg in den Wald hinter dem Campus und kauerte mich unweit eines Dachsbaus nieder. Der erste Dachs kam heraus. Mein Puls beschleunigte sich, ich wartete, bis den Kratzgeräuschen nach mehrere Tiere draußen waren, und dann, klick, legte ich den Schalter um. Doch wie langsam ich das auch versuchte, es entstand immer ein Geräusch: ein deutliches, ausgereiftes russisches Klick, eine rüde Störung, die mehrere gestreifte Köpfe bewegungslos verharren ließ. Das sehr hohe Fiepen des Geräts brachte die Köpfe dann kurz zum Nicken; für einen kurzen Moment hatte ich zwar eine recht gute Sicht auf eine Gruppe grünlicher Dachse, die mich anstarrten, aber im nächsten Moment waren sie schon weg, vollkommen verängstigt von dem seltsamen Erlebnis, mit dem ich gerade ihren Abend bereichert hatte.

Etwas mehr Erfolg hatte ich, wenn ich auf Tiere auf Nahrungssuche stieß; sie waren etwas entspannter und vom Campus kamen auch mehr Geräusche, die das ständige Pfeifen der Lichtsammelmaschine übertönten. Das galt allerdings nicht für das studentische Liebespaar, das in einen ruhigeren Teil des Campus gefahren war, nachdem die Clubs geschlossen hatten, um zu tun, was junge Leute (wenn sie nicht gerade mit russischen Nachtsichtgeräten herumrannten) an einem Freitagabend eben tun. Das Auftauchen eines schwarz gekleideten Mannes auf der Suche nach den wilden Geräuschen der Nacht, dessen Gesicht plötzlich von einem schwachen grünlichen Licht erleuchtet wurde, hatten sie nicht erwartet. Ebenso schnell wie die Dachse zuvor verschwanden sie krachend durch das Unterholz. Die Nacht voller Hochs und Tiefs hielt noch eine weitere, letzte Überraschung für mich bereit: Auf dem Heimweg wurde ich von einem Streifenwagen angehalten. Das war mein Einstieg in die Benutzung von Nachtsichtgeräten.

Die heutigen Nachtsichtgeräte sind viel besser. Die neueren Generationen geben ein viel klareres, schärferes Bild mit weniger Rauschen; sie sind insgesamt auch leiser und oft auch deutlich kleiner. Einige passen sogar in die Jackentasche. Ihr größter Nachteil ist jedoch, dass sie Sie, genau wie Taschenlampen, nachtblind machen. Das Bild im Okular hat dieselbe Wirkung auf Ihre Netzhaut wie ein direkter Blick in die Taschenlampe. Wenn Sie sich ohnehin entschieden haben, eine Taschenlampe zu benutzen, dann passt so ein Nachtsichtgerät vielleicht gut in Ihre Ausrüstung. Aber für mich lässt sich angesichts des Preises für diese Spielzeuge ein viel reichhaltigeres, natürlicheres, weniger aufdringliches und billigeres Erlebnis mit einer einfachen Taschenlampe erzielen.

Der pessimistische Pfadfinder in mir rät, immer mit dem Schlimmsten zu rechnen. Packen Sie eine kleine Notfalltasche mit den wichtigsten Dingen zusammen – Handy, Karte, Trillerpfeife, Ausweis, Kompass und Erste-Hilfe-Set für Wanderer sind wichtige Bestandteile und passen leicht in einen kleinen Rucksack oder in die Hosen- und Jackentaschen. Auch Proviant und Flüssigkeit sind eine gute Idee (beim Erklimmen von Hügeln kann man auch nach Einbruch der Dunkelheit überraschend stark ins Schwitzen kommen); es ist nicht natürlich, nachts an Dehydrierung zu denken, aber wenn Sie eine lange Wanderung planen, dann sollten Sie die Möglichkeit durchaus mit einbeziehen.

Ob Sie sie nun benutzen wollen oder nicht, eine Taschenlampe sollten Sie auf jeden Fall dabeihaben; man weiß einfach nie und selbst wenn Sie sie nicht benutzen, kann eine Taschenlampe ein nützlicher Signalgeber sein, wenn Sie zum Beispiel stürzen und sich etwas brechen oder verstauchen. Ich empfehle zwar, allein auf Nachtwanderung zu gehen, aber es ist immer besser, jemanden über Ihre Pläne zu informieren. Ich weiß, dass wir diesen Sinn in diesem Buch nicht umfassend besprechen, aber ein bisschen gesunder Menschenverstand ist immer nützlich.

5
Die Kunst des richtigen Sehens

„Da sitzt er doch, benutz deine Augen, mach sie auf!" Mein madagassischer Guide Mamy klang inzwischen leicht verzweifelt, in diesem letzten Hinweis machte sich zunehmende Frustration breit. Sein Stolz stand hier auf dem Spiel, wenn es ihm nicht gelingen sollte, mir zu zeigen, was für ihn eindeutig völlig offensichtlich war.

„Folge dem Hauptstamm nach unten, sieh auf den zweiten Ast, links davon. Du kannst sein Auge ganz klar erkennen."
Konnte ich nicht. Zu meiner Verteidigung muss ich hinzufügen, dass ich versuchte, den „König der Tarnung" zu sehen – einen Blattschwanzgecko nämlich, also ein Tier, das fast so sehr Baum wie Echse zu sein scheint.

Er ähnelt nicht nur dem Baum, auf dem er sitzt, stark in Farbe und Schattierung, sein fein beschuppter Körper ist auch mit einer solch präzisen Auswahl von Farben versehen, dass sie eine fast fotorealistische Wirkung erzielen. Flechten sehen nur ganz knapp echter aus als ein Blattschwanzgecko.

Um noch einen draufzusetzen auf diese Lektion der Natur in Tarnung für Meister, ist der Körper plattgedrückt, als hätte jemand die Echse mit einer Teigrolle bearbeitet. Jeder Teil des Geckos, von den Zehen bis zum Schwanz, scheint nur wenige Millimeter dick zu sein. Fransen an den Körperrändern, um den Umriss noch mehr zu verwischen, sogar ein durchsichtiges Augenlid mit filigraner, pfirsichkernartiger Zeichnung – dank ihr ist sogar dieser todsichere Referenzpunkt gut getarnt. Man kann ihn nicht sehen, aber ein Blattschwanzgecko sieht einen immer. Er ist ein Phantom von einem Reptil, eine gleitende Membran von einer Echse, unsichtbar für jeden im Wald von Madagaskar – für jeden außer Mamy.

Was Mamy so auf die Palme brachte, war die Tatsache, dass der Gecko für ihn so deutlich zu sehen war, als wäre er leuchtend orangefarben. Das zeigte sich schon allein daran, dass er ihn im Vorbeifahren entdeckt hatte. Aber egal, wie intensiv ich ihn anstarrte, indem ich alles einsetzte, was ich für ziemlich gute Fähigkeiten zum Aufspüren wilder Tiere gehalten hatte, ich konnte einfach keine Echse auf dem strukturierten Baumstamm erkennen. Verschärft wurde die Situation für uns beide noch dadurch, dass ich der Echse sehr nahe war.

So nahe, dass wir nicht einmal ausgestiegen waren; der lange, dürre kleine Schössling von einem Baum stand am Rand einer Lateritstraße und ich hätte das Fenster herunterkurbeln und ihn anfassen können. Ich will ehrlich sein: Zu diesem Zeitpunkt war die Versuchung sehr groß, genau das zu tun. Sie müssen wissen, die nächste Verteidigungsstufe eines Blattschwanzgeckos ist wohl ebenso spektakulär schockierend, wie seine Tarnung effektiv ist.

Berührt man ihn, erhebt sich das Stück Baumrinde, das er noch vor einer Millisekunde war, wie durch Zauberhand; im Handumdrehen wird daraus eine mythische Schreckgestalt. Er öffnet seinen klappdeckelartigen, fransigen, fast krokodilartigen Kopf, schreit wie eine Todesfee und zeigt dabei das scharlachrote Innere seines Mauls.

Diese Drohgebärde ist so ein Schock, dass ich zuvor schon mehr als einmal meine Taschenlampe darüber fallen gelassen hatte. Mein Stolz verbot mir jedoch, ihn anzufassen. Selbst als ich aus dem Auto stieg, meinen Blickwinkel änderte und meine Augen ein wenig unscharf stellte, wie man es mit den ebenso vertrackten Magic-Eye-Bildern macht, konnte ich nichts sehen; und dann landete eine kleine, rotflügelige Libelle kurz auf dem Baum zwischen mir und Mamy, der immer noch im Auto saß und den Kopf in die Hände gelegt hatte. Ein winziges Zucken in der Rinde, und plötzlich schienen sich meine Augen und mein Gehirn wieder auf derselben Spur einzufinden. Ein Zeh, unverkennbar mit seiner abgeflachten Zehenspitze, rollte sich kurz ein klein wenig ein, drückte sich dann wieder nervös auf den Untergrund und war wieder eine optische Illusion. Das reichte mir als Bezugspunkt; jetzt konnte ich langsam seinen Umriss auf dem Baum ausmachen. Es war allerdings ein bisschen wie diese Bilder, in denen man die Punkte verbinden muss; ich übersah einige der besonders geschickt getarnten Teile, konnte aber ausreichend Punkte verbinden, damit sich die Illusion auflöste und sich der unverwechselbare Umriss der Echse vor meinen Augen materialisierte. Eine Sekunde oder zwei später hatte ich es endlich.

Das erste „Blatt" der Reise war schwierig genug; ich verdiente mir jedoch nach und nach meine Sporen, auch wenn ich Mamy damit beinahe einen Nervenzusammenbruch bescherte.

Ein großer Teil meines Berufslebens drehte sich darum, die Natur mit ihren eigenen Waffen zu schlagen, die Regeln und Strategien auf den Prüfstand zu stellen, die sie in Millionen von Jahren perfektioniert hat. Meine Beschäftigung bestand teilweise darin, Fertigkeiten anzuwenden, von denen sich niemand in seinen kühnsten Träumen je hätte vorstellen können, dass sie in meinem späteren Leben einmal meine Lohntüte füllen würden.

Als Raupenjäger verbrachte ich Wochen, tagein und tagaus, vornübergebeugt oder auf den Knien, wortwörtlich auf allen Vieren umherkriechend und im raschelnden trockenen Laub im Farngestrüpp des letzten Jahres nach einer kleinen Raupe suchend. Dieses Insekt, das Larvenstadium eines seltenen und bedrohten Schmetterlings hier in Großbritannien, ist nur wenige Zentimeter lang und nicht nur in denselben rotbraunen, schwarzen und grauen Farbtönen gesprenkelt wie sein unmittelbarer Lebensraum, sondern auch mit einer Struktur und Musterung versehen, die es genauso aussehen lassen wie die Fiederblätter der toten Farne, auf denen es in der Frühlingssonne badete.

Eine entomologische Nadel im Heuhaufen also. Meine Aufgabe war es, sie zu finden und wenn mir das gelungen war, musste ich verschiedene Daten über ihren Mikrolebensraum sammeln.

Man hatte mich außerdem angewiesen, meinem Chef telefonisch Bescheid zu sagen, wenn ich sie gefunden hatte. In den ersten paar Tagen, das gebe ich jetzt zu, fand ich keine, nicht eine einzige.

Mein Amtsantritt als Raupenjäger blieb weit unter dem, was ich erwartet hatte. Ich dachte, ich sei gut in solchen Sachen – das hatte ich schließlich meinen neuen Arbeitgebern erzählt, als ich mich für den Job bewarb. Jetzt steckte ich in einer Zwickmühle; mein Stolz war schwer angeschlagen, mein Raupenjäger-Ego in sich zusammengefallen.

Was tat ich? Ich log. In den ersten paar Tagen erzählte ich meinem Chef am Telefon, dass alles gut lief, dass ich Raupen gefunden hatte, wenn auch nur sehr vereinzelt, aber die ordentlichen Kästchen auf meinem Datenblatt blieben leer.

Ich wusste, dass ich mich selbst in eine Zwangslage manövriert hatte; es kam nun nicht mehr in Frage, keine Larve zu finden. Ich wusste einfach, dass sie da waren. Sie mussten. Ich würde mich nicht besiegen lassen, und wenn ich jedes braune, verschrumpelte Blatt umdrehen musste, um sie zu finden – finden würde ich sie.

Ich musste an Dian Fossey denken, als sie an ihrem Forschungsort ankam und keinen Gorilla finden konnte. Erst am dritten Tag, nach einer zweistündigen Suche, fand ich eine Raupe. Ich platzte fast vor Erleichterung. Dieses perfekte kleine Wesen, von der Evolution so geformt, dass es die Augen eines jeden täuschte, der es sehen wollte. Aber ich hatte es geknackt. Jetzt, da ich eine gefunden hatte, folgten rasch weitere. Es war, als hätte jemand ein Rohr freigepustet und eine Blockade meines Sehnervs beseitigt; die Raupen des Feurigen Perlmutterfalters schienen mir nun in die Netzhaut beider Augen eingebrannt zu sein. Ich hatte in dieser Saison nie wieder Schwierigkeiten, sie zu finden, allerdings musste ich das Sehen in den folgenden Jahren immer wieder neu erlernen, nachdem ich jeweils zehn Monate Pause gemacht hatte.

Ich begab mich noch mehrfach auf die analoge Suche nach besonders gut getarnten Arten wie dem Grünen Heupferd, Stabschrecken und Wandelnden Blättern, Erdsternen, den winzigen Eiern eines winzigen braunen Zipfelfalters und sogar Seepferdchen. Unabhängig davon, um welche Art es sich handelt oder zu welchem Reich sie gehört, die Suchstrategie ist meiner Erfahrung nach im Grunde immer dieselbe.

Grundsätzlich geht es darum, ein Räuber zu sein. Zwar habe ich persönlich noch nie eine Raupe gegessen, ein Seepferd verputzt, an einem Gecko geknabbert oder ein Schmetterlingsei pochiert, doch ich wende einfach das an, was Verhaltensökologen eine Strategie der optimalen Futtersuche nennen – nicht zur tatsächlichen Ernährung, aber die Funktion ist dieselbe; die aktuelle Aufgabe ernährt mich indirekt, bringt Brot auf meinen Tisch und Milch in meinen Kühlschrank.

Die erste Echse, das erste Insekt, der erste Fisch etc. dauert eine Weile, aber wenn man sich auf Größe, Farbe und Oberflächenbeschaffenheit seiner Beute und in geringerem Maße auch auf die subtileren Nuancen der Orte eingeschossen hat, an denen sie sich gern aufhalten, steigt die Entdeckungsrate. Meine Reise nach Madagaskar war trotz des etwas zähen Beginns ein gutes Beispiel dafür. Nach kurzer Zeit entdeckte ich selbst Blattschwanzgeckos, auch wenn ich nie so erfolgreich wurde wie Mamy – vielleicht, weil ich weniger auf meine eigenen Fähigkeiten angewiesen war, denn auch wenn ich versagte, hatte Mamy auf jeden Fall Erfolg.

Aber als einzelner, einsamer Raupenjäger wurde ich gespenstisch gut darin, diese scheuen Wesen zu entdecken. Das Hilfsmittel der Wahrnehmung, das mir dabei zugute kam, ist genau das, was auch eine Raupen fressende Tierart nutzen würde – das sogenannte „Suchbild". Das Konzept dahinter besagt, wenn man wiederholt dasselbe visuelle Rätsel vorgesetzt bekommt, kann man lernen, es zu lösen. Gezeigt wurde das in einem bekannten Experiment mit Blauhähern, die darauf abgerichtet wurden, Bilder von Nachtfaltern zu bepicken: Wenn der Häher auf ein Bild mit einem Falter darauf pickte, bekam er eine Belohnung, wenn kein Falter darauf war, bekam er nichts und musste warten, bis das System zurückgesetzt wurde und das Experiment weiterging. Wenn die Bilder der getarnten Nachtfalter beliebige unterschiedliche Arten zeigten, war die Erfolgsquote des Hähers nicht so gut, aber wenn ihm immer dieselbe Art gezeigt wurde, steigerte sich seine Leistung immer mehr. Wir können das auch. Ein Satz visueller Hinweise werden mit Erfahrung gekoppelt und quasi in die Netzhaut des inneren Auges gebrannt; ein visuelles Muster, eine offenbar konsistente Form in einer chaotischen Umgebung – unterbewusst stellen Sie sich auf einige sehr subtile Hinweise ein, Ihre hochauflösende Netzhaut und Ihre Verarbeitungskapazität haben einen Freund gefunden, eine Abkürzung. Diese Suchbilder sind sehr nützlich, aber Sie müssen Zeit investieren, um sie zu erlernen, und Sie werden auch feststellen, dass sie nicht dauerhaft aktiv bleiben, wenn Sie sie nicht anwenden. Deshalb werde ich bei einer weiteren Reise nach Madagaskar noch einmal ganz vorn vorne durch den gesamten frustrierenden und ärgerlichen Prozess gehen müssen, um diese Anti-Räuber-Anpassungen zu knacken.

Ob Sie es sehen oder nicht, es prallt immer dasselbe Licht vom getarnten Tier ab und fällt in Ihre Augen. Mamys Augen empfingen Licht genau derselben Wellenlänge, genau dieselben Farben wie meine – es konnte nicht anders sein, mein Kopf war genau neben seinem, aber etwas, das aus vorherigen Erfahrungen und seinem angehäuften Wissen darüber entstanden war, wo und nach welchen Mustern und Suchbildern man suchen musste, verlieh ihm einen Vorteil bei der Nahrungssuche. Er war von Natur aus und nach ihren Regeln ein erfolgreicherer Räuber als ich.

Es ist klar, dass Schauen und Sehen zwei ganz, ganz unterschiedliche Dinge sind. Wenn wir uns inmitten der Natur begeben, müssen wir uns unserer Umgebung vollkommen bewusst sein. Wir müssen allem gegenüber offen sein, jedem Hinweis, jeder Nuance der Umgebung. Ein Naturforscher braucht eine Weile, um dieses Gespür zu entwickeln. Hier geht es weniger um ein Rezept, das eindeutig den Weg weist, sondern eher um Erfahrungen, die sich übereinander ablagern und so ein tieferes Wissen ergeben. Es ist eine kumulative natürliche Weisheit, ein echtes Verstehen, individualisiert durch Ihre eigenen Wünsche und Triebe. Kurz gesagt, das Sehen lernen Sie nicht aus Büchern.

Es gibt jedoch ein paar Tricks und Übungen, die Ihnen helfen werden. Zunächst einmal möchte ich jedoch Ihre Aufmerksamkeit auf das Folgende lenken, das Ihnen helfen wird zu verstehen, dass wir immer noch bewusster sein können.

Häufig wird angenommen, dass Menschen, die einen Sinn verloren haben, die anderen stärker entwickeln können, und es gibt auch einige Belege dafür, dass die Neuverschaltung neuraler Pfade unter Einbeziehung der Verarbeitungskapazitäten anderer Teile des Gehirns tatsächlich stattfinden kann, aber die wissenschaftlichen Hintergründe und ihre Unterbewertung sind kompliziert und würden den Rahmen dieses Buches sprengen.

Eine Studie der Gallaudet University in Washington, DC kam zu dem Schluss, dass schwerhörige Menschen wahrscheinlich nicht besser sehen können als Menschen mit vollständigen Sinneskapazitäten, dass sie jedoch tatsächlich anders sehen.

In der komplizierten visuellen Welt, in der wir leben, werden wir mit Reizen bombardiert. Wir stehen inmitten einer dreidimensionalen Welt; buchstäblich wo wir auch hinsehen, erhalten wir Informationen darüber, wo wir sind und was gerade passiert, und wir können all diese Informationen gar nicht auf einmal verarbeiten. Wir müssen daher entscheiden, welchen Informationen wir unsere Aufmerksamkeit schenken, und zwar auf Kosten von anderen. Wie wir diesen ankommenden visuellen Informationen über die Welt Prioritäten zuweisen und damit auch, wie und was wir in dieser Welt überhaupt wahrnehmen, liegt ganz individuell an uns.

Ein Auge ist schließlich ein Auge. Es mag von Mensch zu Mensch kleine Unterschiede im Aufbau geben, aber wie bei einer Kamera funktionieren die Gesetze der Physik bei jedem Individuum auf dieselbe Weise, bei Ihnen wie bei mir. Der Unterschied zwischen jemandem, der bemerkt, dass ein Nachtfalter an diesem Baumstamm sitzt oder dass eine Grasmücke sich neben dem Weg das Gefieder putzt, und jemandem, der es nicht bemerkt, ist die sogenannte „visuelle Aufmerksamkeit". Um die

Kamera-Analogie fortzuführen: Wenn wir uns eine Digitalkamera vorstellen, dann macht die Art, wie wir diese Informationen verarbeiten, den Unterschied, also was die Kamera oder die Bildverarbeitungssoftware auf dem Computer mit den Informationen macht, mit denen wir sie gefüttert haben.

Wenn Sie einen vollständigen Satz an Sinnen haben, verfügen Sie im wahrsten Sinne des Wortes über eine „umfassende" Wahrnehmung; Ihre anderen Sinne, vor allem das Gehör, unterstützen die Augen. Stellen Sie sich vor, Sie sind der Mittelpunkt einer Kugel. Wenn ein Geräusch oder ein visueller Reiz Ihre Aufmerksamkeit erregt, können Sie sich mit einer schnellen Bewegung von Körper, Kopf oder Auge darauf ausrichten. Wenn Sie gehörlos sind, ist das so, als hätte jemand diesen Sinn weggenommen – jetzt können Sie nur noch 180 Grad in der Waagerechten und 100 Grad in der Senkrechten sehen, Ihr sogenanntes Gesichtsfeld. Studien haben jedoch gezeigt, dass gehörlose Menschen viel empfindlicher auf bewegliche Reize an den Rändern ihres Gesichtsfeldes reagieren; ihre visuelle Aufmerksamkeit ist also geschärft. Ohne allzu tief in die Neurologie und die aktuelle Forschung einzusteigen, die uns verstehen lässt, wie unsere Augen und unser Gehirn zusammenarbeiten, wollen wir uns das Ganze einmal unter dem Aspekt der Renaturierung ansehen.

Ich nehme einmal an, dass Ihre Augen gesund sind, dass sie funktionieren, und falls Sie eine Sehhilfe brauchen, ob Brille oder Kontaktlinsen, dass diese aktuell ist. Andernfalls wird Ihnen auch keine noch so große Achtsamkeit helfen.

Wenn wir eine Szene betrachten, huscht unser Blick hierhin und dorthin, um abzutasten, was vor uns liegt, weil nur in der Sehgrube, einem relativ kleinen Bereich auf der Netzhaut, hochauflösende Informationen aufgenommen werden. Das bedeutet, wir müssen das Auge bewegen, es in winzigen Schritten in seiner Höhle drehen, um diesen hochempfindlichen Teil der Netzhaut auf verschiedene interessante Einzelheiten in unserem Gesichtsfeld auszurichten. Dank der Leistungsfähigkeit unseres mächtigen okulomotorischen Systems können wir diese einzelnen Blickverschiebungen zwei- bis dreimal pro Sekunde vornehmen, was als Sakkade bezeichnet wird. Das Auge ruht kurz auf den Fixationspunkten und springt dann weiter. Das gehört zu unserer erlesenen Bauweise, so sehen wir von Natur aus. Das geht so weit, dass sich das Starren auf einen einzelnen Punkt und das Fixieren über mehr als einige Sekunden höchst unangenehm und anstrengend anfühlt.

Kopf hoch!

Wie also werden wir besser im Sehen? Zunächst einmal hilft es, den Kopf tatsächlich anzuheben. Ich beobachte Menschen oft so, wie ich Tiere beobachte; ich kann nicht anders, es ist ein erlernter Verhaltenszug, der sich in meiner Arbeit ebenso Bahn bricht wie in meiner Freizeit.

Das Erste, was ein Naturforscher bemerkt, ist die Körperhaltung eines Tieres oder Vogels, ja sogar eines Baums. Für uns ist das ein wichtiger Hinweis für die Identifizierung.

Im Englischen gibt es unter Vogel- und Tierbeobachtern ein spezielles Wort dafür: jizz. Es bezeichnet den Gesamteindruck, nach dem ein Vogel-, Schmetterlings- oder Libellenbeobachter eine Art unmittelbar identifizieren kann, wenn er sie sieht. Über den Ursprung des Begriffs kursieren verschiedene Theorien; eine besagt, dass es sich ursprünglich um ein amerikanisches Akronym für die Identifizierung feindlicher Luftfahrzeuge handelt und für „General Impression, Size and Shape" steht (GISS, Allgemeiner Eindruck, Größe und Form).

Worauf ich hinauswill: Ich habe etwas festgestellt, das sich langsam immer fester in unserem alltäglichen und gesellschaftlichen Verhalten etabliert, ein heimtückisches Einsickern von Technologie in unsere Alltagsnormen. Seit die Telefone mobil wurden und nicht mehr durch ein Spiralkabel mit der Wand verbunden sind, haben sie uns unsere Sicht gestohlen. Wir werden blind, das Handy ist unser technologisches Glaukom. Unsere Augen sind unser Primärsinn; wir haben uns so entwickelt, dass wir hauptsächlich auf visuelle Reize reagieren, aber die Augen können nicht überall gleichzeitig hinsehen. Wir führen keine Sakkaden mehr über eine größere Szene aus, sondern starren gebannt auf den LCD-Bildschirm.

Wir leiden als Art unter einem kollektiven Tunnelblick. An einer Bushaltestelle in Lhasa in Tibet starrte jeder einzelne der 18 Menschen, mit denen ich dort stand, wie hypnotisiert auf den Retinabildschirm ihres Handys. In der Stadt sah man selbst die ältere Generation in ihren traditionellen chubas aus Schaffell in Hauseingängen oder an Tempelwänden lehnen, die Gesichter vom kalten blauen Schein ihres Handys oder Tablets erleuchtet – selbst hier, wo die Naturkultur noch an der Oberfläche zu sehen ist, herrscht die Handykultur vor.

Mehrere Wochen später unternahm ich einen kurzen Spaziergang in die Innenstadt von Winchester – ein kurzer Ausflug in die Läden, um einen Karton Milch und eine Pastete für das Mittagessen zu besorgen. Unterwegs kam ich auf die Idee, eine kleine Erhebung aller Menschen durchzuführen, die mir auf der Straße begegneten. Von den 87 Menschen auf dem Gehweg sahen 46 auf einen Bildschirm.

Kein Wunder, dass ich ungläubige Blicke ernte, wenn ich im Pub von dem Wanderfalkenpaar erzähle, das ich regelmäßig auf der Kathedrale sitzen sehe, und von dem urbanen Drama, wenn einer von ihnen in einer Explosion von Federn direkt vor dem geschäftigen Treiben der Stadtbewohner eine der Tauben schlägt. Den meisten ist gar nicht klar, dass dieser Vogel in ihrer Stadt lebt. Deshalb können solche Beobachtungen von Naturforschern so übernatürlich und fantastisch wirken, als seien wir so etwas wie Gurus, die eine exotische, geheimnisvolle Kunst beherrschen. Das tun wir nicht, unsere Augen sehen nur meistens in die richtige Richtung. Ein erschreckender Beweis dieser modernen Kurzsichtigkeit ist die Stadt Bodegraven in den Niederlanden – hier hat der Gemeinderat an Verkehrskreuzungen Leuchtstreifen im Gehweg installiert, die die Farbe wechseln. Rot für „Stehenbleiben", Grün für „Gehen" – nur, damit die umherwandernden Handynutzer ihren Blick nicht vom Bildschirm lösen müssen, um zu sehen, ob sie gefahrlos über die Straße gehen können. Ist das die Zukunft?

Zum Teil gebe ich dieser Mobiltechnologie die Schuld, obwohl sich unsere Wahrnehmung der Natur auch auf anderen Ebenen verändert. Unser aller angeborenes Bedürfnis, gebraucht oder geliebt zu werden, führt dazu, dass wir fast unablässig unsere Bildschirme prüfen und unsere „Sehzeit" oder, noch wichtiger, „Bemerkzeit" mit visuellen Informationen füllen, die nicht direkt relevant sind. Wenn wir unsere gesamte Aufmerksamkeit auf das konzentrieren, was direkt vor uns liegt, auf die herrlichen, visuell opulenten Grafiken, lassen wir die Rollladen an unserem Fenster zur echten Welt hinunter. Unsere Welt ist nicht mehr echt; wir starren in einen unendlichen digitalen Tunnel, ohne jemals das blendende Versprechen am anderen Ende zu erreichen.

Dieses veränderte Verhalten gibt es auch nicht nur in der Stadt, ich habe es auch auf dem Land schon gesehen – Menschen, die mit ihrem Hund Gassi gehen, aber gar nicht auf ihn achten oder gar die Landschaft genießen, die sie achtlos durchqueren. Das technologiegetriebene Zusammensinken unserer Körperhaltung heißt, dass unsere Köpfe unten sind. Auch Läufer können unter dieser Haltung leiden, wenn sie ständig auf den Boden direkt vor ihnen sehen – vielleicht, weil sie sich Sorgen machen, in etwas hineinzutreten? Diese Kopfhaltung führt zu allen möglichen anderen Fehlhaltungen und damit zu Spannungen in Nacken und Rücken. Aber erst einmal wollen wir uns mit ihrem Einfluss auf das beschäftigen, was wir sehen.

Vergleichen Sie nun einmal diese moderne domestizierte (im Sinne von „in einer zugebauten Umgebung lebende") Welt mit der indigener Kulturen, deren Angehörige noch einen ökozentrischen Lebensstil pflegen. Sie sehen auf, sie blicken in die Ferne auf der Suche nach einer Vorhersage, einem Hinweis darauf, wie die unmittelbare Zukunft aussehen könnte; in heranziehenden Wetterfronten, die unmittelbare Folgen für alle möglichen Aktivitäten haben, suchen sie nach Hinweisen auf Nahrung, essbare Pflanzen und Tiere, und was noch wichtiger ist: Sie überprüfen ihren sozialen Status und liefern sich gegenseitig Aktualisierungen, bewerten, wie Freunde, Familie und andere Gesellschaftsmitglieder sie wahrnehmen, indem sie ihnen ins Gesicht sehen. Vergleichen Sie das mal mit dem Ehepaar, das an einem Tisch im Restaurant sitzt, den Blick voller Zärtlichkeit auf … das eigene Handy gerichtet.

Man könnte nun argumentieren, dass die Notwendigkeit, nach Räubern oder Nahrung Ausschau zu halten, funktionell durch die ebenso wichtige moderne Notwendigkeit ersetzt wurde, nachzusehen, ob der Chef angerufen hat, ob man den Job bekommen hat oder ob das Gebot auf eBay einem das ersehnte Schnäppchen gebracht hat. Aber unsere Körper wissen das nicht; wieder einmal hat unser Intellekt unser körperliches Wesen, unsere wilden Bedürfnisse übervorteilt.

In unserer naturgegebenen Form sind wir nicht dazu geschaffen, Stunden um Stunden, Tage um Tage vor Gegenständen zu sitzen und sie genauestens zu betrachten. Wir sollen aufsehen, Ausschau halten – nach einer Bedrohung oder nach Nahrung. Das sorgt für eine wesentlich natürlichere Körperhaltung.

Machen Sie langsam – umschauen, hinsehen und zuhören

Als Nächstes müssen Sie langsamer werden. Es gibt viele Gründe dafür, aber der wichtigste ist der: Wenn Sie sich langsamer bewegen, geben Sie sich ganz einfach eine reelle Chance, die Details Ihrer Umgebung wahrzunehmen. Es klingt so offensichtlich, aber in einer zunehmend abstrusen Welt, in der nach komplexen Antworten gesucht wird, sind es manchmal die ganz einfachen Dinge, die wir so leicht übersehen.

Meine allererste Reise in die Neotropis war ein Paradebeispiel dafür. Es war nicht nur meine erste Reise nach Südamerika, sondern auch meine allererste Reise in ein nichteuropäisches Land, das erste Mal, dass ich die überreiche Artenvielfalt eines tropischen Ökosystems erleben sollte. Da ich in den Siebzigern und Achtzigern aufwuchs, waren mir die Gründe für die „Rettung des Regenwaldes" wohlbekannt. Er war die „grüne Lunge der Welt", die Heimat von 1300 Vogelarten, rund 430 Säugetierarten, mindestens 450 Reptilienarten, geschätzten 2,5 Millionen Insektenarten – und des Musikers Sting. Ich hatte die Gelegenheit, das Hochgefühl des Lebens in seiner ganzen Fülle zu erfahren. Ich war mehr als begeistert.

Das Flugzeug landete spät in Georgetown in Guyana; es war so dunkel wie das Fell der Kühe, die auf der Straße lagen, dieselben verschlafenen Rinder, denen der Taxifahrer auf der kurzen Fahrt zum Hotel mindestens dreimal mit einem eleganten Schlenker auswich. Unterwegs hingen die Geräusche einer tropischen Sinfonie in der schweren Luft. Für einen jungen, naiven Naturforscher schwappten das Zirpen, Knarren, Pfeifen und Pupsen unzähliger Grillen, Zikaden, Frösche und Falkennachtschwalben geradezu aufreizend durch die Taxifenster herein. Ich platzte vor Vorfreude, mein Traum war wahr geworden, nie hätte ich gedacht, das einmal zu erleben, nicht einmal in meinen wildesten biophilen Schuljungenfantasien.

Am nächsten Tag stand ich vor der Morgendämmerung auf dem Flachdach des großen Hotels in der Stadt und wartete darauf, erstmals die tropische Tierwelt in Augenschein zu nehmen. Es ging gut los: Dutzende von Vögeln in allen möglichen Farben wachten auf und zierten die Morgendämmerung. Es waren hauptsächlich Tangaren, aber mit Gefieder in allen Regenbogenfarben, und ich konnte nicht anders, als der neblig aufgehenden Sonne begeistert Primärfarben entgegenzuschreien. Meine Freude war jedoch nur von kurzer Dauer.

Sobald ich mich aus der Hauptstadt auf den Weg in die Wildnis machte und in den urtümlichen Regenwald von Guyana eintauchte, fiel ein grüner Vorhang über meinen Enthusiasmus. Da war nichts, so schien es, außer einer Palette aller dem Universum bekannten Grün- und Brauntöne, und natürlich Mücken.

Wo waren die Schlangen, die sich um jeden Baum ringelten? Wo waren die vielen leuchtend bunten Papageien, die Dutzende von Schmetterlingen, die Frösche, die Echsen? Wo war die Party? Es fühlte sich an, als wäre ich mein Leben lang angelogen worden. Ich weiß noch, wie ich mich an einen soliden Stammanlauf lehnte und mich mehr als enttäuscht und alles andere als begeistert fühlte.

Aber der Wald spürte meine Desillusionierung und präsentierte mir zuerst einmal eine Ameise. Eine winzige Gabe der tropischen Artenvielfalt, aber ein Bröckchen Leben, das meinen

Blick auf sich lenkte, meine bewussten Gedanken einfing und meine Aufmerksamkeit bündelte. Zum Glück gehörte diese Ameise zu keiner der unauffälligen oder schwierig zu bestimmenden Arten, mit denen die Tropen reichlich gesegnet sind, sondern war eine *Atta cephalotes*, eine Blattschneiderameise.

Die goldfarbene kleine Dame schritt zielstrebig die scharfe Kante des Stammanlaufs hinunter und trug dabei eine schwere Last, eine Blattscheibe, abgemessen und mit den scharfen Messschiebern ihrer eigenen Kiefer auf die optimale Größe zurechtgeschnitten.

Diese Ameisenart war eine bekannte Figur für mich, ein Superstar in der Welt der Ameisenliebhaber, ein Pin-up-Girl für jeden Myrmekologen und eine Art voller Faszination aus meiner Bücherwurm-Kindheit. Diesem Insekt persönlich gegenüberzustehen, erweckte die Bilder auf den Seiten meiner Enzyklopädien zum Leben. Sie taumelte über den Waldboden, die grüne Flagge hoch erhoben. Als ich ihr mit den Augen folgte, schienen sich andere aus dem Nichts zu materialisieren – eine identische, vielbeinige Schwesternschaft, unterwegs auf demselben Pfad. Aber sie waren die ganze Zeit da gewesen. Es war, als würde meine ruhige, respektvolle, geduldige Anwesenheit belohnt.

Je länger ich stillsaß, desto reicher wurde ich beschenkt. Weitere Ameisen von anderem Aussehen tauchten auf: Soldaten, dickschädelige Rohlinge mit säbelartigen Kiefern, die nicht eine, sondern mehrere flimmernde Tentakeln von Ameisenstraßen bewachten, schienen sich nun zu enttarnen, während andere in die entgegengesetzte Richtung zur ersten unterwegs waren. Der Wald wimmelte von ihnen; bei jeder Kopfbewegung sah ich Ameisen, Ameisen und noch mehr Ameisen. Dann schien eine Prozession von Gegenständen von den Flügeln herbeizuströmen – der grüne Vorhang hob sich langsam und in der nächsten Stunde zeigte sich das Theater des Waldes. Kolibris schillerten im Rampenlicht der Sonnenstrahlen, die durch das Blätterdach fielen; eine Dünnschlange ließ ihre Lianentarnung fallen; ein Blatthühnchen mit glänzendem Gefieder stach mit seinem degenartigen Schnabel spektakulär nach Schmetterlingen. Nachdem ich so viel aufgesogen hatte, wie meine Sinne verarbeiten und begreifen konnten, stand ich auf und wanderte zurück zum Lager. Dabei war mir, als hätte die Welt sich beschleunigt; während ich zielgerichtet den Pfad hinunterstampfte, war mir die Tierwelt immer weniger bewusst. Eine umgekehrt proportionale Beziehung zwischen Geschwindigkeit und den gesehenen Lebewesen. Fortschritt und Erfahrung im Widerstreit miteinander.

Wenn Sie lange genug stillstehen und ruhig sind, werden die Tiere, die bei Ihrer Ankunft schon da waren, nach einigen Augenblicken mit dem Tagesgeschäft fortfahren. Andere kommen neu dazu und plötzlich sind Sie keine größere Bedrohung mehr als ein wurmstichiger Baumstumpf oder ein Zaunpfosten, fast als Teil der Landschaft akzeptiert. Wenn Sie stillsitzen, wird das Leben sich wie ein Pop-up-Buch präsentieren, während Sie sich allmählich in Ihre Umgebung einsehen.

Dies soll eine Technik der ökologischen Immersion veranschaulichen, die ich seit Jahren praktiziere, zunächst sogar unwissentlich. Ursprünglich hatte ich dabei eine Angelrute in der Hand und es war ein angenehmer Nebeneffekt des Angelns, der mich ablenkte, bis wieder ein Fisch anbiss, aber im Laufe der Zeit wurde daraus eine Notwendigkeit, eine ganz eigenständige Aktivität. Je schneller unser Leben wird, desto weiter entfernen wir uns von unseren Anfängen, und damit rückt auch die Fähigkeit, unbeweglich verharren zu können, sowie der Zweck dieser Fähigkeit immer mehr in die Ferne. Obwohl also das regungslose Verharren eine Art Standardeinstellung unserer Natur ist und damit auch unserer Beziehung zur Natur, wird es zu einem Schalter, den wir selten betätigen dürfen. Es gilt als Zeitverschwendung, nichts zu tun, obwohl es tatsächlich doch eine Gelegenheit darstellt, so sehr viel mehr zu tun. Es bedeutet Wahrnehmung, wir beginnen zu sehen, und wer sehen kann, der beginnt, eine Verbindung aufzunehmen.

Augen auf!
Die Fähigkeit, eine Landschaft zu lesen, sorgfältig und bewusst alles anzusehen, genauso nach natürlichen Mustern zu suchen wie nach Dingen, die nicht in diese Muster passen, zu wissen, wie man die Landschaft nach Anzeichen für den Feind absucht, gilt als wesentlicher und grundlegender Teil der militärischen Ausbildung. Wenn man darüber nachdenkt, ist es nichts Neues. Noch einmal: Es handelt sich um eine Grundfertigkeit, die unsere Vorfahren nutzten und diejenigen, die noch direkt von der Natur leben, bis heute nutzen. Es ist eine Fertigkeit, an der Sie arbeiten und die Sie selbst entwickeln können, aber dazu braucht es Konzentration.

Wenn Sie das hier lesen, dann tun Sie es von links nach rechts; es ist eine Angewohnheit, die man Ihnen beigebracht hat, und mit großer Sicherheit haben Sie es sich auch angewöhnt, Wörter zu überspringen und die Positionen von Verben, Adjektiven und Nomen vorherzusehen, sodass Sie den Sinn verstehen, ohne sich unbedingt jeden Buchstaben oder jede Silbe erarbeiten zu müssen. Ihr Blick ist dem voraus, was Sie in Gedanken gerade verarbeiten. Aber versuchen Sie einmal, rückwärts zu lesen. Beginnen Sie rechts und tasten Sie die Zeile mit den Augen nach links ab – Sie werden langsamer, Sie schwimmen gegen den Strom der Gewohnheit und müssen viel mehr auf jeden Buchstaben und jeden Laut achten; Sie müssen sich richtig konzentrieren.

Das ist ein erstaunlich effektiver kleiner Trick, um die Welt genauer zu betrachten. Sobald Sie Ihr Gehirn darauf umgeschult haben, das zu tun, besonders aufmerksam zu sein, richtig hinzusehen und jedes kleine Detail in den Grenzen Ihres Gesichtsfeldes zu erkennen, können Sie damit beginnen, in alle Richtungen zu sehen. Kombinieren Sie das mit dem Stillsitzen. Suchen Sie sich draußen einen möglichst wilden Ort und lassen Sie sich gemütlich dort nieder. Jetzt durchkämmen Sie mit den Augen die Landschaft vor Ihnen von rechts nach links, lassen Sie den Blick an jeder Linie hinauf- und hinunterwandern, stellen Sie sich vor, Sie zeichnen die Szene mit einem Bleistift, und folgen Sie mit den Augen den Bleistiftlinien. Suchen Sie nach etwas, stellen Sie sich Aufgaben – wie viele Lebewesen können Sie sehen, stellen Sie sich vor, wie sich die Bäume, Stängel und Blätter anfühlen, krabbeln Sie im Geiste durch die Szene und drehen Sie Steine um.

Den Blick zu weiten, ist nichts, was Sie körperlich beeinflussen können; Ihr Gesichtsfeld ist fest, es hat physikalische Grenzen. Aber Sie können sich schulen, bewusster wahrzunehmen, was es ist und was seine Grenzen sind. Erkunden Sie den Randbereich Ihres Gesichtsfeldes. Arbeiten Sie an Ihrer visuellen Aufmerksamkeit. Halten Sie Ihre Arme in Schulterhöhe gerade nach vorn und wackeln Sie mit den Fingern, während Sie geradeaus sehen. Passen Sie mit Vorwärts- oder Rückwärtsbewegungen die Position Ihrer Arme an, bis Sie die Bewegung Ihrer Finger auf beiden Seiten gerade noch erkennen, ohne direkt hinzusehen: Das ist die waagerechte Grenze Ihres Gesichtsfeldes. Jetzt machen Sie dasselbe in anderen Richtungen, oben und unten und in jeder anderen Position dazwischen. Sie haben nun mit den Fingern den Rand Ihres Gesichtsfeldes abgetastet. Diese sehr physikalische Demonstration, die Sie allein mit sich durchführen können, verschafft Ihnen eine deutliche Vorstellung davon, wie groß der Raum ist, den Sie mit den Augen abtasten können.

Ein ähnliches experimentelles Spiel spiele ich immer mit Kindern, um ihr visuelles Bewusstsein für ihre Weitwinkelsicht zu schärfen. Ich nenne es „Bussard spielen", obwohl man natürlich auch jeden anderen Greifvogel einsetzen kann. Die Grundidee besteht darin, dass die ausgebreiteten Arme die Flügel sind und man herumfliegen muss, bis man einen Sitzplatz findet, von dem aus man etwas sieht, das man interessant finden könnte, und sich dann tatsächlich dort hinzusetzen und sein Revier intensiv zu begutachten. Man sieht sich um und stellt sich dabei vor, dass man ein Greifvogel auf der Suche nach Beute ist, überlegt, was es für Lebensräume gibt und welche Tiere in ihnen wohnen könnten. Dabei nutzt man das Bewusstsein für alle Randbereiche des Gesichtsfeldes, um Bäume, Wolken, Gras, Hecken und Kräuter zu prüfen, die sich im Wind bewegen, und sich ihrer bewusst zu sein. Wenn die Kinder ein wenig damit herumgespielt haben und ihr gesamtes visuelles Panorama wahrnehmen, sage ich ihnen, dass sie nun jagen gehen dürfen: Sie müssen versuchen, die Bewegungen von Vögeln, Insekten und allem anderen zu erkennen, das einem Bussard als Beute dienen könnte.

Bei diesen Übungen, die als echte, bewusst konzentrierte Anstrengungen beginnen, werden Sie mit großer Wahrscheinlichkeit den Fehler machen, sich zu sehr zu konzentrieren. Erinnern Sie sich an den natürlichen dynamischen Zustand des Gesichtsfeldes – Ihre Augen müssen ein wenig umhertanzen; wenn Sie versuchen, sich auf einen Gegenstand zu konzentrieren, werden Sie müde, und zum Konzept der Achtsamkeit gehört es nun einmal, im Reinen mit sich selbst und entspannt zu sein, bevor man erwarten kann, dass Sie sich in Ihrer Umgebung wohlfühlen.

Ich habe es weiter oben schon angedeutet: Die Verarbeitung des Bildes und die Fähigkeit, Bilder übereinanderzulegen und auf der Grundlage von Erfahrungen die Fantasie einzuschalten, ist etwas, das sich allmählich summiert. Wenn ein Kind seine erste Erfahrung mit etwas in der Natur macht, ist es voller urtümlicher Faszination, voller Staunen und Neugier; es ist dieselbe Erfahrung, die von Generationen von Hominiden wiederholt wurde, die Erkundung der Umgebung in ihrer grundlegendsten Form. Wenn ich eine Szene betrachte, stelle ich mir gern vor, dass ich an die Dinge heranzoomen kann, die ich sehe. Wenn ich über ein steiles Tal in einem Waldgebiet voller Trauereichen blicke, silbern funkelnd im Frühling, werde ich in meiner Vorstellung zu Ant-Man: Ich zoome heran, lasse mich von meiner Fantasie kurzerhand auf die andere Talseite tragen, und wenn ich dort bin, lande ich und klettere über die strukturierte Oberfläche einer Flechte, als wäre sie ein sanfter Hügel. Ich stelle mir die Horden mikroskopisch kleiner Insekten vor, Staubläuse wie Mikro-Bisons in der Prärie. Das ist deswegen möglich, weil ich in einem vergangenen Abenteuer diese andere Seite schon erkundet habe. Ich weiß, was dort wächst, ich kenne das Rotschwänzchen, das in einem Astloch in einer alten, gepflanzten Ahorn nistet, einen toten Eichenast, der im 45-Grad-Winkel nach oben ragt und der letztes Jahr ein Nest Kleinspechte beherbergte, die Bilche im Dickicht der Hecke, ich weiß, dass Raupen des Silberfleck-Perlmutterfalters dort an den Blättern der Veilchen knabbern und ihre violetten Köpfe hindurchstecken … und immer so weiter. Es ist eine vernetzte Welt und noch einmal, so einfach es auch ist, jede einzelne Erfahrung, egal, wie kurz und flüchtig oder unvollständig sie sich anfühlen mag, hat ihren Platz, trägt einen Pixel eines Details zum Verständnis Ihres Fleckchens, Ihrer Umgebung bei.

6
Der blinde Vogelbeobachter

„Da kommt gleich ein Gimpel durch die Öffnung dort, ein Sperber verfolgt ihn, fünf, vier, drei, zwei, eins … da!", sagte Gary. Und tatsächlich stürzte plötzlich ein Gimpelmännchen durch die Lücke in der Hecke, ein Sperbermännchen kurz dahinter, pfeilgerade gestreckt, dem Gimpel dicht auf den Fersen, genau wie Gary vorhergesagt hatte. Mit einem blinden Mann Vögel beobachten zu gehen, öffnete mir wirklich und wahrhaftig die Augen (oder vielmehr die Ohren) für das ungenutzte Potenzial unserer Sinne. Die Gelegenheit zu dieser oxymorischen Erfahrung bot sich mir, als ich Aufnahmen für eine BBC-Radiosendung machte. Ich habe im Laufe der Jahre Hunderte solcher Beiträge gemacht, aber dieser hatte eine anhaltende Wirkung auf mich, die mich heute noch täglich beeinflusst.

Wir hatten uns mit Gary in einem Naturschutzzentrum mitten in den uralten Hügeln des ländlichen Dorset verabredet. Es lag in einem satten, komplexen Flickenteppich aus mindestens einem Dutzend verschiedener Grüntöne, durch luftige Hecken voneinander getrennt, gespickt mit den zarten, duftenden rosafarbenen Blüten des Hagedorns und den hellgrünen Gierschkissen, die aus der Entfernung wie Schaumspuren aussahen.

Das irdische Spektakel für die Augen wurde noch verstärkt und ergänzt durch den azurblauen Himmel mit den darüber hinwegziehenden weißen Schäfchenwolken. Die Vögel waren bis in die Federspitzen im Fortpflanzungsmodus und nachdem die Bienen ihnen alles beigebracht hatten, was sie wussten, machten sie sich nun mit den übrigen bestäubenden Insektenhorden selbst an die Arbeit und summten emsig von einer Heckenblüte zur nächsten.

In meiner linkischen Naivität überkam mich ein Hauch von Traurigkeit, als ich Gary auf dem Parkplatz des Naturschutzzentrums traf. Da stand ich mit einem Mitmenschen, einem Biophilen wie mir, einem Naturforscher, der den englischen Frühling mit all seinem fruchtbaren, frenetischen Fortpflanzungsgeschehen nicht beobachten konnte. Für Gary gab es keine elektromagnetischen Reize, keine Potentialdifferenz ließ die Neuronen in seinem Sehnerv feuern. Was ganz einfach bedeutete: keine Blumen, keine durchsichtige Libelle, kein träger grüngeaderter weißer Schmetterling, keine vor Revierstolz aufgeplusterten Gimpel, kein Garnichts, soweit ich das sah.

Aber wie das so ist, ich sah nicht wirklich weit. Wie die meisten meiner Spezies mit einem voll funktionsfähigen Satz an Sinnen benutzte ich sie einfach nicht richtig. Ich sollte mich schon sehr bald als eindeutig kurzsichtig erweisen. Den Gimpel und den Sperber erkannte Gary nicht nur an den Geräuschen, die sie machten. Eine Kombination aus einer präzisen mentalen Karte seiner Umgebung, über die er im Geiste wie eine weitere Schicht andere, subtilere akustische Hinweise legte, verschafften ihm ein sehr genaues Bild von dem, was gerade vor sich ging.

Gary erklärte mir, dass er zuerst den Warnruf des Gimpels gehört hatte. Dann verrieten ihm die Warnrufe der Schwalben und Mauersegler, die hoch über unseren Köpfen durch die Lüfte rauschten, dass ein Räuber in der Luft war (wie viele Vögel haben sie räuberspezifische Warnrufe); das kurze, stakkatoartige *flitt, flitt, flitt* der Rauchschwalben reichte ihm, um auf einen Raubvogel zu schließen. Das und der Dopplereffekt sowohl des Gimpelrufs als auch der Schallwelle der Schwalben über uns auf der Spur des Räubers sowie sein Wissen über die Jagdweise verschiedener Vogelarten vervollständigten das Bild für Gary. Das war Vogelbeobachtung über das Fernglas hinaus. Doch so verblüffend diese Demonstration des verfeinerten Hinhörens war, musste ich auch zugeben, dass es sich nicht um eine Art Superkraft handelte. Gary trug keinen hautengen Anzug und doch schien mir seine Wahrnehmung der Welt um ihn herum auf dem Niveau von Marvels Daredevil zu liegen. Ich kam wirklich ins Grübeln, was ich regelmäßig verpasste, und seit diesem Moment versuche ich, meine Umwelt mit allen Sinnen besser wahrzunehmen, wo ich auch gerade bin.

Bis dahin hatte ich mich, wie die meisten von uns, irgendwie durch die Welt gewurstelt und meinen Augen den größten Teil der sensorischen Arbeit überlassen. Da ich ein visuell ausgerichtetes Lebewesen bin, passiert es schnell, dass meine anderen Sinne überrannt werden, ihr Input nicht ankommt, die Neuronen ignoriert werden, die sie aktivieren, ihre Eindrücke nie verarbeitet werden, und das alles zugunsten unser zwanghaft dominierenden Augäpfel. Es war, als hätten meine Augen meine anderen Sinne in die Irre geführt. Ich sah auf Kosten des Hörens.

Es ist einfach, der überwältigenden, übermächtigen Ansicht anheimzufallen, dass unser Hörsinn nichts taugt. Die Lehrbücher erzählen uns eine Menge über Fledermäuse und Katzen, Delfine und Hunde und ihre unglaubliche akustische Wahrnehmungsfähigkeit. Es stimmt natürlich, dass all diese Tiere dank einzigartiger Anpassungen und Fähigkeiten Laute wahrnehmen, die außerhalb unseres Hörbereichs liegen, vor allem bei den hohen Frequenzen; auf diese Tatsache kommen wir etwas später noch mal zurück, aber es ist nützlich, sie immer im Hinterkopf zu behalten, wenn man in der Natur ist.

Ein großer Teil unseres modernen Lebens ist voller Geräusche, unsere Ohren sind erfüllt und überstimuliert von Lauten, die wir selbst erzeugen. Während ich das hier schreibe, werde ich akustisch abgelenkt; meine Ohren werden von Geräuschen belagert, die ich gar nicht hören will. Sie werden bombardiert von den Baumarbeitern an der wuchernden Hecke des Nachbarn, dem Staubsauger, den meine Frau unten gerade anmacht, der surrenden Computerlüftung, dem Klicken der Festplatte bei jedem Tastenanschlag und obwohl vor meinem Fenster Vögel sitzen und pausenlos kommunizieren (ich kann sehen, wie ihre Brust anschwillt und ihr Schnabel sich öffnet), kann ich sie kaum hören, wenn ich mich nicht bewusst auf sie konzentriere.

Ein moderner Mensch akzeptiert die akustische Hintergrundtapete seines täglichen Lebens nahezu fraglos. Wir haben uns daran gewöhnt, das weiße Rauschen zu akzeptieren, das ein Produkt unseres gegenwärtigen Lebensstils ist, unserer abgeschlossenen, geschützten, selbst gemachten Welt; das Schlurfen von Plattfüßen, das Rascheln von Synthetikgewebe, klimpernde Reißverschlüsse und elektronische Benachrichtigungen. Die Menschheit ist geräuschsatt. Die akustische Barriere zwischen uns und der Natur hat viele Schichten.

Rund 50 Prozent der Menschheit leben in einer zivilisierten, urbanen Umgebung, die Hälfte der Weltbevölkerung hat also eine schwächere Verbindung zur Natur und ihrem Erleben, wird behindert und beeinflusst von anthropogenen Faktoren. Es wird unterschätzt, wie stark wir über Schallwellen in Kontakt mit der Welt stehen. Die meisten von uns sind sich ihrer persönlichen akustischen Umweltverschmutzung gar nicht bewusst, des Geräuschmiefs, der hinter uns herwabert. Als Junge vom

Land ist es für mich schon unmöglich, in einem Zimmer zu schlafen, in dem im Hintergrund unaufhörlich eine Klimaanlage surrt und meinen primären auditiven Kortex belagert. Und selbst dieses mechanische Dauergemurmel wird von einer weiteren Schicht Dezibel produzierender Geräten überlagert, etwa dem alles durchdringenden Grollen von Gummi auf Straßenbelag oder dem Geräusch von Stahl auf Stahl. Wenn wir dann zum ersten Mal einer natürlichen Klanglandschaft ausgesetzt sind, ist es dann ein Wunder, dass uns die Stille ohrenbetäubend vorkommt? Wir bemerken gar nicht, wie viel Krach wir selbst machen oder dass alles in der Natur eine eigene akustische Signatur hat. Der Wind, der durch die unterschiedlichen Baumarten fährt, durch Nadelbäume, Laubbäume, mit kahlen Ästen oder voll belaubt, oder die dezenteren Laute des Stimmkopfes eines Vogels (dazu später mehr), das alles sind Geräusche, die an unseren modernen Ohren vorbeirauschen.

Wir müssen uns unserer eigenen Akustik bewusster werden, nicht nur als Unterstützung unserer Beobachtungen, sondern auch, um wertvolle Informationen über unsere unmittelbare Umgebung zu erfahren.

Es ist wirklich nicht einfach, diese Botschaft weiterzugeben. Wenn ich andere in die Natur begleite, bin ich von ihrem Geschick im Feld selten angenehm überrascht – ob es nun darum geht, sich nahe an scheue und nervöse Tiere wie Baummarder oder Hirsche heranzupirschen, das Dämmerungskonzert der Vögel zu belauschen oder einfach in der Natur spazieren zu gehen. Zuallererst müssen wir uns immer mit dem persönlichen Geräuschpegel auseinandersetzen.

Dazu gehört schon die Wahl der Kleidung. Würden wir alle splitternackt herumlaufen, wären wir natürlich so, wie die Natur es vorgesehen hat. Ich schlage vor, dass Sie das bei Gelegenheit mal ausprobieren – man versteht plötzlich viel besser, was für ein akustischer Ballast die Stoffe und Accessoires unseres Alltags sein können. Ich weiß, wahrscheinlich sind Sie nicht bereit, in Ihrer persönlichen Rückkehr zur Natur so weit zu gehen, und tatsächlich ist es auch selten gesellschaftlich vertretbar – außer natürlich, Sie sind ein FKK-Naturforscher. Es gibt jedoch Wege und Möglichkeiten, das einmal auszuprobieren, die allerdings den Rahmen dieses Buches sprengen würden. Aber Sie wissen, was ich meine. Unsere Verpackung behindert uns auf genauso viele Arten, wie sie uns hilft.

Der beste Kompromiss besteht darin, nicht raschelnde Kleidung zu tragen. Dafür gibt es jede Menge Möglichkeiten, von Kleidung aus Naturfasern bis hin zu Funktionskleidung, deren wasserdichte Schicht nicht an der Oberfläche liegt. Wer viel Zeit draußen verbringt, schwört oft auf das Zwiebelprinzip, mit der wasserdichten Schicht ganz oben. Das ist zwar funktional, aber häufig verursacht diese wasser- und winddichte Schicht den meisten Lärm. Versuchen Sie mal, mit jemandem spazieren zu gehen, der von Kopf bis Fuß in Goretex gehüllt ist. Das Rascheln bei jedem Schritt, wenn die Oberschenkel gegeneinanderreiben oder die Arme enthusiastisch mitschwingen, ist dank seiner hohen Frequenz und des raschen Rhythmus bestenfalls leicht irritierend und stört die Botschaften aus der Umgebung, die zu Ihren Ohren durchdringen möchten. Schlimmstenfalls aber wird dieses flüsternde Gehgeräusch in den höheren Registern ausgesandt, in genau der Frequenz, die viele andere Lebewesen als Notfallfrequenz freihalten und auf die sie schon aus Überlebensnotwendigkeit besonders achten. Viele Warnrufe von Vögeln und Säugetieren enthalten hochfrequente Teile. Haben Sie jemals in Gegenwart eines schlafenden Hamsters oder Kaninchens eine Tüte Chips geöffnet oder einen Schokoriegel ausgewickelt? Wenn das Tierchen nicht sofort aufwacht, dann zuckt es mindestens im Schlaf zusammen. Diese hochfrequenten

Warnlaute sind so angelegt, dass sie keine allzu großen Entfernungen überbrücken – auf diese Weise lässt sich besser orten, aus welcher Richtung sie kommen. Der Laut sagt aus: Hier bin ich, hier ist die Bedrohung.

Wenn ich still in einem Wald sitze, kann ich nur anhand der hohen Warnrufe der Rotkehlchen, Zaunkönige und Blaumeisen mit den Ohren verfolgen, wie sich ein Räuber bewegt, oft ein Hund, der sich von der Leine losgemacht hat. Ein bekannter Vogelbeobachter-Trick, um eine scheue Grasmücke dazu zu verleiten, ihren Kopf lange genug zu zeigen, um sie zu identifizieren, ist ein Laut, der sich etwa anhört wie *pisschhtt* – im Grunde ein Warnruf, auf den hin den Vogel aus einer einprogrammierten Notwendigkeit, einem instinktiven Bedürfnis heraus kurz auftaucht, bevor er wieder im Dickicht verschwindet.

Das ist so ziemlich genau die Wirkung, die viele von uns unwissentlich auf die Natur um uns herum haben; wir sind ein laufender – und häufig auch sprechender – Warnruf.

Das Wichtigste ist also, dieses Rascheln zu dämpfen und zu eliminieren. Es gelten dieselben Regeln wie im letzten Kapitel, als es darum ging, wie man am besten etwas bemerkt, und es läuft auf die Geschwindigkeit hinaus, mit der Sie sich bewegen: Je mehr Sie sich beeilen, desto mehr Geräusche verursachen Sie, ganz einfach. Theoretisch ist es möglich, sich auch mit einem Müllsack bekleidet vollkommen lautlos zu bewegen, wenn man es nur langsam genug tut.

Entrümpeln Sie Ihr Profil. Ich lernte einmal ein Paar kennen, das Lamas züchtete. Ihre Tiere waren ihre Familie und kamen bis in die Küche ihrer Hütte, einen warmen und einladenden, vollgestopften Raum, wo auf jedem Schränkchen Teller und anderes Geschirr stand und auf jeder freien Fläche Flaschen und Einmachgläser. Die Lamas kamen herein und liefen in der Küche umher, manchmal sogar noch mit ihren Lasttaschen, und warfen dennoch nichts herunter; sie schienen einen verblüffend hochentwickelten Sinn für den Raum zu haben, den sie einnahmen. Seien Sie ein Lama. Sie können das unterstützen, indem Sie Ihr Profil entrümpeln. Tragen Sie so wenig wie möglich mit sich, vermeiden Sie allzu viele Dinge mit Gurten, mit denen Sie hängen bleiben können. Ich versuche immer, möglichst alles in meinen Taschen unterzubringen, und ziehe daher gerne Feldjacken an, die mit reichlich Stauraum ausgestattet sind. Rucksäcke sollten am besten nicht größer sein als Ihr Rücken und so schmal im Profil, wie es nur möglich ist.

Achten Sie auch auf die Geräusche, die Verschlüsse machen können. Reißverschlussschieber sind die häufigsten Lärmquellen und kündigen Ihr Kommen wie ein kleines Glöckchen allen Lebewesen mit scharfen Ohren schon von Weitem an. Druckknöpfe sollten am besten geschlossen sein, damit sie nicht aneinanderschlagen, und was Klettverschlüsse angeht – nun ja, wählen Sie einfach mit etwas Umsicht den richtigen Moment, um die beiden Stoffe auseinanderzureißen.

Lautloses Gehen ist natürlich eine Bewegungsgewohnheit, die Sie erst entwickeln müssen. Ich hatte das Glück, recht viel Zeit mit verschiedenen Jäger-und-Sammler-Kulturen auf der ganzen Welt zu verbringen, und eins, was ihnen allen gemeinsam ist, ist die Art, wie sie sich durch die Landschaft bewegen.

Das fiel mir vor einigen Jahren zum ersten Mal auf, als ich mit den Massai arbeitete. Ich filmte ihre außergewöhnliche Symbiose mit einem kleinen Vogel, dem Honiganzeiger. Der Vogel teilt den Dorfbewohnern mit, wenn er einen Bienenstock entdeckt hat, und führt sie mit einem klar erkennbaren „Folgt mir"-Kontaktruf durch den Busch. Also folgten wir ihnen, folgten dem Vogel in der Hoffnung, ein Nest wilder Bienen zu finden – damit hätte der Film seine Pointe gehabt, der Vogel seine

Bienenlarven und so viel Wachs, wie er fressen konnte, und die Massai ihr süßes Gold.

Alles lief gut, als wir uns durch den raschelnden, knochentrockenen Busch in diesem Teil von Kenia schlängelten, bis die Kommunikation zwischen dem Vogel und den Massai auf einmal irgendwie gestört wurde. Der Vogel hatte uns in seinem Übereifer, zum Nest zu gelangen, zurückgelassen, oder vielleicht lag es auch an der Tatsache, dass ein Kamerateam mit all der unpassenden, schweren Ausrüstung und den vielen Kabeln, die sich dauernd im Busch verfingen, so eine Expedition zu sehr ausbremst. Auf jeden Fall war uns der Vogel entweder vorausgeeilt oder hatte es sich anders überlegt und war verstummt. Als unsere Massai-Freunde sahen, wie heiß uns war und wie langsam wir wurden, schlugen sie vor, dass wir am Wegesrand Rast machten, während sie den Vogel suchen gingen.

Zwanzig Minuten später fanden sie mich auf einem umgestürzten Baum sitzen, den Kopf in den Händen, still und leise im Schatten vor mich hinschwitzend und auf ihre Rückkehr wartend. Ohne dass ich auch nur ein einziges trockenes Blatt rascheln gehört oder auch nur eine Bewegung in der trockenen Luft verspürt hatte, tippte mir plötzlich jemand auf die Schulter. Sie hatten den Vogel wiedergefunden, aber der Honiganzeiger und seine besondere Beziehung zu den Massai war nun nicht mehr das Einzige, was mich beschäftigte. Etwas anderes, für mich viel Nützlicheres, hatte mein Interesse geweckt. Ich wollte wissen, wie unser Guide es geschafft hatte, sich so lautlos zu bewegen. Wie war er bei seiner katzenartigen Annährung vorgegangen? Ich machte es mir zur Aufgabe, das herauszufinden, ich wollte das Geheimnis seines gespenstgleichen Gangs lüften.

Der Boden war von einem Teppich graugelber Blätter bedeckt, jedes trocken wie Zunder, ohne auch nur ein Molekül Feuchtigkeit, das ihren Protest beim Darauftreten hätte dämpfen können. Es war, als versuchte man, lautlos über Kartoffelchips zu gehen, ohne dass sie zerbrachen und ohne langsamer zu werden.

Meine erste Frage lautete: Warum? Warum hielt er es für nötig, so lautlos zu gehen? Es war ja nicht so, als würden die Bienen davonschwirren, sobald sie ihn kommen hörten, und der Honiganzeiger wollte ihn auf jeden Fall dahaben. Die Massai stießen auch ab und zu leise Pfiffe aus und sprachen mit dem Vogel, um ihm zu versichern, dass wir ihm noch folgten, und dass wir immer noch darauf erpicht waren, unseren Teil des Geschäfts einzuhalten.

Mein Massai-Guide sagte mir, so taten sie es eben, es sei eine gute Angewohnheit; nach einigem Überlegen fügte er dann hinzu, dass in einem Land mit großen Raubtieren und anderen Lebewesen, die Leib und Leben bedrohten, das Verschmelzen mit dem Hintergrund, ein Nicht-Geräusch in der natürlichen Klanglandschaft zu sein, die Art und Weise sei, wie man Ärger vermied. Diese Fähigkeit, keine unerwünschte Aufmerksamkeit auf sich zu ziehen, ist ein grundlegender Teil des Wissens um die Umgebung und des Bewusstseins für das, was da sonst noch durch den Busch läuft. Es ist ein wesentlicher Teil des täglichen Überlebens. Es geht nicht einfach nur um die Jagd, es ist von entscheidender Bedeutung, um nicht selbst zur Beute zu werden. Das Ziel besteht darin, eins mit der Natur zu werden, wie der Wind, der Regen, die Bäume, die Tiere, die Vögel und die Insekten zu klingen. So zieht man keine Aufmerksamkeit auf sich und auch nicht die Gefahr, die sie mit sich bringt.

Die Methode meines Guides war so ziemlich dieselbe wie die fast jedes anderen indigenen Menschen, mit dem ich jemals Zeit verbracht habe. Verschiedene Stämme amerikanischer Ureinwohner, die Jahai in Malaysia, die San und die Himba in Namibia, die Irula in Indien und die Makushi in Guyana gehen alle mit derselben sorgfältigen Umsicht. Am besten barfuß, aber vielen gelang das fast ebenso effektiv in ihren Sandalen oder Flipflops – einige zogen sie allerdings aus, wenn sie sich an Beute anschlichen oder in ihre Richtung bewegten. Erst nachdem sie ihre Aufgabe erfüllt hatten und entspannt und sozusagen außer Dienst waren, kamen die Schuhe wieder an die Füße. Hier in der westlichen Welt machen wir es überwiegend genau umgekehrt.

Ein (ganz) ruhiger Spaziergang auf dem Land

Die Grundtechnik basiert wieder auf umfassender Achtsamkeit und Konzentration. Wenn Sie ans Gehen denken, fallen Ihnen am ehesten Füße und vielleicht noch Beine ein, aber für einen guten Spaziergang in der Wildnis brauchen Sie die vollständige Koordination Ihres gesamten Körpers; es geht ebenso um Gleichgewicht wie darum, wohin und wie Sie Ihre Füße setzen. Mit diesem Gedanken im Hinterkopf wollen wir so weit wie möglich von Ihren Füßen entfernt beginnen.

Eine ruhige Atmung durch die Nase und mit dem Zwerchfell gehört genauso dazu wie Ihre Füße. Die Technik ist aus den Kampfkünsten bekannt, aber ihr Zweck ist derselbe. Sie lässt Sie ruhig, achtsam und im Reinen mit sich bleiben und hilft Ihnen dabei, sich zu konzentrieren und sich mit der berühmten Heimlichkeit zu bewegen. Sie hat außerdem viele Vorteile gegenüber der anderen Möglichkeit, nämlich der Mundatmung: Sie können Ihren Geruchssinn einsetzen, Ihr Hals wird nicht so schnell trocken und kitzelt, Sie verlieren weniger Flüssigkeit (wichtig, wenn es heiß ist) und Ihre Nase filtert auf natürliche Weise Schmutzpartikel und Staub aus der Luft, die Sie zum Husten (und damit zum Verursachen von Geräuschen) bringen würden, wenn sie sich in Ihrem Hals festsetzen würden. Außerdem entsteht ein Niesreflex in der Nase und kann in den meisten Fällen unterdrückt werden, indem Sie mit einem Finger auf die Oberlippe drücken (das unterbricht als eine Art neurale Abkürzung die Nervensignalwege, die für den Niesreiz verantwortlich sind), oder wenigstens lässt sich ein Niesen dämpfen, während der Husten in der Regel im Hals entsteht und sich nicht wirklich steuern lässt.

Ihre Füße sollten die Hauptkontaktpunkte mit der Umgebung sein; daher ist es für lautloses Gehen von wesentlicher Bedeutung, wie Sie sie setzen. Bei der Fortbewegung müssen Sie nicht nur auf Hindernisse achten, sondern auch auf den Untergrund, über den Sie laufen. Wählen Sie den Weg, auf dem Sie mit der geringsten Wahrscheinlichkeit ein Knirschen oder Rascheln verursachen. Wenn Sie einen Waldweg entlanggehen, treten Sie auf das Grüne – Gras, Moos und nackter Boden sind besser und dämpfen Ihre Schritte, während tote Pflanzen sowie loser Kies und lockere Steine sie verstärken und daher vermieden werden sollten. Wenn Sie abseits des Weges gehen oder sich durch Vegetation bewegen müssen, wählen Sie den freiesten Weg hindurch und heben Sie alle Hindernisse auf oder schieben Sie sie beiseite, die Sie behindern oder sich verhaken könnten.

Wie Sie auftreten, ist natürlich ziemlich wichtig. Ihre Schritte sollten langsam und absichtsvoll sein; Sie lassen nicht Ihr gesamtes Körpergewicht mit einem Mal sinken, sondern rollen es über den Fuß langsam ab, ohne eine Seitenbewegung des Fußes – jedes Rutschen oder Gleiten verursacht Geräusche. Manchmal ist es hilfreich, beim Laufen an die Bewegungsökonomie zu denken. Geräusche entstehen durch eine überflüssige Bewegung, deren Energie als Schallenergie vergeudet wird. Wenn Sie also mit ultimativer Effizienz gehen, sollten Sie überhaupt nicht viele Geräusche erzeugen. Eine gute Übung ist es, mit offenen Schnürsenkeln zu laufen – das Hinterherziehen des Senkels verdeutlich etwaige Seitwärtsbewegungen.

Stellen Sie sich vor, Sie ziehen einen flachen Fuß von den Zehen her vom Boden ab, aber in umgekehrter Richtung. Erst die Ferse, dann wird der Fuß abgerollt, über den Fußballen bis zu den Zehen. Beim Rückwärtsgehen wenden Sie dieselbe Technik umgekehrt an: zuerst die Zehen, dann der Fußballen und dann die Ferse. Dieser abrollende Gang kann Ihnen dabei helfen, geräuschloser über die meisten potenziell geräuschvollen Untergründe zu gehen. Wenn Sie den Fuß umsichtig und allmählich aufsetzen, können Sie spüren, ob etwas darunter liegt, das Geräusche verursachen könnte, etwa ein Zweig oder ein besonders knirschendes Blatt; in diesem Fall können Sie den Schritt abbrechen und Ihren Fuß an einer anderen Stelle aufsetzen. Es ist sehr wichtig, nicht das ganze Körpergewicht auf den führenden Fuß zu legen, bis Sie sicher sind, dass der Schritt sicher ist; auf diese Weise vermeiden Sie einen schweren Plumps und können eher geräuschanfällige Hindernisse unter Ihren Sohlen erspüren.

Es kann eine große Hilfe sein, die Knie zu beugen, und wenn Sie sehr nahe herankommen, müssen Sie sehr langsam werden und winzige Schritte machen. Jeder Schritt sollte direkt hinter dem nächsten kommen. Sie können das Geräuschrisiko noch weiter minimieren und in den Super-Anschleichmodus übergehen: Sie rollen den Fuß genauso ab, gehen dabei aber auf den Außenkanten der Füße. Über längere Zeiträume ist das ziemlich unbequem, aber für das letzte Stück beim Anschleichen ist es eine praktische Technik.

Ein weiterer Trick, den alle kennen, die gern Cowboy-Filme sehen, ist der Kreuzgang. Er ermöglicht ein etwas schnelleres Vorankommen; stellen Sie sich dazu im rechten Winkel zu der Richtung, in der Sie gehen wollen. Schwingen Sie nun mit leicht ausgestellten Füßen und gebeugten Knien den Folgefuß vor den Standfuß, verlagern Sie das Gewicht und schwingen Sie den nun hinten stehenden Fuß in Laufrichtung, sodass Sie wieder in der Ausgangsposition stehen.

Mir sind schon verschiedene Variationen dieser Grundtechniken untergekommen. Beim „Fuchsgang" geben Sie kein Gewicht auf den Vorderfuß, bis er vollständig aufgesetzt ist. Die Außenkante des Fußes wird über die ganze Länge mit dem Boden in Kontakt gebracht. Wenn er dann in Position ist, rollt der Fuß seitwärts ab, sodass die restliche Unterseite des Fußes mit dem Boden in Kontakt kommt. Wenn das alles ausgeführt wird, bevor Gewicht darauf gegeben wird, kann man den Fuß noch an eine bessere Stelle setzen. Wenn Sie auf eine kleine Schrittlänge achten, haben Sie einen ganzen Bogen, in dem Sie Ihren Fuß umsetzen können.

Beim „Wieselgang" zum Anschleichen biegen Sie Ihre Zehen nach oben und setzen den äußeren Fußballen zuerst ab; dann rollen Sie ihn nach unten zum Spann hin ab, dann zur Ferse, dann kommen erst die Zehen. Beim „Katzengang" zeigen Ihre Zehen zur Erde im fast cartoonartigen Zehenspitzenstand und Sie rollen dann vom Rand aus nach innen ab, bevor Sie die Ferse aufsetzen; das wird sehr langsam praktiziert und dabei die ganze Zeit nach Hindernissen gefühlt, die ein Geräusch erzeugen und Ihre Anwesenheit verraten könnten.

***

Versuchen Sie, sich den Rhythmus Ihrer Bewegung bewusst zu machen; es gibt keinen Laut, der so aus dem zufälligen, verwobenen Chaos der Laute, dem Wind in den Bäumen, dem Rascheln von Blättern und dem Gluckern fließenden Wassers heraussticht wie die regelmäßige Kadenz von Schritten. Versuchen

Sie also, Ihren natürlichen Gang durch regelmäßige Stopps und Pausen sowie Veränderungen der Schrittgeschwindigkeit aufzulockern (auch nützlich, um sich rasch zu orientieren und die Umgebung auszuhorchen).

Es gibt keine bessere Demonstration für die Verbundenheit des Menschen mit der Natur, als mit den Penan in Sarawak auf Affensuche oder mit einem Förster in Hampshire auf Rehpirsch zu gehen, auch wenn zwischen beidem über elftausend Kilometer liegen.

Die Umgebung und das Wild sowie die Menge der Bekleidung der jeweiligen Jagdgesellschaft unterscheiden sich stark, aber allen gemein ist die Art, wie sie sich bewegen und zusammenarbeiten und ihre Bewegungen synchronisieren, um dasselbe Ziel zu erreichen: ein Beutetier zu überlisten, das ständig auf die Bewegungen eines Räubers lauscht. Die Spielregeln sind dieselben.

In einer Gruppe muss noch etwas anderes beachtet werden: Sie müssen sich im Gleichtakt bewegen, der Tanz wird vom Anführer choreografiert. Sie müssen sich aller anderen Gruppenmitglieder viel deutlicher bewusst werden. Das bedeutet vor allem, die eigenen Schritte denen vor Ihnen anzupassen. Indem Sie den Augenblick, in dem Ihr Fuß auf dem Boden aufsetzt, mit dem der Person vor Ihnen abstimmen, erzeugen Sie quasi nur jeweils eine auditive Störung, eine hörbare Schrittfolge, wenn sie überhaupt hörbar ist.

Wenn Sie auf diese Weise synchron laufen, achten Sie mal darauf, wie der Boden auf die Person ganz vorn reagiert. Gibt er nach? Schmatzt er? Gibt er ein Geräusch von sich? Wenn nicht, versuchen Sie, buchstäblich in ihre Fußstapfen zu treten; sie hat den Boden für Sie bereits geprüft. Wenn ja, versuchen Sie, eine bessere Stelle zum Aufsetzen zu finden, aber imitieren Sie dabei die Kadenz der führenden Person und setzen Sie immer gleichzeitig mit ihr den linken bzw. den rechten Fuß.

Kürzlich wurde deutlich, wie automatisch und natürlich diese Art zu gehen werden kann, als ich eine enthusiastische Gruppe junger Collegestudenten aus Winchester mit dem Pirschteam, das sich um diesen Wald kümmert, in den New Forest mitnahm. Geplant war, sie auf Logenplätze an Brunftstätten des Damwilds zu bringen, mit genau diesen einfachen Pirschtechniken nahe an diese großen, beeindruckenden Säugetiere heranzukommen, während sie mit ihrem spektakulären Brunftschauspiel beschäftigt sind. Als wir aufbrachen, wurde mir jedoch klar, dass wir noch einmal ganz von vorn anfangen mussten. Ich hatte nicht berücksichtigt, wie ineffizient wir mit unseren Schritten sein können. Jedes Mal, wenn wir im Wald anhielten oder innehielten, um auf das gutturale Grunzen eines brünftigen Bocks zu lauschen, bewegten sich die Jungs weiter. Obwohl wir nicht weiter vorankamen, hörten sie nicht auf, ihre Füße zu bewegen; für sie war das eine Pause, in der nichts passierte, also traten sie nach den Blättern. Jeder hampelte in seinem eigenen Rhythmus herum und die Gruppe erzeugte unbewusst einen Geräuschklecks in der Klanglandschaft des Waldes, ein dissonant raschelndes Getöse – ganz ohne es zu merken. Nach ein paar Grundlektionen hatten sie den Dreh bald raus und mit katzenhafter Geschmeidigkeit und ökonomischen Schritten machten sie sich allein auf den Weg – vom undisziplinierten Naturforscher zum Kontakt mit dem inneren Jäger und Sammler in wenigen Minuten! Das Ergebnis war eine innige Begegnung und ein unvergesslicher Augenblick mit einem spektakulären Säugetier in Hochform, eine lebenslange Fertigkeit und eine tiefe Verbindung mit einem Teil ihres Ichs, das bis zu diesem Moment in ihrem Leben im Verborgenen geschlafen hatte.

Noch eine letzte Bemerkung: Zunächst erscheint es viel, worauf man sich konzentrieren muss, und Sie werden zu Beginn bewusst jeden einzelnen Schritt durchleben, was für sich schon etwas Gesundes und Achtsames ist, aber mit der Zeit wird es Ihnen in Fleisch und Blut übergehen und wenn Sie es oft anwenden, können Sie sich gar nicht mehr anders bewegen; so sind wir schließlich konzipiert – Sie haben nur Kontakt zu Ihrem lange verschollenen Ich aufgenommen. Probieren Sie die verschiedenen Techniken aus, um die zu finden, die für Sie in verschiedenen Situationen am besten funktioniert, und machen Sie sich zusätzlich klar, dass Sie niemals die einzige Geräuschquelle da draußen sind – um nichts anderes ging es in diesem Kapitel. Lauschen Sie auf Muster im Umgebungs-Soundtrack des gewählten Lebensraums. Bewegen Sie sich, wenn der Wind bläst oder ein Flugzeug über Sie hinwegfliegt; so kaschieren Sie Ihre eigenen Geräusche und nutzen die akustische Tarnkappe, die solche Störungen bieten, zu Ihrem Vorteil.

7
Die Natur belauschen

Als ich noch ein leicht zu beeindruckender Junge mit überschäumender Fantasie war, besaß ich eine Langspielplatte. Ich wünschte, ich hätte sie noch, damit ich Ihnen sagen könnte, wie sie hieß. Auf jeden Fall war es eine Erzählung, gesprochen vom Fernsehmoderator Johnny Morris. Ich liebte Johnny – er moderierte eine Tiersendung für Kinder namens Animal Magic und die Aufnahme war dieser Figur nachempfunden. Er erzählte eine Geschichte in der Ich-Form, wie er im Bett aufwacht und all den Geräuschen lauscht, die er hören kann, während er dort liegt, bevor er aufsteht. Besonders spannend fand ich an der Geschichte, dass seine imaginäre Straße von Tierfamilien bewohnt war und er beschrieb, was sie taten, indem er auf eine Sammlung von Aufnahmen zurückgriff, die wahrscheinlich aus dem Tiergeräuschearchiv der BBC stammten.

Nebenan wohnte eine Seelöwenfamilie und Herr Seelöwe gurgelte morgens im Bad – ein anthropomorphes Bild, heraufbeschworen durch eine echte Aufnahme. Der Damhirsch von gegenüber versuchte, seinen Roller anzulassen – bis heute muss ich nur das brabbelnde, hustende, kehlige Röhren eines Damhirsches hören und schon sehe ich ihn vor meinem geistigen

Auge auf einer 50-Kubikzentimeter-Vespa sitzen und verzweifelt den Kickstarter betätigen.

Oft lag ich im Bett und tat so ziemlich dasselbe, nur ohne die vielen exotischen Tiergeräusche; es lag – und liegt immer noch – etwas Beruhigendes darin, mit den Ohren einen Zugang zur Welt zu finden, bevor man aufsteht und hineintaumelt. Ich weiß noch, wie ich unter meiner Bettdecke lag, das blassblaue Morgenlicht sickerte gerade erst langsam durch die Vorhänge, und ich lauschte auf den Milchmann und das Schnurren und Klirren des elektrischen Milchautos. Ich hörte auf die Schritte des Milchmanns und versuchte zu zählen, wie viele Flaschen er aus den Kisten nahm, und versuchte mir vorzustellen, wie viele Flaschen ich auf dem Weg in die Schule später auf dem Treppenabsatz sehen würde. Ich hörte zu, wie mein Vater aufstand und zur Arbeit ging, auf die metallischen Geräusche erst der Schlüssel und dann des Türgriffs, dann auf den Anlasser – vier Umdrehungen, bevor der Vauxhall aufwachte – und dann lauschte ich dem Schnurren des 1,8-Liter-Motors unseres Viva, wie er die Straße hinunterfuhr, während mein Vater sich durch die Gänge schaltete. Das war der Morgenchor in den frühen Jahren meines Lebens, inspiriert von Johnny.

Als wir dann richtig aufs Land zogen, kam es mir so vor, als wären meine Ohren voller Wasser gewesen, das nun plötzlich ablief. Die Musik der Natur spielte viel näher vor meinem Fenster, was zusammen mit der alten Einfachverglasung, den fehlenden Vorhängen und Eisenrahmen bedeutete, dass ich meine Fantasie aus dem Haus und hin zu den Lauten schicken konnte, die ich hörte. Der hiesige Morgenchor bestand weniger aus Maschinen und den Insignien einer urbanisierten Welt aus Asphalt, Beton und Geräten. Es war so, wie es sein sollte. Ich hörte zum ersten Mal bewusst die Vögel. Wie vorher lag ich im Bett, aber die vertrauten morgendlichen Haushaltsgeräusche bekamen in meinem Kopf Zuwachs durch die Figuren, die in Geißblatt, Eiche und Dornenhecke saßen.

Der stimmgewaltige Zaunkönig, ein wütender kleiner Mann, der tickende Warnruf eines Rotkehlchens, das freilaufende Fahrrad, die dunkle Kutte der Amsel mit ihrem Gesang, der so üppig, tief und edel war wie ihr Gefieder. Ich hatte etwas angefangen, ein Bild zu malen, mir eine Geschichte zu erzählen, die Figuren allein durch ihre akustischen Merkmale kennenzulernen. Unbewusst hatte ich damit begonnen, das zu üben, was einige heute fantasievoll „achtsames Hören" nennen würden.

Ebenso, wie jemand die Stimmen vertrauter Personen erkennt, die Stimmen seiner Eltern oder Geschwister, erkannte ich die Singdrossel, wie sie ihre Phrasen wiederholte, als wollte sie sie ausprobieren und sehen, ob sie zur Melodie passten, bevor sie ihrer müde wurde und sie erst einmal aufgab. Ich konnte das Männchen oben in der großen Eiche hören und erkannte auch seine Nachbarn, die um die Aufmerksamkeit der Weibchen rivalisierten. In anderen Eichen auf der anderen Seite des Feldes und noch weiter entfernt sang ein Artgenosse im Wald an der alten Sandgrube bei den Dachsbauen.

Ich wusste damals nur noch nicht, was genau ich da hörte, ich hatte noch nicht gesehen, wie die gefleckte Brust beim Singen anschwoll, und ebenso waren auch all die anderen Vögel dieser akustischen Landschaft noch Fremde für mich, was das Erkennen anging. Das hielt meine mäandernden Gedanken und meine Fantasie jedoch nicht davon ab, ihre Melodien zu entwirren; ich hörte genau zu und versuchte, jeden Atemzug auszumachen, der in ihren Luftröhren vibrierte. Ich erzählte mir ihre Geschichten, während ich ihrem Treiben lauschte, erkannte die Unterschiede zwischen den verschiedenen Gesängen, versuchte, Gesang, Kontaktruf, Warnruf zuzuordnen. Ich erkannte auch Individuen;

diese Singdrossel auf der anderen Seite des Feldes benutzte ein paar einzigartige Modulationen und einige Phrasen, die ich bei meinem Gartenbewohner nie hörte. Ich stellte mir vor, wie und wo sie saßen, ihre Größe und worüber sie in der Dämmerung wohl miteinander sprachen. Meine Fantasie war durchdrungen von dem Lied ihres Lebens. Ich hatte die Grundlagen für eine akustische Ökologie gelegt, hatte begonnen, die Hauptpersonen zu bemerken, ohne sie auch nur einmal gesehen zu haben. Es war eine reiche Ausbeute für meine hungrigen Ohren, und das ist heute noch so.

Die Praktik, eine Landschaft gründlich zu belauschen, nicht nur die Vögel, sondern das gesamte miteinander verbundene Ökosystem der Laute, ist ein so wichtiger Teil unserer Verbindung zur Natur. Der Wind, der über die Hügel streicht, erhält seinen speziellen Klang durch die Pflanzenarten, auf die er unterwegs trifft, durch jeden Grashalm, Zweig und Ast; ein Schilfdickicht etwa verleiht der akustischen Landschaft eine ganz eigene Signatur. Dazu kommen noch die lebhaften Minnesänger: das Zirpen von Grashüpfern, das Kratzen von Echsen- oder Eichhörnchenkrallen auf Steinen und Rinde, die Paarungsmusik von Vögeln, von Amphibien.

Es gibt sogar Geräusche, die leiser sind als das Sirren eines Mückenflügels, geheime Laute, die man leicht überhört: Würmer glucksen in ihren Bauen wie Kolben beim Auf- und Abbewegen; Seepocken zischen und knallen; Schnecken raspeln; wenn Sie das Ohr an einen toten Baumstamm legen, können Sie den Verfall fast hören im Schaben unzähliger Käferlarvenkiefer; wenn Sie einmal aufmerksam einen Teich belauschen, hören Sie vielleicht das häufige, aber selten gehörte Singen einer Ruderwanze unter der Wasseroberfläche.

Jeder dieser Teile macht die Welt reicher. Es sind Instrumente im großen Ganzen, die Spieler des Orchesters, das jedem Ort eine bestimmte Geräuschkulisse verleiht. Ein einzigartiges Geräuschnetzwerk, der Geräuscheindruck eines Ortes.

Genauso, wie viele Business-Gurus die Kunst des Zuhörens predigen, um Geschäftsbeziehungen zu stärken und die Effektivität Ihres Dialogs zu verbessern, können wir dasselbe auch auf unsere Beziehung zur Natur anwenden. Wir stehen alle im Dialog mit der Natur, in einer Art Konversation, aber vielleicht übernehmen wir dabei nicht oft genug den Part des Zuhörers; wir alle stecken voller Vorurteile und Voreingenommenheiten, voller vorgefasster Meinungen darüber, wie die Dinge sich anhören. Zuhören ist harte Arbeit, es erfordert eine Menge Konzentration und für den modernen Menschen mit seinem hektischen Leben kann es sich sehr seltsam anfühlen, ganz im Augenblick zu sein.

Wie jede Fertigkeit müssen Sie daher üben, um diese Fähigkeit eigenständig und umfassend zu entwickeln. Zuerst sollten Sie sich extra dafür Zeit nehmen, um sich explizit nur damit zu befassen. Gehen Sie auf Geräuschsuche; suchen Sie sich einen Ort und atmen Sie hinein. Suchen Sie nach einer üppigen akustischen Landschaft, die mit großer Wahrscheinlichkeit lohnende Erlebnisse bereithält. Irgendwann können Sie es dann überall durchführen, wo immer Sie gerade sind: im Garten, im Park, an der Bushaltestelle, sogar in der U-Bahn-Station. Aber zunächst einmal suchen Sie sich einen ruhigen Ort, und damit meine ich einen ohne Menschen, wo Sie sich nicht befangen fühlen und wo andere Leute Sie nicht ablenken. Nehmen Sie sich Zeit nur für Ihre Ohren, in der Sie sich entspannen und Ihren Geist von allen anderen Sorgen und Ablenkungen befreien können.

Es gibt nur eine Regel und sie klingt fast allzu simpel: Sie müssen einfach zuhören, das aber sorgfältig und aufmerksam.

Sie müssen achtsam zuhören können. Die meiste Zeit hören wir unbewusst. Wir müssen in der Lage sein, den Autopiloten auszuschalten und unser Gehör auf manuell umzustellen – die Kontrolle zu übernehmen.

Die Praktik der Achtsamkeit stößt bei vielen auf Skepsis; der Begriff „Achtsamkeit" wird mit alternativen Therapien und alternativer Medizin assoziiert und wird vielleicht von der breiten Masse nicht ganz ernst genommen. Wenn Sie jedoch Ihren Bezugspunkt ändern und feststellen, dass viele Kampfkünste auf dieser Praktik als einer Form von Konzentration und Meditation basieren, ändert das den Beigeschmack des Wortes ein wenig.

Beim achtsamen Zuhören geht es darum, mit besonderer Zielstrebigkeit aufmerksam zu sein; es geht darum, im Augenblick zu sein, einem neutralen Jetzt, frei von vorgefassten Meinungen, und alles hinter sich zu lassen, das Ihre Gedanken überladen oder überschatten könnte.

Entfernen Sie sich so weit wie möglich von technologischer Audiokontaminierung, stellen Sie Ihre Geräte stumm – Handys, Pager, alles, was in Ihren Augenblick eindringen und Ihre Konzentration stören könnte. Das Ziel besteht darin, dass Ihre Ohren und Gedanken Ihren Kopf verlassen; Sie müssen aus sich selbst hinausgehen. Für diese Sinnesreise müssen Sie Ihren Geist von allen Bewertungen freimachen. Versuchen Sie, nicht vorherzusagen, was Sie hören könnten, bevor Sie etwas gehört haben. Machen Sie Ihren Kopf leer und gehen Sie dem nach, was Sie entdecken. Da ist es wieder, das „Im-Augenblick-Sein".
Setzen oder legen Sie sich hin, nehmen Sie sich einen Augenblick Zeit, sich von mentalem Gerümpel zu befreien, atmen Sie einige Male tief ein und aus, kommen Sie an, machen Sie es sich gemütlich und gehen Sie auf Entdeckungsreise – ich schließe dafür oft die Augen. Ihre flatterhaften Augen könnten sonst in

Versuchung geraten zu übernehmen und Sie von Ihren Ohren abzulenken. Bei dieser Art von Achtsamkeit geht es darum, alle Ablenkungen loszulassen, selbst diejenigen, die von innen kommen. Schon das Gefühl einer Brise auf der Haut oder der Sonne im Gesicht kann Empfindungen und belanglose Gedanken auslösen, die aus dem Nichts heranschleichen und die auditiven Schaltkreise in Ihrem Gehirn überfallen. Es ist schwierig. Sie müssen sich richtig auf ein Geräusch konzentrieren.

Erkunden Sie es, hören Sie zu, als sei es ein Musikstück, dass Sie zum ersten Mal über teure Lautsprecher oder geräuschreduzierende Kopfhörer hören. Benutzen Sie Ihre Ohren, wie Sie Ihre Augen benutzen würden: Hören Sie erst „drüber" und versuchen Sie dann, eventuell unter Zuhilfenahme Ihrer Hände, den Laut auseinanderzunehmen, locken Sie Klangbild und Klangfarbe heraus. Ist es ein trockenes Geräusch, ist es harmonisch oder enthält es Misstöne? Ich sehe Geräusche oft als Farben oder stelle mir vor, eine Linie mit einem Bleistift zu ziehen, aber man hat mir gesagt, das könnte einfach daran liegen, wie mein Gehirn funktioniert.

Wie dem auch sei – finden Sie einfach heraus, was für Sie am besten funktioniert. Manchmal hilft es, sich den lauterzeugenden Mechanismus vorzustellen. Damit meine ich nicht nur, was das Geräusch erzeugt. Denken Sie nicht einfach nur: „Oh, das ist eine Grille" oder „Da ist ein Frosch." Versuchen Sie, in den Laut hineinzuklettern, sich in seinen Schallwellen zu verlieren, reiten Sie auf den Kämmen und schwelgen Sie in den Tälern. Stellen Sie sich die tatsächlichen physischen Eigenschaften des geräuscherzeugenden Instruments vor. Reibt da ein Teil eines trockenen Chitin-Exoskeletts an einem anderen oder vibriert ein Schilfrohr, weil Luft darüber hinweggeschoben wird? Gehen Sie dem Geräusch auf den Grund.

Wenn Sie eine Art von Geräusch isoliert haben und seine

Möglichkeiten in der Zeit, die Sie dafür brauchen, zu Ihrer Zufriedenheit ausgeschöpft haben, gehen Sie zum nächsten über. Bleiben Sie sich des ersten bewusst und machen Sie sich auf die Suche nach einem anderen. Stellen Sie sich neu ein. Da wir nun mal visuelle Affen sind, scheint hier nur ein Bild aus dem Bereich des Sehens zu passen: Versuchen Sie, die Ohren scharfzustellen. Erlauschen Sie über einen gewissen Zeitraum so viele Geräusche wie möglich, zählen Sie sie (Vorsicht, überlassen Sie den Zahlen nicht die Kontrolle), springen Sie mit dem Gehör in der Klanglandschaft umher, gehen Sie mit der Aufmerksamkeit zu alten Geräuschen zurück und lauschen Sie auf Veränderungen in der Energie; Geschwindigkeit und Lautstärke werden den Geräuschen, die Sie hören, unterschiedliche Eigenschaften verleihen und die Erfahrung verändern.

Das Ziel dieser Art von achtsamem Zuhören besteht darin, Ihre Ohren aufzuwecken, und das nicht nur, indem Sie von alltäglichen Ablenkungen loskommen und sich davon befreien. Es geht darum, Gedanken und Sorgen auszublenden, die nichts mit den Geräuschen zu tun haben, die Sie gerade hören. Während Sie üben, werden Sie beginnen, die gesamte Landschaft und ihre hörbaren Verbindungen zu hören. Sie verflechten sich mit einem lebendigen, pochenden, summenden, schwirrenden, sausenden, knackenden, klatschenden, kratzenden und flötenden akustischen Ganzen, einer lautlichen Aussicht, einem geräuschvollen Ausblick, einem akustischen Ökosystem. Sobald Sie sich darauf eingestellt und Ihren eigenen Bewegungslärm gedämpft haben, werden Sie sich noch weiterer Stufen von Einzelheiten bewusst werden.

Wenn Sie zum ersten Mal Dinge hören, die Sie nie bemerkt haben, dann kommen Sie der Sache näher, dann sind Sie aus Ihrem unbewussten Zustand erwacht. Eine umfassende akustische Achtsamkeit zu entwickeln, wirklich geräuschversiert zu sein, lässt Sie auf die nächste Stufe vorrücken und eröffnet Ihnen eine ganz neue Welt der Möglichkeiten, in Ihrer Beziehung zur Natur die Vertrautheit zu vergrößern.

8
Schule der Geräusche

Wie hören wir? Einfach gesagt, werden mechanische Druckwellen in der Luft von unseren Ohren aufgefangen und in elektrische Signale umgewandelt, die dann zur Verarbeitung an unser Gehirn weitergeleitet werden. Verschiedene Körperteile machen das möglich. Unsere Ohrmuscheln leiten die Schallwellen in unseren Gehörgang, bis sie auf das Trommelfell treffen. Die straff gespannte Membran gerät dadurch in Bewegung und löst eine Kettenreaktion aus, die die Energie der ursprünglichen Schallwellen durch eine Reihe aus drei winzigen Knöchelchen im Mittelohr leitet, die wiederum in der Flüssigkeit im Mittelohr Wellen schlagen. Die Flüssigkeit befindet sich in einer Spirale, der Ohrschnecke, die mit winzigen Härchen ausgekleidet ist, den Stereozilien, die von der Druckwelle in der Flüssigkeit gebeugt werden. Die mechanische Bewegung der Härchen wird dann in elektrische Impulse umgewandelt, die ans Gehirn geleitet und dort verarbeitet werden. Das ist eine vereinfachte Darstellung des Mechanismus, wie wir hören. Was wir hören, ist jedoch etwas komplizierter.

Wir benutzen häufig die Begriffe „Frequenz" und „Tonhöhe" zur Beschreibung der Laute, die wir hören, recht häufig, ohne tatsächlich zu verstehen, was diese Begriffe bedeuten und wo die Unterschiede liegen.

Schallwellen sind Schallimpulse und ihre Frequenz ist die Anzahl der Wellen in einem bestimmten Zeitraum – eine hohe Zahl dieser Vibrationen erzeugt einen Laut, den wir als hoch wahrnehmen, während eine geringe Zahl an Schallwellen das Gegenteil hervorbringt, also ein tiefes Geräusch.

Wir können Geräusche innerhalb einer recht großen Bandbreite von Frequenzen hören; wenn Sie ein Paar gesunde Ohren haben, hören Sie möglicherweise Geräusche zwischen 20 Hz bis 20 kHz (20 Hertz bis 20 Kilohertz – Hertz ist die Anzahl der Schallwellen pro Sekunde). Unter Laborbedingungen schneiden wir sogar noch besser ab und können Geräusche von 12 Hz bis 28 kHz wahrnehmen, aber um diese Extreme zu hören, müssen die Geräusche sehr laut sein, was uns zur Tonhöhe bringt. Die hochfrequenten Ultraschallquieker einer Spitzmaus oder die tiefen, brummenden Unterschallgeräusche einer Elefantenherde sind für uns unhörbar; ihre Tonhöhe nehmen wir nicht wahr und wir können sie daher nicht beschreiben. Jeder, der schon einmal einen „Fledermausdetektor" benutzt hat, kennt das. Diese elektronischen Geräte übersetzen einfach die hochfrequenten Geräusche der Fledermäuse mithilfe technologischer Alchemie in eine Tonhöhe, die wir hören können. Die Laute, die aus den Lautsprechern kommen, sind nicht die, mit denen sich Fledermäuse tatsächlich verständigen, das Gerät soll uns nur befähigen, einige ihrer Laute zu hören.

Unser Gehör ist ein recht komplexer Sinn und unsere Fähigkeit, bestimmte Lautfrequenzen zu unterscheiden, schwankt beträchtlich. Ab dem Alter von acht Jahren wird das Gehör immer schlechter. Es gibt nichts Frustrierenderes, als eine gemischte Familiengruppe vom Kleinkind bis zum Opa auf einen Sommerspaziergang mitzunehmen, wo nur diejenigen unter zwanzig das lang gezogene, tickende Schwirren einer Kolonie Schwertschrecken hören können (eine Gattung von Laubheuschrecken, die das lange Gras gegen Buschwerk eingetauscht hat), oder wenn auf einem Fledermausspaziergang nur eine Handvoll Leute aus der Gruppe die niedrigfrequenteren Kontaktrufe der winzigen Zwergfledermäuse über ihren Köpfen hören können. Einige Menschen behalten das höhere Ende ihres Hörbereichs, bis sie über vierzig oder fünfzig sind. Andere verlieren ganz spezifische Mittelfrequenzen, manche verlieren sie nur auf einem Ohr. Es gibt sogar einen geschlechtsspezifischen Unterschied: Insgesamt haben Frauen das bessere Gehör. Wenn Sie sich nicht schon in jungen Jahren die Sinfonie der Natur bewusst sind, kann es gut sein, dass Sie gar nicht mitbekommen, dass Ihr Gehör schlechter wird. Manchmal muss man in einer Gruppe gemeinsam auf Geräuschsafari gehen, wie in den Situationen oben, damit ein Mitglied plötzlich seine Defizite in diesem Bereich erkennt.

Auch andere Faktoren können unsere Lautwahrnehmung verändern, von individueller Gesundheit über Wetterbedingungen bis hin zur Tageszeit oder wie müde wir sind. Was wir hören können, ist teilweise sehr subjektiv.

Wenn Sie also kein gesundes neunjähriges Mädchen sind, glauben Sie jetzt vielleicht, Sie könnten sowieso nicht mehr das volle Potenzial Ihrer Ohren nutzen, da Sie Ihr bestes Gehör bereits mit Ihrer Jugend hinter sich gelassen haben. Doch trotz unserer persönlichen Variationen und Einschränkungen gibt es immer noch eine Menge Möglichkeiten, die Welt der Geräusche als Medium für eine engere und erfüllendere Beziehung zur Natur zu erkunden.

Kann man sein Gehör verbessern? Wahrscheinlich nicht. Aufgrund dieser Tatsache und der oben genannten Variablen meinen Sie vielleicht, dass Ihre Ohren von eingeschränktem Nutzen sind und dass der Versuch, ein besseres Gehör zu entwickeln, vor allem, wenn Sie schon ein gewisses Alter erreicht haben oder eine bekannte Einschränkung in Ihrer Lautwahrnehmung besteht, reine Zeitverschwendung ist.

Nichts könnte der Wahrheit jedoch ferner liegen. Auf bestimmte Arten sind Ihre Ohren eine Erweiterung Ihrer Augen. Wir hören etwas und richten dann unseren Blick in diese Richtung, um mit den Augen zu bestätigen, was unsere Ohren uns gemeldet haben. Weiter oben ging es um die Geräusche, die wir selbst erzeugen, also sind Sie nun, da Ihr eigener akustischer Einfluss auf die Umwelt gedämpft und unter Kontrolle ist, schon auf einem guten Weg; der restliche Vorgang findet in den grauen Zellen zwischen Ihren Ohren statt.

Genauso, wie Schauen und Sehen sehr unterschiedliche Vorgänge sind, gilt dasselbe auch für unser Gehör: Hören und Zuhören sind ebenfalls zwei ganz unterschiedliche Dinge – das eine ist passiv, da Schallwellen die ganze Zeit die Härchen in Ihrem Innenohr kitzeln, das andere ist aktiv. Ihr Gehirn entscheidet, welche dieser Störungen im Innenohr es wahrnimmt und verarbeitet. Wir hören mit unseren Ohren, zuhören können wir aber nur mit dem Gehirn. Das ist eine gute Nachricht, denn das bedeutet, solange Sie etwas hören können, sind Sie auch in der Lage, das bessere Zuhören zu üben.

Unsere Ohren füllen jedoch den großen blinden Fleck hinter, über und neben unserem Kopf. Der Umstand, dass wir zwei Ohren haben, bedeutet, dass wir einige Richtungsinformationen empfangen, genau wie mit dem Sehsinn. Wenn Sie gerade eine Fliege hinter sich im Zimmer summen hören, müssen Sie sie deshalb nicht sehen, um zu wissen, dass Sie da ist; mehr noch, Sie könnten sich umdrehen und dank der Richtungsinformationen, die Ihre Ohren Ihnen liefern, mit beträchtlicher Genauigkeit fast sofort sehen, wo sie ist.

Irgendwann konnten wir wahrscheinlich alle ziemlich gut zuhören, denn schließlich waren wir einmal wilde Primaten – aber im Laufe der Zeit entwickeln wir ein paar ziemlich schlechte Angewohnheiten, wenn das Gerümpel unserer domestizierten Existenz um Dominanz und Relevanz buhlt. Erinnern Sie sich noch an den Moment in der Schule, als Sie aus dem Fenster in die weißen Schäfchenwolken starrten und plötzlich die Stimme der Lehrerin in Ihren Tagtraum eindrang, die Ihren Namen rief? Sie wusste, dass Sie nicht bei der Sache waren, und als wäre es nicht schlimm genug gewesen, dabei erwischt zu werden, demütigte sie Sie noch weiter, indem sie Sie vor der ganzen Klasse aufforderte zu erklären, was sie gerade gesagt hatte. Ich bin ziemlich sicher, dass das nicht nur mir passierte. Um besser zuhören zu können, müssen wir erkennen, was uns davon abhält, es richtig zu machen. Als sensorischer Vorgang kann das Zuhören recht schwierig sein, denn wir lassen uns leicht ablenken. Um richtig zuzuhören, müssen wir einige dieser Ablenkungen entfernen können und die Fähigkeit entwickeln, uns durch eine Landschaft zu hören, uns auf ferne und nahe, auf kleine und große Geräusche zu konzentrieren.

Es gibt dafür keinen besseren Lehrer als ein wildes Säugetier, das viel tiefer in der akustischen Welt verankert ist als wir. Sich an eine „Beute" heranzuschleichen, ist der ultimative Test Ihrer Fertigkeiten im Feld. Natürlich spielen gleichzeitig auch alle anderen Faktoren der Pirsch eine Rolle. Um zu überprüfen, wie katzenhaft Sie sich bewegen können, wählen Sie daher ein Tier, das sich stark auf sein Gehör verlässt.

Wie Sie inzwischen vielleicht erraten haben, waren es die Dachse, die mir über einen recht großen Teil meines Lebens „die

Hand gehalten" haben. Sie waren wohl meine „Bären" und brachten mir auf diese Weise eine Menge über die Etikette der Wildnis bei; sie halfen mir, einen Satz an Fertigkeiten zu entwickeln und die verhaltensbezogenen Methoden in meinem Naturforscherranzen zu verfeinern. Ich habe immer behauptet, dass das Heranpirschen an einen Dachs im Wald und an ein Spitzmaulnashorn im Akaziendickicht im Prinzip dasselbe ist; der einzige Unterschied ist das mögliche Ergebnis, wenn man es nicht richtig macht – das weiß ich aus Erfahrung. Von einem Swasi-Buschmann habe ich die Wahrheit hinter der Redensart „Man spürt die Dornen nur auf dem Weg nach unten" gelernt. Dachse reagieren sehr empfindlich auf unbekannte Geräusche und haben mir in dieser Hinsicht wirklich geholfen. Da ich überwiegend alleine Dachse beobachten ging, war ich auch ganz allein dafür verantwortlich, wenn ein unpassendes Rascheln oder Schniefen meine pelzigen Brüder in alle Himmelsrichtungen zerstreute. Das Dachsebeobachten in meiner Kindheit unterlag einer steilen Lernkurve. Ich begann, mich in den Bäumen zu verstecken und auf sie hinunterzusehen, zum Teil, weil ich mich dort oben „sicher" fühlte und das Gefühl hatte, weniger zu stören, und auch nicht genau wusste, wie sie bei einer direkten Begegnung reagieren würden, aber auch deswegen, weil der Platz am besten geeignet schien, wenn man von ihnen nicht gesehen oder vielmehr nicht gerochen werden wollte. Ich begann jedoch schnell, die Erfahrung immer weiter auszudehnen; ich wollte die Lücken in meinem Wissen und die physischen Lücken zwischen mir und den Dachsen schließen. So war es einfacher zu erkennen, was in der Dämmerung dort vor sich ging, und wie bei jedem vertrauten Umgang mit wilden Tieren ermöglicht es so nahe Beobachtungen, dass man sehr subtile Dinge bemerkt wie Brummen und Seufzen, leise Laute, die fast unhörbar geäußert werden, oder kleine Narben und unterschiedlich gefärbte Krallen. Die Art von Einzelheiten, die man unmöglich von einem Platz einige Meter über dem Waldboden aus sehen kann.

Der Anreiz, näher heranzukommen, war eine derart treibende Kraft für mich, dass ich innerhalb einiger Monate aus dem Baum herabstieg. Wenn der Wind günstig stand, saß ich am Fuße des Baumes, dann legte ich mich hin und langsam rutschte ich immer näher heran, jeden Abend ein Stückchen mehr, bis ich nur noch ein paar Meter von ihrem Eingang entfernt war. Ich war ihnen so nahe, dass ich hören konnte, wie sie aufwachten. Tiefes Grollen, das die Definition von Vibrationen und Lauten sprengte, schien über meinen Bauch durch den Boden nach oben zu meinen Ohren zu gelangen und ich konnte auch ihr piepsendes Gezanke und ihre Streitigkeiten hören.

Ich starrte in die pelzige Dunkelheit des Eingangsloches und wartete darauf, dass der Kopf mit dem Pfefferminzbonbonmuster auftauchte und die Abendluft prüfte. Dann kamen sie heraus, schnüffelten, und wenn sie sich entspannten, kratzten sie sich erst mal gründlich. Sobald sie die Flöhe aus ihrem Fell geworfen und Staub und Erde darin neu angeordnet hatten, zogen sie davon.

Von diesem ersten flüchtigen Blick im Halbdunkel ihres Baueingangs bis zu ihrem Abgang war es von entscheidender Bedeutung, dass ich still blieb. Unwissentlich wurde ich darin sehr gut. In derartig kurzer Entfernung lehrten mich die Dachse nicht nur, dass man absolut totenstill bleiben müsste, sondern auch, dass sogar ein etwas lauterer Atemzug, ein Schlucken oder ein unvermittelt knurrender Magen Meister Grimbart auf die eigene Anwesenheit aufmerksam machen und damit die Beobachtung für diesen Abend vorzeitig beenden konnte.

Mein Verhalten wurde instinktiv. Ich entwickelte einen guten „Waldbenimm" und legte schlechte Angewohnheiten ab. Wir wissen alle, wie man Benimm lernt: Jeder von uns wurde ermahnt, die Ellbogen vom Tisch zu nehmen, nicht mit vollem Mund zu reden und nicht über den Teller eines anderen zu langen. Das alles sind Verhaltensregeln, Gewohnheiten, die wir irgendwann kaum noch ablegen konnten. Genau so läuft es, wenn man lernt, wie man sich in der Anwesenheit wilder Tiere verhält.

„Still sein" ist eine gleitende Skala; für verschiedene Menschen bedeutet es unterschiedliche Dinge. Je nach Umständen heißt es für einige einfach, nichts zu sagen, aber in der Natur geht es mehr darum, „dachsstill" zu sein. Es ist eine schwierige Lektion, aber mit Geduld und viel Übung und einer Menge Enttäuschungen werden Sie ans Ziel kommen.

Oft vergesse ich, was das für die Taktik im Feld bedeutet und wie wichtig es ist. Schon wieder etwas so Einfaches und Offensichtliches, dass es leicht zu übersehen ist. Aber wenn ich eine Gruppe Menschen hinter einen Jagdschirm ohne Glas in den Fenstern führe, um nachtaktive Säugetiere zu beobachten, strömt wieder alles auf mich ein.

Der Augenblick, in dem ein Gast einen ungünstigen Moment wählt, um sich am Arm zu kratzen, die Nase hochzuziehen oder das Gewicht von einer Pobacke auf die andere zu verlagern, erinnert mich an meine hart erarbeiteten Fähigkeiten und erlernten Lektionen.

Eine Dachsbeobachtung mit Kindern wurde schon einmal vorzeitig beendet, weil eins der Kinder Blähungen hatte – die steigende Spannung und die anschließende Erleichterung und die Aufregung, den ersten Dachs zu sehen, war für die Eingeweide eines Kindes einfach zu viel gewesen. Eine Freundin, der ich einen Blick aus nächster Nähe auf meine Dachse versprochen hatte, fing an zu kichern, als das Tier versuchte, sich mit der linken Hinterpfote am linken Ohr zu kratzen, das Gleichgewicht verlor, umfiel und uns in einer Wolke moschusartiger Analdrüsensekrete und dem Anblick der grauen „Flaschenbürste" seines Hinterteils zurückließ, während er in die Nacht verschwand – wer schon einmal eine solche Erfahrung mit mir geteilt hat, der kennt mein Punktesystem für Benehmen und Lautlosigkeit. Das natürlich ebenso mein Unvermögen und meine großzügige, gar nicht herablassende Art widerspiegelt wie das Geschick der jeweiligen Person für die Naturbeobachtung.

Schlag das Häschen

Kaninchen und Rehe sind ebenfalls ausgezeichnete Lehrmeister, was die absolute Stille angeht, und sie sind zudem meist zu etwas angenehmeren Tageszeiten unterwegs als Dachse. Sehr wenige Menschen können sich unentdeckt an ein Kaninchen heranschleichen, aber wer es schafft, hat seine Fertigkeiten so weit verfeinert, dass er in meiner Welt als Großmeister des heimlichen Anschleichens gelten würde.

Ein ausgezeichneter Test für Ihre Geduld, Ihren Sinn für die Natur und Ihr Einfühlungsvermögen ist eine Aktivität, von der ich dachte, nur ich täte das, wenn ich einen Nachmittag lang Zeit totschlagen muss – bis ich sah, wie der Tierfilmer Simon King es im Fernsehen demonstrierte. Ich nenne es „langes Hinlegen". Zum ersten Mal begegnete mir dieser bereichernde Mensch-gegen-Langohr-Wettbewerb, als mein tragbares Versteck aus einem alten Pappkarton weggeweht wurde.

Als Junge suchte ich immer nach großen Kartons, die ich umdrehen und unter denen ich mich verstecken konnte – ich schnitt Löcher hinein, durch die ich spähen konnte, und indem ich den Karton langsam mit dem Rücken anhob, konnte ich, wenn ich vorsichtig war, damit sogar herumlaufen. Wie ich eines Tages entdeckte, war die Technik ziemlich effektiv, außer bei Wind. An diesem Tag hatte ich meinen Karton im Laufe einer

Stunde oder so still und heimlich über eine große Wiese manövriert, bis ich ganz nahe an eine Kaninchenkolonie herangekommen war. Alles lief gut, aber dann frischte der Wind auf und ohne Warnung flog plötzlich mein Karton davon. Unbeholfen kauerte ich auf dem Gras wie eine Schildkröte ohne Panzer. Ich erstarrte, die Kaninchen hörten auf zu fressen, ihre Köpfe und, noch wichtiger, ihre Ohren schwenkten in meine Richtung. Ich wartete auf das laute Klopfen, die stakkatoartige Explosion des bumm-bumm-bumm-bumm pelziger Pfoten auf dem Rasen – das Kaninchen-Äquivalent des Kriegshorns –, aber nichts ertönte. Nach einigen Sekunden ließ die zuckende Spannung nach, sie legten ihre Ohren wieder an, senkten die Köpfe und gingen weiter ihrer Beschäftigung nach. Ich tat es ihnen gleich und machte ebenfalls weiter, auch wenn ich mich ohne meinen Haushaltgerätekarton ziemlich nackt und wie auf dem Präsentierteller fühlte. Ich entdeckte jedoch, dass ich mich mitten zwischen den Kaninchen befand und dass es mir gelungen war, mich in ihre hochnervöse Versammlung einzuschleichen.

Ich wiederholte das Ganze noch mehrmals und kroch ohne Karton heran, und fand heraus, selbst wenn die Kaninchen mich kommen sahen und den offenen Feldrand verließen, solange ich gegen den Wind kam, konnte ich mich einfach hinlegen und warten; irgendwann kamen sie einer nach dem anderen aus dem Dickicht aus Brombeeren, Schlehdorn, Nesseln und Ampfer gehoppelt, um die saftigen kurzen Gräser zu mümmeln. Das „lange Hinlegen" war geboren. Ich hatte mir meine Sporen verdient, ich fühlte mich nahezu unbesiegbar und ich hatte geschafft, was die List selbst des gerissensten Fuchses auf eine harte Probe stellt. Ich hatte das Häschen geschlagen.

Rehe sind mit einer ähnlichen akustischen Empfindlichkeit gesegnet und was das effektive Heranpirschen angeht, ob als Fotograf, als Jäger oder weil Sie sie einfach nur mal aus der Nähe sehen wollen, sind sie ein würdiger Gegner, um Ihr Geschick zu testen.

Ein Wort der Warnung an dieser Stelle – wenn Sie sich mit den größeren Arten nicht auskennen, ist es vernünftiger, das Heranpirschen nicht ausgerechnet in der Brunftzeit auszuprobieren. Ein Rehbock oder Hirsch voller Testosteron und sexueller Frustration kann in dieser Zeit unvorhersehbar reagieren und handelt unweigerlich unter Hormoneinfluss – gar nicht so selten greifen sie an, wenn man ihnen zu nahe kommt.

In den letzten Jahren habe ich ein Interesse daran entwickelt, Rehen nachzuschleichen – dazu komme ich später noch ausführlicher –, aber diese Fertigkeit zu entwickeln, fiel mir gar nicht schwer. Eine Grundausbildung in einfacher militärischer Feldarbeit und Spurensuche ist dabei mehr als hilfreich; es fühlt sich an, als sei ich dafür gemacht. Was auch immer Ihre Motivation ist, es ist eine uralte Fertigkeit, die eine sehr tiefe, urtümliche Verbindung zu befriedigen scheint, einen Teil unserer biologischen Evolution. Allein in der Lage zu sein, sich an eine Beute heranschleichen zu können, ist der reinste Nervenkitzel und der ungefilterte Rausch der Klarheit, der bisher ruhende Synapsen aktiviert und eine neurologische Abkürzung zum Kern Ihres wilden Ichs nimmt, ist ein wesentlicher Teil der Renaturierung Ihrer Erfahrung des Lebens.

***

Rehen nachzuschleichen, hat mir wirklich die Augen geöffnet – indem ich lernte, das Land zu lesen und die Zeichen, Geräusche und Anblicke zu deuten, und nicht viel später kamen noch andere Fähigkeiten hinzu. In einer Astgabel zu sitzen und Eicheln für ein Rudel Rothirsche fallen zu lassen, die unter einem vorbeiziehen, an einen halb im Wasser stehenden Elch heranzupaddeln, der gerade Lilienwurzeln frisst, indem man so tut, als sei man ein treibender Baumstamm, oder einfach abends in der Gegend herumzuschleichen und die Befriedigung zu erfahren, direkt hinter einer einzelnen Sikahirschkuh vorbeizugehen, ohne dass sie auch nur den Kopf hebt – das alles sind magische Erlebnisse, die ich mit diesen Tieren hatte. Das ist die Herausforderung, die zu meistern eine Menge Zeit kostet, uns aber mit einem innigen Gefühl tiefer Zufriedenheit und Zugehörigkeit belohnt, einer tief empfundenen, lebenswichtigen Empathie mit der lebendigen Welt. Wenn Sie nahe an eine verfolgte Beuteart herankommen und sie nicht einmal merkt, dass Sie existieren, dann sind Sie so gut wie verschwunden; in einem solchen Maß aufgegangen in der Umgebung, dass Sie wenigstens für einige Augenblicke unsichtbar geworden sind. Wenn Sie das mit Absicht herbeiführen können, dann haben Sie es geschafft.

9
Der Zaunkönig und der Mixer

Wie viele andere liebe ich Vogelgesang, und zwar am liebsten mit Melodien. Wenn ich Vögel singen höre, fühle ich mich wohl, fröhlich, gut, zufrieden, entspannt und noch eine ganze Reihe anderer positiver Gefühlszustände. Im Gegensatz dazu gibt es jedoch einige Geräusche, die mich aus irgendeinem Grund, wie wohl viele andere auch, nervös machen; sie haben irgendwie eine Wirkung auf mein Verhalten, die unverhältnismäßig und irrational scheint. Der misstönende innere Tornado eines Staubsaugers, die Gewalttätigkeit eines Mixers, das sinnlose Dröhnen eines Laubbläsers, Kettensägen, Bohrer – sowohl die für Wände als auch die für Wurzelkanäle – und das Schlurfen plattfüßiger Flipflop-Träger ... das alles geht mir auf schwer begreifliche Art und Weise unter die Haut.

In letzter Zeit wurden verschiedene Störungen bekannt, die mit Geräuschen zu tun haben. Von Misophonie spricht man beispielsweise, wenn ein bestimmtes Geräusch mit einer Bedeutung verknüpft ist und eine negative emotionale Reaktion im Betroffenen hervorruft; unter Hyperakusis dagegen versteht man eine negative Reaktion auf ein Geräusch aufgrund seiner spezifischen Eigenschaften, seines Klangraums oder seiner Frequenz. Ich nehme zwar an, auf mich treffen beide Störungen nicht zu, aber das bestätigt immerhin, dass bestimmte Geräusche und Frequenzen eine Wirkung auf unseren emotionalen Zustand haben können. Die Symptome, wenn man sie so bezeichnen kann, zeigen sich für mich in Form eines tiefen Angstgefühls, ein Gefühl des Unbehagens und der Nervosität. Jüngere Studien zu den Merkmalen einiger Geräusche, die Menschen universell als störend oder schmerzlich empfinden, wie zerbrechendes Glas, eine Mikrofon-Rückkopplung und die guten alten Fingernägel auf der Tafel, haben eine interessante Verbindung zwischen dem auditiven Cortex im Gehirn, in dem die Geräusche verarbeitet werden, und dem Mandelkern aufgezeigt, einem Teil des Gehirns, das mit emotionalen Reaktionen verknüpft ist.

Zusätzlich enthalten viele der Geräusche, die diese neuralen Signalwege aktivieren, mehrere misstönende Frequenzen, die zu einem bestimmten Teil des Audiospektrums zwischen 2000 und 5000 Hertz gehören. Ich glaube nicht, dass das ein Zufall ist. Einige Wissenschaftler sind der Meinung, dass die Warnrufe von Schimpansen und Gibbons viele akustische Eigenschaften aufweisen, die in diesen Bereich fallen, und dass dieser Effekt, der als *saccular acoustic sensitivity* („sackförmige akustische Empfindlichkeit") bezeichnet wird, unsere Reaktionen erklärt – sie sind eine Art rudimentäre, emotionale Reflexreaktion auf einen längst vergangenen Vorfahren.

Das ist zwar eine rein subjektive Vermutung, aber ich wette, dass viele Hilfe- und Warnrufe anderer Vögel und Säugetiere einen großen Anteil ihres Lautspektrums im selben Bereich enthalten. Wir haben das Thema schon kurz gestreift, als es darum ging, mildes Wetter für den ersten Nachtspaziergang auszuwählen. Das Wetter hat einen Einfluss auf unseren Gefühlszustand: Die Geräusche eines windigen Tages, ein Wirrwarr von störendem Audiochaos und Hintergrundgeräuschen, bedeutet, dass wir uns irgendwo tief im Inneren verletzlich fühlen; einer unserer Hauptsinne ist im Grunde beeinträchtigt.

Am anderen Ende der emotionalen Reaktion auf Laute haben wir positive, friedliche, beruhigende Geräusche – zum einen Musik, zum anderen Vogelgesang. Es wird viel darüber diskutiert, ob Vogelgesang Musik ist, aber der Kernpunkt ist, wenn wir den Vögeln dabei zuhören, wie sie singend ihr Revier abstecken, ist das eine der beliebtesten Arten, uns über unser Gehör mit der Natur einzulassen. Wir brauchen den Vogelgesang, selbst wenn wir ihn nicht bewusst wahrnehmen. Vogelgesang scheint direkt in unser tiefes Unterbewusstsein vorzustoßen, ganz ähnlich wie der Mixer. Die Hintergrundmusik der Natur, die Lerche über uns, die Singdrossel, die unzähligen unsichtbaren Grasmücken in den Büschen – sie alle bringen ein Aroma in die Luft, sie sind die Würze der Jahreszeiten, durch ihre eigenen Rhythmen lassen sie uns wissen, wo in Zeit und Raum wir uns befinden, und wenn ein Vogel sich aus voller Kehle ohne Scheu seinem Lied hingibt, dann fühlen wir uns im Einklang mit der Welt. Unser Mandelkern ist glücklich und unser emotionaler Raum ist ein positiver.

Wahrscheinlich spielt hier auch ein tieferer, biologischer Alltagsverstand eine Rolle. Studien haben gezeigt, dass viele Vögel auf die Warnrufe anderer hören. Dieses Phänomen wird heterospezifische Kommunikation genannt und bedeutet, dass Vögel (und andere Tiere) im Prinzip die Unterhaltungen anderer Vögel und Tiere belauschen und entsprechend handeln. Manche lernen, einen bestimmten Laut einer anderen Art mit beispielsweise der Anwesenheit einer Schlange, einer Katze oder eines anderen Räubers zu verknüpfen, bei anderen wurde im Experiment allein durch Abspielen der Aufnahme einer unbekannten Art Raubfeindvermeidungsverhalten oder mit der Anwesenheit eines Räubers verknüpfter Stress ausgelöst. Dieser Verhaltensreiz wird häufig von Vogelbeobachtern ausgenutzt, wenn sie einen Blick auf einen Vogel erhaschen wollen, der in dichter Vegetation sitzt. Dieses sogenannte „Pishing" ist ein praxisbewährter Missbrauch des Mandelkerns eines Vogels. Möglicherweise haben viele Warnrufe bestimmte akustische Eigenschaften gemein und möglicherweise haben sie sich als eine Art Merkmalsgefälle ähnlicher Reaktionen zusammen entwickelt, von denen alle Mitglieder einer Vogelgemeinschaft profitieren. Davon ausgehend, ist es nicht sehr weit hergeholt anzunehmen, dass wir in der „Wildnis" dasselbe taten. Ich glaube nicht, dass wir je damit aufgehört haben; wir haben nur die Verbindung verloren und die Bedeutung und Wichtigkeit dieser Naturgeräusche verlegt.

Wenn Sie einen Papagei oder einen anderen Käfigvogel besitzen und möchten, dass er badet, dann können Sie ihn zum Beispiel dazu stimulieren, indem Sie den Staubsauger einschalten. Es klingt surreal, aber das Staubsaugergeräusch enthält denselben Strudel aus akustischem Chaos wie ein Gewitter mit pfeifendem Wind und Regentropfen, die wie Geschosse auf Äste trommeln und auf Blätter platschen. So vermittelt die Natur den Vögeln, dass nun die richtige Zeit für Körperhygiene und Federpflege gekommen ist. Die Vögel in Ihrem Garten tun das auch, obwohl ich, ehrlich gesagt, den Staubsaugertrick an ihnen noch nicht ausprobiert habe.

Möglicherweise geht es auch mir nicht anders und ich empfange unbewusst die Harmonien in dem chaotischen Lärm aus Luft, Staub und Motorgeräuschen, die mein Gehirn an eine längst verschüttete Überlebensstrategie erinnern. Ich springe zwar nicht sofort unter die Dusche, wenn meine Frau den Staubsauger anwirft, aber ich werde tatsächlich nervös, als erlebte ich draußen einen Regenguss oder einen Sturm. Mein inneres

Tier fühlt sich verletzlich und schaltet einen Gang hoch, den Körper in Alarmbereitschaft; der Schalter für die Kampf-oder-Flucht-Reaktion wurde betätigt und ich bin einsatzbereit.

Aber zurück zu den Vögeln: Wir alle nutzen sie – wahrscheinlich unbewusst – als Maß für den Zustand der Welt, als Fernsensoren. Ihre eigene hochentwickelte Sprache ist etwas, auf das wir wohl alle empfindlich reagieren; wir nutzen ihren emotionalen Zustand, um unser eigenes Bewusstsein für unsere Umgebung zu erweitern.

Wenn wir einen Zaunkönig im Gebüsch am Wegesrand singen hören, dann erweitern wir auf eine gewisse Weise unsere Wahrnehmung und kapern ihn für unsere eigenen Zwecke. Wenn das für Sie keinen Sinn ergibt, stellen Sie sich einmal vor, was passiert, wenn der Zaunkönig die Melodie wechselt: Sie fühlen sich anders. Es verändert ein kleines Stück Ihres Ichs irgendwo, ein anderes Neuronenmuster und ein alternativer sensorischer Signalweg werden aktiviert. Der Warnruf eines Zaunkönigs kling barsch und schimpfend – die Dissonanz und die Misstöne arbeiten gegen unsere Empfindlichkeiten, sie machen uns nervös.

Plötzlich ist die Musik des Liedes fort und wir sind wieder beim misstönenden Staubsauger. Wir hören den Dialog ab – etwas hat diesen Zaunkönig gestört. Vielleicht war es gar nichts, aber in einem wilden, vollständigen Ökosystem könnte es genauso gut auch etwas sein. Irgendwann einmal, vor gar nicht so langer Zeit, als ein unsichtbarer Vogel im Busch abrupt aufhörte zu singen, bedeutete das vielleicht die Anwesenheit eines Bären, eines Wolfs oder einer Schlange. Die unverwechselbaren Eigenschaften dieses Lauts versetzen einen Teil von uns in höchste Alarmbereitschaft und zu einem bestimmten Zeitpunkt könnte das Hören und korrekte Deuten genau dieser Laute den Unterschied zwischen Leben und Tod ausgemacht haben. Wir sind alle durch diese Laute miteinander verbunden, die wir erzeugen und die wir wahrnehmen, in einem Netz aus lebendigen Schallwellen, die gleichzeitig ausgesendet und empfangen werden.

Ein Chor von Vögeln, die von ihren Singwarten singen, Grillen, die ein ähnliches Liebeskonzert im Gras aufführen, Frösche im rülpsenden Balzrausch – die positiven Laute der Lebendigkeit, der Tumult des Lebens, das mit Leben beschäftigt ist – ob an vorderster Front unseres Geistes oder in unserem Unterbewusstsein, sie lassen uns wissen, dass nichts sie oder ihren Hauptgrund, am Leben zu sein, stört. Fortpflanzung hat jetzt Priorität. Es ist ein System aus positiven Rückkopplungen, das jedes Leben mit einbezieht und den anderen mitteilt, dass sie weitermachen können. Taucht jedoch eine Bedrohung oder auch nur der Verdacht einer solchen auf, dann verändern sich die akustischen Merkmale der Umgebung. Lieder werden angehalten. Als hätte die Streicherabteilung des philharmonischen Orchesters gleichzeitig die Bögen sinken lassen, wird die Sinfonie unterbrochen. Sex ist nun nicht mehr das Wichtigste, sondern wird verdrängt von dem Bedürfnis zu leben und zu überleben, um an einem anderen Tag Sex zu haben.

Es ist das beständige Repertoire der Natur, in das wir uns einzuhören versuchen müssen. Vogelgesang oder in der Tat jeder Tiergesang ist so viel mehr als ein Audioclip oder ein phonetisches Etikett in einem Naturführer, über den sich ein Tier identifizieren lässt. Es ist ein Mittel, um uns über unsere Ohren in den Dialog der Natur einzuklinken, ein stiller Teil der phonischen Wertschätzung. Selbst Vegetation und Geologie hinterlassen ihre Spuren in der akustischen Signatur eines Ortes; sie haben einen direkten Einfluss auf die Atmosphäre.

Akustische Achtsamkeit lässt sich fast im Handumdrehen

erlangen. Ihre Fähigkeit, sich im Hinblick auf Umgebung und ihrer tierischen Bewohner unsichtbar zu machen, bedeutet, dass diese Handlung, so einfach sie auch ist, oft auch eine der besten Methoden ist, vollständiges Eintauchen und absolute Bewusstheit zu erlangen. Wenn man einen Vogel hören kann, heißt das meistens, dass man ihn auch sehen kann.

Ich würde sagen, dass ich über 90 Prozent aller Vögel in meinem Leben zuerst mit den Ohren ermittle – da frage ich mich, warum es eigentlich „Vogelbeobachtung" heißt. Im Rahmen eines Auftrags für die RSPB (*Royal Society for the Protection of Birds*, britische Vogelschutzorganisation) wurde ich kürzlich angeheuert, um die Nester eines seltenen Vogels zu finden, der Ringdrossel. Um ein Nest dieses mittelgroßen Singvogels in einer relativ weitläufigen hoch gelegenen Landschaft zu finden, muss man zunächst einmal die Vögel finden. Die Natur macht es einem aus verständlichen Gründen nicht leicht, ihren ganzen Stolz ausfindig zu machen. Man stolpert nicht einfach über ein Nest.

Auch wenn es sich hier um Vögel offener Landschaften handelt, was sich so anhört, als seien sie leicht zu finden, liegen ihre Brutplätze oft in recht komplexen Lebensräumen mit üppigen Farnwäldern, Geröllfeldern, Spalten und Rissen über einer kurvenreichen Topografie aus unebenem Grund und Hängen. Teilweise gibt es viele kleine Senken, die sich gegen Ihren Sehsinn verschwören.

Alle Vögel müssen irgendwann einmal die Stille durchbrechen. Ein Teil ihrer täglichen Routine besteht darin, sich dem Äther mit Lauten zu präsentieren – ein wichtiger Teil der Paarbindung, der Revierbeanspruchung und einer Vielzahl anderer Dinge.

Wenn Sie wissen, wonach Sie lauschen müssen, verraten sie bei dieser Gelegenheit ihre Anwesenheit. Wenn Sie sie entdeckt haben – unter der Voraussetzung, dass Sie zur richtigen Jahreszeit lauschen und hinsehen –, führen sie Sie irgendwann zu der Schale aus Moos, Gras, Wurzeln und Stängeln, um die sich die Aktivitäten der Vögel für die nächsten drei bis vier Wochen drehen.

Meine Ohren waren so wichtig für diese Aufgabe, dass ich ganz ehrlich sagen kann: Von den Hunderten von Nestern dieses Vogels, in die ich über die letzten paar Jahre bei dieser Feldarbeit hineingespäht habe, fand ich bis auf wenige Ausnahmen, die ich an den Fingern einer Hand abzählen kann, alle nur deswegen, weil meine Ohren die Vögel zuerst gefunden hatten.

Geräusche sind zwar allgegenwärtig und stehen dem Zuhörer immer zur Verfügung, aber während Sie Ihr Gehör trainieren, ist es manchmal gut, die Dinge erst einmal zu vereinfachen. Beseitigen Sie einen Teil der Verwirrung, bauen Sie die Klanglandschaft zurück und indem Sie einen Teil des Überflüssigen entfernen, machen Sie es sich selbst leichter.

Wenn Sie die Rufe von Vögeln oder irgendeinem anderen Tier interpretieren wollen, habe ich ein paar Tipps für Sie, wie Sie das Beste aus Ihrem Gehör herausholen. Zunächst einmal ist die Klangqualität am besten, wenn die Luft still und kühl ist. Ohne Luftbewegung werden lockere Kleidung, Kapuzen und Riemen nicht ständig gebeutelt und erzeugen keine ablenkenden Geräusche, die mit den Lauten konkurrieren, die Sie eigentlich hören wollen. Ist die Windgeschwindigkeit hoch genug, entstehen sogar genug Turbulenzen, um selbst eine Windmusik zu erzeugen.

Wenn der Wind durch die Vegetation bläst, setzt er eine Kaskade anderer phonetischer Erscheinungen in Gang: Blätter und Stängel reiben gegeneinander, rascheln und vibrieren und tragen zu einem Durcheinander von Lauten bei. Mit so vielen

Nebengeräuschen um Sie herum verpassen Sie die subtileren Teile der Vogelrufe – als würden Sie ein Lied im Radio so leise hören, dass Sie den Text nicht verstehen.

Zurück zu meinen Ringdrosseln: Zu ihrem Gesang gehört eine schrille, monotone dreisilbige Note, die nahezu immer zu hören ist außer vielleicht in einem heftigen Sturm in den Bergen, und wenn Sie sie hören, könnten Sie meinen, das sei schon der ganze Gesang. Wenn Sie demselben Gesang jedoch an einem stillen Tag lauschen, hören Sie die zusätzlichen Merkmale – ein leiseres, komplexes und subtiles Trillern, eine näselnde Melodie, fast flüsternd gesungen, die für mich klingt wie eine Singdrossel in einer Glasflasche mit einer Decke über dem Kopf.

Gut ist es auch, ganz früh am Morgen zum Lauschangriff zu blasen. Es gibt mehrere Gründe dafür, die über die Tatsache hinausgehen, dass Vögel diese Tageszeit, bevor es hell genug ist für die Nahrungssuche, nutzen, um ihre Nachbarn auf den neuesten Stand zu bringen und sie daran zu erinnern, wer wer und wer wo ist. Wie viele Ihrer anderen Sinne funktionieren auch Ihre Ohren am besten früh am Tag bis zum Vormittag, wenn Ihr Körper wach und aufmerksam ist; im weiteren Tagesverlauf werden wir müder und unsere Konzentrationsfähigkeit lässt nach. Je kühler die Luft, desto lauter scheint der Laut zu sein. Theoretisch müssten Schallwellen sich besser in warmer Luft mit mehr Energie darin fortpflanzen. Tatsächlich aber entstehen in warmer Luft meist andere Manifestationen, die die Lautübertragung behindern und stören.

Schallwellen wandern nicht einfach von der Quelle zu Ihnen, sie verteilen sich wie Wellen in einem Teich in alle Richtungen; diejenigen, die sich nach oben ausbreiten und normalerweise am Boden nicht mehr gehört werden, verlaufen sich in der Atmosphäre.

Es gibt also eine Menge guter Gründe für Lautspürhunde,

früh aufzustehen. Diese Vorteile werden noch weiter von der Tatsache gestützt, dass die Menschenwelt oft umso stiller ist, je früher Sie draußen sind; das geschäftige Treiben des Alltags hat noch nicht begonnen und Sie können fast ungestört und allein durch die akustische Landschaft wandern.

Über das Buch hinaus

Vogelgesang zu lauschen, gehört zu den beliebtesten Möglichkeiten, wie sich Menschen auf die natürliche Welt der Akustik einlassen. Vögel sind sehr nützlich, wenn Sie trainieren wollen, sich der natürlichen Klanglandschaft bewusst zu werden, da das, was Sie lernen, wenn Sie Vögel belauschen, sich auf jedes andere Szenario übertragen lässt, in dem sich die Fähigkeit anbietet, die Welt zu belauschen und über Geräusche zu deuten. Beschränken Sie sich nicht auf Vögel; sie sind zwar stimulierend genug, aber dieselben Techniken und Herangehensweisen lassen sich auch auf fast jede andere Tiergruppe von Fledermäusen bis Laubheuschrecken übertragen.

Wo auch immer Sie sind, es werden auch Vögel da sein. Wenn sie nicht singen, dann rufen sie zumindest und geben somit ausgezeichnete und leicht verfügbare Objekte ab, auf die Sie Ihr Gehör konzentrieren können. Von Burns' „süß trillernder Heidelerche" bis zu Thomas Hardys „dunkelnder Drossel", die „ihrer ganzen Seele Sein warf gegen die Dunkelheit" – Vögel und ihr Gesang inspirieren die Menschen seit Jahrtausenden. Dichter lieben sie und ihre Lieder sind tief in unserer Kultur verwurzelt. Sie schlängeln sich durch unsere Worte und unsere Musik, wie sich die Töne aus dem silberhellen Stimmkopf einer Nachtigall durch Haselnuss und Dornenstrauch schlängeln.

Vögel zu belauschen und sich von ihrem Gesang inspirieren zu lassen, ist eine Beschäftigung, die den Menschen schon immer fasziniert und begeistert hat, ob er nun Naturforscher ist oder nicht. Wir preisen schon lange ihre stimmlichen Fähigkeiten und ergötzen uns an der Vorstellung, dass ihre Lieder Geheimnisse enthalten in einer Sprache, deren Sinn wir schon lange nicht mehr kennen.

Wie Wagners Siegfried, der Drachenblut trank, um den Waldvogel zu verstehen, sehnen wir uns als Art danach, Bedeutung im Gesang der Vögel zu erkennen und eine tiefe Verbindung zur Natur in ihrer geheimnisvollen Musik.

Wenn Sie hinter die Prosa, die Poesie und die vorgestellte Musik sehen, finden Sie natürlich noch viel mehr Bedeutung und jede Menge Geheimnisse, die sich einfach durch Zuhören, echtes Zuhören entschlüsseln lassen. Sie brauchen kein Drachenblut, nur Ihre Ohren und Ihre volle Aufmerksamkeit.

Wenn Sie jedoch Tierlaute lernen, vor allem den Gesang und die Rufe von Vögeln, kann das etwas abschreckend wirken. Ihre Stimmen und all die subtilen Töne in ihrem Vokabular lassen sich nicht sehr gut in unser eigenes beschränktes Alphabet übersetzen. Daher lassen sie sich nur sehr schwer mit einiger Genauigkeit vermitteln oder beschreiben und deswegen können sie auch recht schwer zu merken und zu lernen sein.

Wenn wir einen Vogel identifizieren wollen, den wir gesehen haben, ist das relativ einfach; schließlich leben wir im Zeitalter zahlreicher guter Naturführer. Wo immer man ist, scheint es immer eine sehr gute Publikation zu geben, die einem dabei hilft zu entschlüsseln, was man da gerade gesehen hat. Ein schneller Blick auf eine halbwegs brauchbare Grafik liefert alles, was man braucht, jedenfalls wenn man den Vogel richtig gesehen hat. Eine Lektion, die ich als Anfänger schnell lernte: Für Laute gilt das nicht. Man kann einen Ruf oder einen Gesang nicht leicht visuell darstellen; wenn man Glück hat, findet man in Naturführern, wenn überhaupt, unter einer begrenzten Anzahl von Unterüberschriften (Gesang, Ruf, Warnruf) eine abgespeckte Liste mit einer Handvoll versuchter phonetischer Umschreibungen. Das Problem daran ist, dass die niedergeschriebenen Laute stark von der Interpretation des Autors abhängig sind. Einige Vögel haben regionale Dialekte, genau wie Menschen, aber ein Autor hat seinen eigenen Akzent und hört ihre Stimme auf seine ganz individuelle Weise. Was also für den einen wie *tu-uitt* klingt, hört sich für andere vielleicht an wie *ki-wick, kewick, kwik, eh-wick* oder sogar *kiwik*, um den Ruf des häufigen und weit verbreiteten Waldkauzes einmal aus verschiedenen Naturführern in meinem Regal zu zitieren – und das ist ein Vogellaut, der einen festen Platz in unserer Popkultur hat und der standardmäßig als Soundeffekt in jeder Nachtszene eines beliebigen Fernsehfilms eingesetzt wird. Es überrascht ein wenig, so viele Variationen zu finden, selbst wenn die Richtung in diesem Fall ziemlich klar wird.

Wenn ich dieselbe Übung mit dem Mäusebussard wiederhole, finde ich *piiaiu, pii-uu, mju, mi-aaau* und *piii-dschah* und wenn wir uns Vögel mit einer eher komplexen Lautsignatur ansehen, verlieren wir schnell den Faden: *dlui-dlui, dlui', dlui', dlui', dlui, didlui; tit' tit' tit' tudel' tudel, tudel, t'luh, ti-luui, tlutlutlu; lii, lii-lii, liiliiliiliilülu ... ii-lü, ii-lü, ii-lü; ii-luiiluiilu ... tluii, tluii, tluii, wi wi wi tellellellell ...* macht die Heidelerche in nur drei dieser Handbücher. Die Laute, die wir hören, und wie wir sie in unsere eigenen Sprachen übertragen, sind höchst subjektiv. Es ist einfach nicht möglich, die zahlreichen Vibrationen und die simultanen Überlappungen und Harmonien wiederzugeben, die von den verschiedenen Membranen in der bebenden Brust eines Vogels erzeugt werden können.

Das Problem ist also klar. Es kann so komplex werden, dass wir versucht sein könnten, das Hören aufzugeben und auf unseren Primärsinn zurückzufallen. In einigen Fällen sind diese Beschreibungen hilfreich, weil sie uns Hinweise auf die verschiedenen Eigenschaften von Tonhöhe, Klangbild und Rhythmus eines Rufes oder Liedes geben, aber in vielen Fällen können sie uns auch auf die falsche Fährte locken, wenn wir eine Art identifizieren wollen. Wenn wir uns nur auf diese Beschreibungen als Referenz verlassen, so wie wir Illustrationen verwenden, überhören wir vielleicht einige akustische Leckerbissen, weil wir uns einfach nicht die Zeit nehmen, die Laute aufzunehmen und richtig zuzuhören.

Manchmal erkennt man einen Popsong nur an seinem Beat und der Basslinie, wenn man ihn durch eine Wand oder aus einem vorbeifahrenden Auto hört; dieselben Fertigkeiten lassen sich aber auch für das einsetzen, wofür sie eigentlich gedacht waren. Wenn man wirklich zuhört, erkennt man die Nuancen der Naturmusik, und je mehr man sich darauf einlässt, desto vertrauter wird sie und desto tiefer taucht man in die glanzvolle, herrliche Komplexität des Ganzen ein.

Es gibt reichlich Quellen da draußen, die beim Interpretieren des Gehörten helfen können, und natürlich leben wir im Zeitalter multimedialer digitaler Technologien, die teilweise sehr nützlich sein können, um die Technik des richtigen Zuhörens zu erlernen. Inzwischen gibt es Websites, Apps und E-Books, die weniger eingeschränkt sind als das klassische Naturführer-Format, und viele bieten auch Klangbeispiele. Das Problem bleibt jedoch: Wie setzt man ein so vielfältiges Vokabular in ein leicht zu bearbeitendes Format um? Die Antwort: gar nicht. Selbst die besten dieser Multimediaführer liefern in der Regel nur die bekanntesten oder häufig gehörten Refrains, höchstens drei oder vier. Die spezialisierten Audio-Apps und Websites sind zwar ausgezeichnet, aber wenn man erst einmal in die Klangwelt eingetaucht ist und erste Erfahrungen gesammelt hat, erkennt man, dass sie für den Anfänger nicht mehr als eine Sammlung interessanter, aber unzusammenhängender Laute und Geräusche sind.

In gewisser Hinsicht müssen Sie ein eigenes internes Verständnis dieser Laute aufbauen. Sie müssen einen Kontext haben und Sie müssen ein Verständnis für die Syntax entwickeln, sonst bleiben sie einfach nur bedeutungslose Laute. Zuhören und sich auf den Klang einlassen, sich im Geiste zum Laut hinzubegeben, ist dieser Kontext. Das bedeutet, die verschiedenen Eigenschaften der Laute zu analysieren und zu überlegen, wie sie erzeugt werden. Sinn und Syntax ergeben sich im Laufe der Zeit langsam von selbst, wenn Sie mit der gemeinsamen Umgebung immer vertrauter werden.

Vögel können mit verschiedenen Teilen ihres Körpers Laute erzeugen. Die Mechanismen der Lauterzeugung zu verstehen, also die Instrumente selbst, kann Ihnen sehr dabei helfen, sich die Lauterzeugung vorzustellen, und Ihnen auch dabei helfen, den Laut für die Zukunft zu beschreiben und abzuspeichern. Das alles gehört zum Prozess des Eintauchens.

Manche Schnepfenvögel lassen ihre äußeren Schwanzfedern hörbar vibrieren, Eulen, Spatzen und viele andere klappern mit dem Schnabel, Kolibris schlagen mit den Flügeln gegen ihre Schwanzfedern und Trappen stampfen mit den Füßen auf. Normalerweise jedoch kommunizieren Vögel untereinander über die Stimme, genauer gesagt über den Stimmkopf. Dieses wichtigste Tonerzeugungsorgan der Vögel, wegen seiner Ähnlichkeit mit einer Panflöte auch Syrinx genannt, liegt direkt unter der Stelle, an der sich die Luftröhre in zwei Bronchien teilt, die in die Lungenflügel führen. Indem er den Durchmesser der Bronchien durch Entspannen oder Zusammenziehen verändert, reguliert der Vogel die Luftmenge, die in die Lunge oder hinausströmt (man denke an die Tonerzeugung, wenn man Luft durch einen Ballonhals ausströmen lässt). Die Membranen des Stimmkopfes werden dabei in eine Reihe komplexer Schwingungen versetzt, die wir als Vogelgesang wahrnehmen.

Der zweigeteilte Aufbau des Stimmkopfes bedeutet im Vergleich zur relativ simplen röhrenartigen Struktur des menschlichen Kehlkopfs, dass zwei oder mehr getrennte Laute gleichzeitig erzeugt werden können, wenn die Luft hindurchströmt. Diese komplexe Vorrichtung ließ Plinius den Älteren über den Gesang der Nachtigall schreiben: „Es gibt keine Flöte und kein Instrument auf der Welt, das mehr Musik erzeugen kann als dieses Vögelchen in seiner Kehle." Dasselbe lässt sich für die Gesänge der meisten anderen Vogelarten auch sagen. Es sind diese unterschiedlichen Vibrationen, erzeugt von mehreren gleichzeitig schwingenden Membranen, die vielen Vogelgesängen ihre Tiefe, Modulation und harmonische Vielfalt verleihen, und gleichzeitig sind sie auch der Grund dafür, warum sie sich nur so schwierig mit einer gewissen Genauigkeit nachmachen lassen.

Jetzt, da Sie den Mechanismus des Instruments kennen, auf dem die Vögel spielen, können Sie sich fast schon sein Innenleben vorstellen, wenn Sie dasitzen und in die Einzelheiten des Klangs eintauchen. Das mache ich an jedem Frühlingsmorgen um 4 Uhr herum, wenn die Amsel in meinem Garten warmläuft. Sobald ihre schokoladigen Töne in den Tag hinausklingen und sich in der Dämmerung verlieren, folge ich ihnen vor meinem geistigen Auge zurück zur Quelle.

Ich habe noch nie mit eigenen Augen einen Stimmkopf in Aktion gesehen (wobei es im Internet faszinierende Röntgenfilme von singenden Vögeln gibt, die zeigen, wie sich die Muskulatur und der ganze Körper des Vogels zusammenzieht, während er sein Lied schmettert), aber ich erlaube mir, den ganz körperlichen Ursprung des Impulses zu spüren, die Energie, die der Vogel an die jungfräuliche Luft abgibt, sein warmer Atem ein Wölkchen in der Atmosphäre. Ich stelle mir vor, wie der Vogel sein eigenes Körpergewebe der Musik überlässt, die er erzeugt. Ich versuche, in ihn hineinzuschauen, um die Membranen dieses magischen Musikinstruments zu sehen, wie sie sich mit jedem Ein- und Ausatmen entspannen, anspannen und pulsieren. Ich denke auch an die Bedeutung. Was verkündet dieser Vogel der Welt gerade? Die Mühe und Intention, mit der so ein Blasinstrument gespielt werden muss, ist in unserer vollkommen anderen visuellen Welt leicht zu unterschätzen. Wenn ein Zaunkönig 740 Noten pro Minute singt, ist er effektiv noch rund fünfhundert Meter weiter zu hören. Stellen Sie sich mal vor, sie würden das versuchen. Berücksichtigen Sie dabei noch den Unterschied zwischen der Körpergröße des Zaunkönigs und Ihrer eigenen und schon müssten Sie mehr als nur Ihre ganze Seele in Ihren Ruf legen, wenn Sie noch acht Kilometer weiter gehört werden wollen! Verschiedene Studien haben gezeigt, dass die Stoffwechselenergie bei einem singenden Vogel wie dem Drosselrohrsänger um 20 Prozent ansteigt oder sogar noch mehr, wenn es eine Art ist, die sich auf einer Singwarte der kühlen Luft aussetzen muss. Manche Vögel singen auch sehr lange. Die kleine Goldammer kann ihr *„Ti-ti-ti-ti-ti-ti tüüüh"* mehr als dreitausendmal am Tag wiederholen und was bislang nur ein hübscher Laut war, klingt nun plötzlich anstrengend – das ist nicht nur eine musikalische Aufführung, sondern eine körperliche Anstrengung von olympischem Standard.

Wenn ein Vogel die Luft um ihn herum in Schwingungen versetzt, schickt er Energieimpulse in die Umgebung. Diese Schallwellen werden von seinem Stimmkopf geformt und anhand dieser artspezifischen gegebenen Merkmale und Eigenschaften können wir, wenn wir sie gut hören, nicht nur erkennen, wer sie erzeugt, sondern auch warum. Dieses größere Verständnis jedes Lauts und der Klanglandschaft ist das, worum es uns hier geht.

Wenn Sie dem Vogelgesang lauschen, gibt es verschiedene Möglichkeiten, das Gehörte zu zerlegen und zu verstehen. Wir haben ja schon festgestellt, was Laute, Tonhöhe und Frequenz miteinander zu tun haben, jetzt können wir uns den Merkmalen von Naturgeräuschen zuwenden und wie wir interpretieren und entschlüsseln, was wir hören.

Das einfachste Grundmerkmal eines Naturgeräuschs ist sein Klang – ein weit gefasster Begriff, der sich auf das allgemeine Wesen des Lautes bezieht und der in einem der besten Bücher zum Thema Vogelgesang und Vogelrufe, The Sound Approach, als Entsprechung zum weiter oben erwähnten Begriff jizz beschrieben wird. Das können die warmen, vollen Töne der Amsel sein, das dünne, hohe Lied der Heckenbraunelle, das Flöten eines Rotschenkels oder das Klagen eines Papageitauchers. Dem Klang kann man mit weiteren Beschreibungen noch ein wenig Struktur verleihen: Der Gesang einer Amsel lässt sich zum Beispiel mit den Adjektiven „weich" und „rund" beschreiben, zur Heckenbraunelle passen „grell" und „schrill" und ein „kehliges Stöhnen" und „Knurren" gibt der Papageitaucher von sich. Diese Struktur ist das, was wir die Klangfarbe eines Klangs nennen. Sie gibt dem Laut eine spektrale Qualität und erweckt ihn zum Leben.

Wir haben jedoch schon das Thema der persönlichen Varianz und der Beschränktheit unseres Gehörs gestreift, und statt das zu beklagen, was wir nicht hören können, wollen wir die Laute doch einmal auf eine andere Weise betrachten bzw. belauschen. Die meisten Naturgeräusche sind nicht rein. Eine Möglichkeit, die Eigenschaften eines Lautes deutlich zu visualisieren, besteht darin, ihn aufzunehmen und durch eine Schallanalysesoftware laufen zu lassen, um ein sogenanntes Sonogramm zu erstellen oder genauer gesagt, ein Audiospektogramm. Das ist eine einfache grafische Art, Geräusche darzustellen, oft über der Zeit aufgetragen. So werden Geräusche sichtbar. Die Zeit entspricht der waagerechten x-Achse, während die senkrechte y-Achse die Frequenz anzeigt. Je höher der Laut auf dem Graph, desto höher der Ton. Ein reiner, durchgehender Ton wäre eine einzelne Frequenz, die durch eine gerade Linie von rechts nach links dargestellt würde. Ein Vogelruf oder Vogelgesang sieht ganz anders aus; der Klang geht nach oben und unten und erzeugt Spitzen und Täler, während die Frequenz des Rufes steigt und fällt und sich damit die Tonhöhe ändert.

Das mag für ein Buch über Renaturierung ein wenig weit hergeholt klingen, aber eine kurze Rückkehr in die technologisierte Welt verschafft Ihnen vielleicht ein besseres Verständnis Ihrer Wahrnehmung. Ich kenne viele Menschen, darunter reine Vogelbeobachter, die mit Sonogrammen einfach nichts anfangen können, die aber lernen, sie zu lesen, und ich glaube, auch für Sie könnten sie eine sehr schöne Art sein, die Tiefen einiger Laute, die Sie hören, zu „sehen". Es gibt verschiedene Möglichkeiten im Internet, einem Vogelruf zu lauschen und dabei in Echtzeit die grafische Darstellung entstehen zu sehen. Man muss noch nicht einmal seine Fantasie bemühen. Wählen Sie einfach den Gesang eines Vogels, den Sie wahrscheinlich im eigenen Garten hören, und jedes Mal, wenn Sie ihn dann hören, versuchen Sie, sich das Sonogramm dazu vorzustellen. Mit der Zeit werden Sie erkennen, wie gut alles zusammenpasst.

Ich gebe Ihnen mal ein Beispiel dafür, wie hilfreich Sonogramme dabei sein können, die Schallwellen zu „lesen". Nehmen wir den einfachen Kontaktruf einer Grasmücke: Viele Laubsänger haben zwar einen charakteristischen Gesang, den fast jeder von dem anderer Laubsänger unterscheiden kann – ein Zilpzalp zum Beispiel singt seinen Namen, während ein Fitis eine bezaubernde, volle absteigende Tonkaskade zum besten gibt –, aber wenn sie nicht singen, sondern ihren Kontaktruf hören lassen, kommen Sie vielleicht schon ins Schwimmen. Wie in aller Welt sollen Sie da jemals durchsteigen, wenn der Vogel Ihnen ein wenig hilfreiches hwiit entgegenschmettert und im Naturführer steht, dass beide Arten einen Kontaktruf haben, der als huit oder hu-iit wiedergegeben wird?

Wenn Sie sich jedoch die Sonogramme der beiden Arten ansehen, ist die Sache plötzlich viel klarer. Das Sonogramm des Zilpzalps zeigt eine Tiefe, die durch mehrere harmonische Schichten entsteht. Die Hauptrufnote steigt auch steiler an, während der Fitis einen einfachen Laut mit weniger Harmonien und damit reiner im Ton von sich gibt, aber etwas länger auf der ersten Silbe des Rufs verharrt, was ihm eine deutlichere Aufwärtsbewegung beschert. Das Wichtige an einem Sonogramm ist, dass es unsere Schwierigkeiten und Einschränkungen beim Unterscheiden und Beschreiben des Belauschten überwinden kann.

Ich finde es recht praktisch, mir diese Sonogramme möglichst genau vorzustellen, wenn ich Vogelgesang höre. Natürlich ist die Auflösung des menschlichen Gehörs beschränkt und wir bekommen zwar oft mit, was ungefähr los ist, aber die häufig überlappenden Modulationen, die einem Klang seine Tiefe und seine Struktur geben, sind schwer zu unterscheiden. Sie können den allgemeinen Klang beschreiben, aber manchmal ist es von unseren Ohren und Gehirnen einfach etwas zu viel verlangt, die Elemente voneinander zu trennen. Nehmen Sie jedoch einige der Harmonien weg, erkennen Sie den Unterschied, auch wenn Sie nicht sagen können, was genau ihm eine bestimmte Klangqualität verliehen hat.

Sonogramme sind aber nicht nur eine Möglichkeit, die Laute selbst zu visualisieren, sondern sie helfen uns auch dabei, andere Aspekte von Naturgeräuschen zu verstehen, die uns ein Gerüst aus visuellen Formen geben, an dem wir die einzigartigen Merkmale eines Vogelliedes, eines Fledermauspiepsers oder eines Grillenzirpens festmachen können.

Ich kenne viele Vogelbeobachter und Naturforscher, die aus verschiedenen Gründen ein alles andere als perfektes Gehör haben, und auch wenn gelegentlich jemand dabei ist, der die Vögel an den äußersten Enden unseres Hörbereichs nicht mehr deutlich hören kann, etwa den kreisenden, kichernden Gesang eines Wintergoldhähnchens oder das tiefe buum einer Dommel, können die meisten immer noch die Laute von Vögeln mit einem komplexeren Frequenzbereich wahrnehmen. Zum Beispiel der pfeifende Ruf eines Austernfischers: Das häufig wiederholte quiéwiehp ist ein häufiger Laut der Austernfischer an den Küsten und auf den Salzwiesen. Würde man diesen Ruf aufnehmen und ein Sonogramm daraus machen, hätte man eine spitze Struktur, die ein bisschen wie ein umgekehrtes V aussieht, wobei der hintere Schenkel etwas rauer und weniger steil wäre. Sie würden außerdem feststellen, dass man nicht nur die eine Spur sieht.

Stattdessen liegen mehrere dieser umgekehrten Vs übereinander, als ob sie sich gegenseitig spiegelten. Das untere wird „Grundlinie" genannt und liegt bei etwa 2 kHz; die darüber bei 4, 6 und 8 kHz sind zwar leiser, aber trotzdem da und tragen wesentlich zum Laut bei. Jede dieser Schichtenstapel wird Harmonie genannt und tritt in Vielfachen der Grundlinie auf; sie geben dem Ruf Tiefe und lassen den Klang voller erscheinen. Das Gegenteil passiert, wenn man viele Spuren hat, die nicht in regelmäßigen Abständen auftreten, aber trotzdem übereinanderliegen. Im Zeitverlauf ergibt das Laute, die kratzend und lebhaft sind und sich aufgrund der physikalischen Eigenschaften als weniger harmonisch beschreiben lassen. Und um der herrlichen Komplexität noch einen draufzusetzen, sind bei manchen Vögeln gleichzeitig Harmonien und Disharmonien zu hören! Wenn Sie eine dieser Tonhöhen nicht mehr gut hören können, nehmen Sie den Gesamtklang zwar anders wahr als eine Achtjährige, aber einige der allgemeinen Eigenschaften wie den Rhythmus, den Klang und die Struktur des Lauts bekommen Sie immer noch mit. Vielleicht denken Sie also, wenn Sie erst zu einem späteren Zeitpunkt in Ihrem Leben darauf gestoßen sind, dass Sie die Gelegenheit verpasst haben, einen Zugang zu Vogellauten (oder auch anderen Wildtierlauten) zu finden – aber Sie müssen sich keine großen Sorgen deswegen machen, sondern den Naturgeräuschen einfach auf Ihre Art lauschen.

Auch der Zeitablauf innerhalb einer Lautäußerung oder zwischen zwei Rufen oder Gesängen kann wichtig für die Identifizierung sein. Manchmal hilft es, dabei wieder an die Sonogramme zu denken. Der Ruf selbst kann aus mehreren zusammengehörigen Lauten bestehen, der Häufigkeit, mit der diese Phrasen oder Noten wiederholt werden, und dem Tempo; durch Zählen und Zeitmessen kann bestimmt werden, wie genau sie verteilt sind. Ein Unterschied in einer dieser Zahlen kann den Gesamteindruck des Klangs verändern und daher diejenigen aufmerksam machen, die nach einer anderen Art, einem anderen Kontext oder gelegentlich auch einem Individuum lauschen.

Ein gutes Beispiel dafür ist die Unterscheidung zwischen dem Gesang des Teichrohrsängers und des Schilfrohrsängers – zwei Vögel, die mich am Anfang zur Verzweiflung brachten.

Beide bewohnen Lebensräume, die für das menschliche Auge nahezu undurchdringlich sind. Man kann sich also fast nur an ihrem Gesang orientieren, der von irgendwo aus den Tiefen des komplexen, dichten Röhrichts und dem umliegenden Gebüsch kommt. Für mein ungeübtes Ohr war das ein echter

Kampf. Klanglich können sie sehr ähnlich sein, beiden fehlen einzigartige, charakteristische Phrasen oder Refrains, die ich mir hätte merken und an denen ich mich hätte orientieren können; dass sie darüber hinaus auch noch ziemlich gut andere Vogelarten imitieren können, auch sich gegenseitig, führte endgültig zu Verwirrung und Frustration auf meiner Seite. Als man mir aber den Tipp gab, auf den Takt zu achten, war es plötzlich ganz einfach. Der Teichrohrsänger folgt noch bei den wildesten Improvisationen einem konstanten, eher schwerfälligen Tempo und wiederholt die Phrasen einzeln nacheinander, als langweile es ihn etwas, sein gesamtes Repertoire abzuspulen. Der oberflächlich ähnliche Schilfrohrsänger dagegen singt viel munterer und mit mehr Synkopen. Er ist quasi der Virtuose des Vogeljazz. Es gibt noch andere Unterschiede, aber für mich war das der entscheidende. Falls man zusätzlich doch einmal einen Blick auf die Sänger erhascht, erkennt man schnell, dass die schlichten, konservativen Brauntöne des Teichrohrsängers gut zum Charakter seines Gesangs passen, während der flottere Schilfrohrsänger mit seinen schicken Farbakzenten genau nach der Art von Vogel aussieht, der mit funkigen Klängen eine gute Figur machen könnte. Dieser Anthropomorphismus, das Storytelling, die Visualisierung dienen alle dazu, verschiedene Gehirnbereiche miteinander zu verbinden. Es ist eine wohlbekannte Gedächtnistechnik und durch die Verknüpfung des Erscheinungsbildes des Vogels mit seinem Rhythmus, einer Visualisierung seines Gesangs und einer Story basteln Sie sich ein Gedächtnisnetz mit mehreren Referenzen zum Kontext, in dem er singt. Dieses Vorgehen beschleunigt die Anhäufung des experimentellen Wissens, auf das Sie zurückgreifen und das Sie beliebig abrufen können.

Viele Arten, darunter Vögel, Frösche, Grashüpfer, Geckos und Zikaden, verändern den Rhythmus ihres Gesangs je nach emotionalem Zustand. Wenn eine potenzielle Partnerin oder ein Rivale in der Nähe ist, legen sie noch eine Schippe drauf, für die große Show oder den Showdown. Ein mitternächtliches Laubfroschkonzert am Amazonas ist zwar geräuschvoll, aber die Männchen spielen ein Risiko-Nutzen-Spiel. Es ist eine Abwägung: Sie singen, weil ein Weibchen ihre beeindruckende Stimme bemerken könnte, aber gleichzeitig verrät der Gesang jedem potenziellen Räuber, etwa der Großen Spießblattnase, ganz genau, wo im flachen Wasser sie sitzen. Das Zögern und die Pokerstimmung sind fast greifbar, zumindest bis tatsächlich ein Weibchen dazukommt. Plötzlich schaltet die Klanglandschaft einen Gang hoch, die Nacht ist von einem lauten, schnelleren Klangpuls erfüllt, die Musik wird lauter gedreht, der Rhythmus beschleunigt sich und das Paarungsspiel beginnt.

Dasselbe passiert auch in den meisten anderen Kreisen: Singvögel, Zikaden und Grillen vollführen Gesangswettbewerbe und erhöhen Komplexität und Lautstärke ihrer Lautäußerungen, um die Mitbewerber zu übertrumpfen – selbst Spinnen ziehen das Tempo ihres Trommelsolos an.

Ich weiß noch, wie ich eines Nachts in einer strohgedeckten Hütte irgendwo am Amazonas lag und eine seltsame Schwingung hörte, das Pulsieren eines hohlen Klopfgeräuschs, wie Spechte in der Ferne (die sich übrigens teilweise ganz einfach am Rhythmus und Tempo ihres Hämmerns unterscheiden lassen). Erst dachte ich an Käferlarven oder Termiten, die in ihren Bauen im Holz des Gebäudes miteinander kommunizierten, aber ich hörte genauer hin, als ich bemerkte, dass das Pulsieren sich nicht nur in der Lautstärke, sondern auch ganz allgemein im Nachdruck veränderte; etwas legte zunehmend mehr Elan in die Lauterzeugung und auch in die Häufigkeit des Pulsierens und die Geschwindigkeit, mit der die einzelnen Schläge abgegeben wurden. Schließlich gewann meine Neugier die Oberhand, ich schaltete die Taschenlampe ein und entdeckte über meinem Kopf eine männliche Gemeine Vogelspinne, die emsig versuchte, die Aufmerksamkeit eines Weibchens auf sich zu lenken und sie aus ihrer sockenähnlichen Seidenhöhle herauszulocken. Je mehr Interesse sie bekundete, desto schneller klopfte er seine Botschaft mit seinen veränderten Vorderbeinen, den Pedipalpen – eine Mischung aus Vorspiel und der Verzweiflung, sich deutlich als zukünftiger Partner zu präsentieren und nicht als potenzielle Mahlzeit.

***

Das Beste daran, richtig zuhören zu können, ist die Tatsache, dass man den Künstler nicht unbedingt sehen muss, sondern ihn an seiner Musik erkennen und diese genießen und in ihrer Bedeutung und ihrem Stellenwert einordnen kann. Erst wenn Sie diese Informationen mit anderen teilen oder ihnen weitergeben müssen, wird die Fähigkeit zur Identifikation des Gehörten wichtiger. Deshalb muss es gar nicht so schwierig sein, Vogelgesang unterscheiden zu lernen. Nehmen Sie es nicht zu schwer, wenn Sie nicht wissen, wer genau was singt. Schließlich müssen Sie ja auch nicht den Namen des Stücks oder den Namen des Komponisten, des Dirigenten oder auch nur der Instrumente des Orchesters kennen, um die Musik zu genießen. Wenn Sie aber beginnen, richtig zuzuhören, wird sich Ihre natürliche Neugier einschalten. Je tiefer Sie in die Klangwelt eintauchen, desto mehr Einzelheiten werden Sie erkennen; Nuancen und irgendwann auch die Namen verknüpfen sich nach und nach mit dem Klangerlebnis und Sie beginnen, eine tiefe Verbindung zum Klang und den Klangerzeugern aufzubauen.

Öffnen Sie die Geräuschluken!

Wenn Sie sich den Aufbau der Ohren eines beliebigen Tiers ansehen, für das der Gehörsinn der dominante Sinn ist, werden Sie in den meisten Fällen einen ziemlich großen Hautlappen finden, die Ohrmuschel. Das äußere Ohr ist bei diesen Arten besonders beweglich und lässt sich auf die Quelle eines Geräusches ausrichten. Mithilfe winziger paariger Stellmuskeln können viele Säugetiere ihre Ohren aufstellen, anlegen und drehen. Die hochbeweglichen Ohrmuscheln funktionieren wie Hörrohre; weil sie getrennt voneinander zu beiden Seiten des Kopfes liegen, können sie die genaue Position der Schallquelle bestimmen und so, wie nach vorn gerichtete Augen dreidimensional sehen können, können die Ohren auch die Entfernung zur Schallquelle erfassen. Wir können unsere Ohren zwar nicht bewegen wie Stan Laurel (auch wenn einige von uns noch über rudimentäre ererbte Muskeln verfügen, die kleine Bewegungen ermöglichen), aber wir können ihre Leistung ganz einfach steigern. Indem Sie die gewölbten Hände hinter die Ohren legen, können Sie die Geräusche verstärken und hervorheben, die Sie besonders interessieren, sofern Sie sich dabei in die entsprechende Richtung wenden. Besonders effektiv ist diese Technik in einer geräuschvollen Umgebung.

Versuchen Sie zum Beispiel einmal, den Reviergesang einer Wasseramsel herauszufiltern, die auf einem Felsen mitten in einem rauschenden Fluss sitzt – es wird Ihnen schwerfallen, selbst wenn Sie sie direkt ansehen. Bestenfalls dringt ab und zu mal eine Note oder Phrase zu Ihnen durch, bevor der Rest im Getöse des Flusslieds untergeht. Wenn Sie aber die Hände hinter die Ohren legen und sich weiter auf den Vogel konzentrieren, springt Sie der Gesang aus dem Wasserrauschen hinaus geradezu an. Tatsächlich verstärken Sie den Klang nicht wirklich, auch wenn Sie vielleicht einen etwas größeren Teil erfassen, Sie filtern vielmehr die störenden Geräusche heraus, die aus anderen Richtungen kommen. Sie bündeln den Klang, indem Sie ihn mit den Händen aus einem kleineren Bereich auffangen.

Elektrische Ohren
Wie Sie inzwischen vielleicht erkannt haben, liegt die Kunst des Zuhörens fast vollständig in der Fähigkeit, sich auf die Laute selbst konzentrieren zu können, Zeit zu investieren, sie zu finden und die Aufmerksamkeit darauf zu richten. Die zugrundeliegenden physikalischen Prinzipien bleiben unverändert: Sie fangen Schallwellen auf und wandeln sie in elektrische Signale um. Es ist möglich, alles, was Sie bisher gelernt haben, auf die nächste Stufe zu heben, aber dafür müssen wir uns kurz einmal von den natürlichen Detektoren, mit denen wir geboren wurden, abwenden und uns erneut in die Welt der Technologie begeben. Wie zuvor die Sonogramme ermöglicht uns auch dieser Vorgang ein noch besseres Verständnis und da „Einsicht" vom Bild her hier nicht so ganz passt, nennen wir es doch einfach „Einhören".

Die Technologie und Handwerkskunst, auf die ich hier anspiele, ist die Tonaufnahme. Ich möchte hier zwar nicht weiter ins Detail gehen, aber sie ist durchaus eine Erwähnung wert als sehr effektive Methode, ein besseres Verständnis der Welt der Bioakustik zu erlangen. Wenn Sie sich mit der Aufnahme von Naturgeräuschen ernsthafter befassen, ist der nächste Schritt die Erstellung eigener Sonogramme – für einige geht das vielleicht einen Schritt zu weit, aber die Technologie liegt oft näher, als man denkt. Mit Smartphone und Mikrofon ausgestattet, können Sie den Sprung in den Strudel der Phonetik der Natur wagen; das kann ungemein bei der Interpretation alltäglicher Geräusche helfen.

Auf dieselbe Weise, wie eine Kamera aufnimmt, was wir

sehen, und dabei ganz ähnlich funktioniert wie unsere eigenen Augen, ist die Tonaufnahmeausrüstung im Prinzip nicht mehr als ein elektrisches Ohr am Puls der Welt. Ein Parabolreflektor ist ein Trichter, eine größere Version Ihres Außenohrs, das Mikrofon funktioniert wie Ihr Mittelohr, indem es genau wie dieses Schallwellen in elektrische Signale umwandelt.

Zugegeben, es ist eine gewisse Investition nötig, aber Sie machen damit einen weiteren Schritt in die Welt der Naturakustik und der Klangforschung. So können Sie Laute aufnehmen und analysieren und sogar in einer Referenzsammlung ablegen, ähnlich einer Fotosammlung von Tieren. Auf diese Weise können Sie lernen und Ihr Verständnis vertiefen. Es mag etwas bionisch anmuten, aber die Möglichkeit, einen normalerweise flüchtigen, vergänglichen Moment einzufangen, gibt Ihnen die Chance, ihn zu wiederholen und in aller Ruhe zu entschlüsseln. Für mich ist die Fähigkeit, die solche Tonaufnahmen uns verleihen können, so etwas wie Zauberei und eine der wenigen guten Gründe für den Einsatz der technologischen Welt in Ihrem eigenen Renaturierungsabenteuer.

Der Vorteil an einem Parabolreflektor besteht darin, dass er Laute aus einem größeren Bereich einfangen und sie auf das Mikrofon in der Mitte bündeln kann. Hört man dabei live über Kopfhörer mit, macht man im Prinzip dasselbe, als wenn man die Hände hinter die Ohren legt, aber auf eine Weise, die noch mehr Störgeräusche eliminiert. Wegen der großen Schüssel können Sie außerdem viele tiefere Geräusche deutlicher hören, genau wie einige der leiseren Laute, die man sonst leicht überhört.

Wenn wir schon beim „Elektricksen" sind: Es gibt noch viele andere Möglichkeiten, die Natur und ihre Geräusche zu belauschen. Sie können sogar einen akustischen „Blick" auf die völlig geheime Welt der Lebewesen werfen, die außerhalb unseres Hörbereichs operieren – Geräte wie Fledermausdetektoren machen den hochfrequenten Ultraschall von Fledermäusen, Spitzmäusen und sogar verschiedene Teile der akustischen Welt der Insekten hörbar, die normalerweise weit außerhalb unseres Hörbereichs liegen.

In den dämmrigen Abendhimmel zu schauen und Fledermäuse aus einem Höhleneingang strömen zu sehen wie eine Million von Rauchwölkchen, ist spektakulär, aber irgendwie zweidimensional; Sie erleben nicht die ganze Geschichte, da sie in einer akustischen Welt jenseits unserer eigenen unterwegs sind. Schalten Sie einen Fledermausdetektor ein und Ihre Ohren füllen sich mit Impulsen und Knacken, Klatschen und Ticken, einer geheimen Klangwelt. Wenn Sie den Schalter erneut umlegen, fallen Sie zurück in unsere eigene stille Welt, ungläubig staunend angesichts der Tatsache, dass außerhalb unseres speziellen Realitätsbegriffs in diesem Augenblick um uns herum noch eine ganze Klanglandschaft existiert. Das Erlebnis findet zwar in Echtzeit statt, aber Sie bekommen nur eine Übersetzung der Laute, nicht die tatsächlichen Laute, die die Fledermäuse erzeugen und hören.

Auf viele Menschen wirkt es ein wenig einschüchternd, aber wenn man nur etwas Zeit investiert, lässt sich das Anhören und Interpretieren von Naturgeräuschen wie so viele Fertigkeiten gut vereinfachen, wenn man es in einzelne Schritte zerlegt. Finden Sie zunächst heraus, wie Sie das Erlebnis am besten genießen können, das ist der wichtigste Schritt. Danach wird die Begeisterung Sie packen und Ihre natürliche Neugier, Ihr angeborenes, urtümliches „wildes" Ich, übernimmt die Führung. Wenn Sie daran glauben, dass Sie zum Zuhören gemacht sind, und sich in die wilde Welt der Bioakustik einarbeiten, lässt der Erfolg nicht lange auf sich warten. Denken Sie daran, Ihre Vorfahren haben (nach biologischen Maßstäben vor nicht allzu langer Zeit) ihren Lebensunterhalt damit verdient, die Schwingungsbotschaften in der Luft zu kennen und zu deuten. Sie können so tief in die Physik und die Wissenschaft, die technischen Spielereien und Kinkerlitzchen der Klangwelt eintauchen, wie Sie möchten, zu den technischen Beschreibungen in diesen Kapiteln stehe ich jedoch. Die eine Erkenntnis daraus lautet, dass Sie nichts müssen – die Technik ist nur eine Unterstützung, die manchen beim Finden der Verbindung zur Natur helfen kann.

Lernen Sie einfach zuzuhören und Sie werden eine Welt bisher verborgener Bedeutungen entdecken, die voller Schönheit steckt und die eine tiefe Verbindung zwischen Ihnen und der Natur ermöglicht.

10
Der Duftcode

Tief im Wald des Tabin-Wildreservats in Borneo hält Simon an, schnüffelt und rümpft dabei komisch die Nase. Er sieht sehr jung aus für jemanden, der fast so alt ist wie ich, keine Spur von Grau an den Schläfen, die glatte, feste Haut eines Zehnjährigen, doch für einen Mann mit einem so jugendlichen Erscheinungsbild und einer ebensolchen Begeisterung nimmt er das, was er tut, sehr ernst. Simon Ambi ist Spurensucher, ein Naturforscher, der sich mit derselben mühelosen Vertrautheit im Wald in diesem Teil von Borneo bewegt wie Sie oder ich im Supermarkt an der Ecke. Wo ich große Bäume mit Stammanläufen sehe, ein grünes Chaos, Dickichte aus Geweihfarnen und Palmen, zusammengebunden mit Lianen und Ranken, sieht er Essen, Trinken und Lebensunterhalt in vielen Formen; er liest außerdem die Spuren, Pfade und Zeichen der Regenwaldfauna im Verborgenen, aber was viel wichtiger ist, in diesem Moment sucht er nach Baumaterialien für eine Säugetierfalle.

Er macht sich an die Arbeit. Nach einigen Augenblicken stiller Konzentration, in denen er zwirbelt, schneidet und lose Enden zwischen den Zähnen festhält, präsentiert Simon nach wenigen Minuten eine schlau konstruierte Korbfalle wie ein

Entertainer ein Ballontier auf einer Kinderparty. Sie sieht ein bisschen aus wie ein Hummerkorb und ist für den Lebendfang konstruiert, indem sie das Tier durch einen Trichter über der Öffnung in den Korb dahinter leitet. Als Köder legt er eine überreife Banane hinein und bindet die Falle mit einem weiteren Streifen Palmfaser, das er schnell zu einem Seil zwirbelt, auf Schulterhöhe an einem waagerechten Ast. Hummer in den Bäumen?

„Aber warum dieser hier?", frage ich. Wir waren an vielen solcher Äste an sehr ähnlich aussehenden Bäumen vorbeigekommen, die viel näher an der schlammigen Straße standen, die wir inzwischen weit hinter uns gelassen hatten. Simon sah mich ungläubig durch seine Kassenbrille an, auf der Schweiß- und Regentropfen glitzerten, die aus der Waldvegetation hochgespritzt waren, als wir uns hindurchhackten. Sie lenkte mich etwas von den ernsten tiefdunklen Augen dahinter ab, die mich ansahen, als stammte ich von einem anderen Planeten. „Riech sie." Das war keine Frage, dachte ich, sondern eher eine Feststellung des Offensichtlichen. Er suchte in meinem Gesicht für ein Anzeichen des Verstehens, vielleicht ein Nicken und ein Lächeln und eine Bemerkung wie: „Natürlich, wie dumm von mir". Aber nichts. „Riecht, riecht schlecht." Nein, ich verstand es immer noch nicht.

Dann begann er mit einer Art Schnüffelpantomime, indem er gleichzeitig umherlief und Luft in sein Gesicht fächelte. „Riechen, riechen." Nun schnüffelte er wie ein Bluthund an einem niedrigen Ast entlang. „Hier, hier, riech mal." Ich tat es ihm nach und da war er, ein muffiger, leicht unangenehmer Geruch, ein bisschen wie abgestandener Urin, eine schmutzige Toilette oder eine Babywindel.

Hier, erklärte er mir, waren Plumploris vorbeigekommen. Dieser Geruch war für ihn so offensichtlich gewesen, als wir durch die komplexe, verschlungene Matrix üppiger Waldvegetation liefen, dass er deswegen angehalten und die Falle hier aufgehängt hatte.

Plumploris leben wie viele andere Säugetiere auch in einer Welt voller Gerüche, einer flüchtigen Welt der Aktualisierungen des gesellschaftlichen Ansehens: Wer ist mit wem zusammen, wer ist neu in der Stadt, wer ist Single, dominant, Männchen, Weibchen und in dem Fall brünftig oder nicht der Mühe wert? Diese geruchsbasierten sozialen Medien sind in der dichten, grünen tropischen Vegetation oder im Dunkel der Nacht eine praktische Art, die Botschaft zu überbringen, ohne die Aufmerksamkeit allzu vieler Räuber auf sich zu ziehen. Sie hat auch ein Verfallsdatum, eine Halbwertszeit, und damit hat eine Duftmarke einen eingebauten Zeitstempel; wenn man ein Plumplori ist, kann man genau sagen, vor wie langer Zeit sie hinterlassen wurde. So ähnlich wohl, wie ich an der Stärke ihres Parfüms in der Luft erkennen kann, vor wie langer Zeit meine Frau den Flur verlassen hat. Natürlich kann ein Plumplori wahrscheinlich deutlich mehr aus dem Mief seines Weibchens herauslesen als ich aus der Parfümwolke meiner Frau. Eine praktische Art der Kommunikation, die im Tierreich nicht ungewöhnlich ist.

Was mich daran faszinierte, war der Umstand, dass Simon es überhaupt wahrnahm. Nach etwa einer Woche mit ihm auf den Waldpfaden entwickelte sich durch seine meisterhafte Anleitung auch bei mir ein Bewusstsein für Gerüche. Jedes Mal, wenn wir durch eine Duftwolke kamen, benannte er die Art: Makake, Schwein, Nebelparder, Rattenigel, blühende Ranke, Rafflesie oder Früchte tragender Baum, umgeben von einem Hof von Fallobst in verschiedenen Stadien der Zersetzung. Über seine Nase leitete er ab, was uns umgab. Verborgen unter der Decke dichter Vegetation sonderten andere Lebensformen Chemikalien in die Luft ab. Einige absichtlich, andere als Nebenprodukt eines biologischen Vorgangs. Selbst der Geruch etwa eines verwesenden Kadavers dient einem Zweck, auch wenn er uns abstößt. Der strenge Verwesungsgeruch lockt das Aufräumkommando der Natur an – Aasfresser halten die Nase offen nach dieser Duftspur und wie in der alten Mirácoli-Werbung strömen Säugetiere, Vögel und Wirbellose herbei, um vom Kadaver zu fressen oder sich darin fortzupflanzen.

Ob wir uns ihrer bewusst sind oder nicht, bewegen wir uns unablässig in dieser Welt der Düfte. Aber wie viele von uns erhalten sich das Wissen um den Mief, so wie Simon? Dank seinem lebenslangen Schnüffeln und Nachforschen und erneutes Schnüffeln konnte er mir einen Schatz an sensorischen Abkürzungen vermachen. Zwar war es völlig unmöglich, die nuancierte Leistung seiner feinen Nase zu erreichen, aber ich lernte meinen Geruchssinn besser zu nutzen, als ich es mir vorher hätte vorstellen oder auch nur für möglich halten können. Wie sich herausstellte, ähnelt die Schulung der olfaktorischen Achtsamkeit überraschend stark der Schulung jeder anderen Achtsamkeit. Man muss einmal anfangen, sich bemühen, Dinge zu riechen, bewusst Düfte suchen, dann beginnt man langsam, die Teile zusammenzubringen, und wenn die Quelle einer Duftspur in einer Umgebung gefunden ist, sorgt die Verknüpfung des Duftobjekts mit einer Zeit und einem Ort und natürlich mit Input der anderen Sinne dafür, dass man sie sich merkt. Wenn man etwas aus dem Vorgang gewinnt, merkt man sie sich sogar noch schneller. Es ist in Simons Interesse als Guide, einen Plumplori für uns zu fangen, also ist das seine Priorität. Einem Besucher die Tierwelt erlebbar zu machen, ist die Art, wie Guides Geld verdienen, wie sie ihre Rechnungen bezahlen und Essen auf den Tisch bringen. So wird es zur Priorität und ist nicht mehr nur ein Hobby; es ist wieder ein Werkzeug im eigenen sensorischen Werkzeugkasten. Wie es früher einmal war. Eine wichtige Art, Nahrung zu finden und Ärger zu vermeiden. Wie viele andere nichtvisuelle Sinne nutzen wir ihn heutzutage weniger. Zumindest denken wir das. Zweifellos ist unser Geruchssinn für uns sehr nützlich: Wir setzen ihn ein, wenn wir essen, um Nahrung zu überprüfen, eine Entscheidung darüber zu treffen, ob wir etwas in den Mund stecken, oder festzustellen, wie sauber etwas ist. Duft kann Erinnerungen auslösen und spielt auch eine Rolle in unserem Sexleben, wie wir Partner auswählen und als Teil unseres Balzverhaltens; es spielt auch eine Rolle für unser Immunsystem und unser gesellschaftliches Leben – aber trotz all dieser Umstände scheinen wir uns des vollen Potenzials unseres Geruchssinns nicht bewusst zu sein und die meisten von uns sind immer noch der Überzeugung, dass wir nicht besonders gut riechen können.

Wie riechen wir?

Wie die meisten von uns, einschließlich dem großen Charles Darwin, glauben Sie wahrscheinlich auch, dass Ihr Geruchssinn nicht besonders viel leistet. Wahrscheinlich ist er der am wenigsten geschätzte unserer fünf Sinne. Gelegentlich beugen Sie sich seinetwegen vielleicht zu einer Blüte hinunter oder prüfen, ob die Milch im Kühlschrank sauer ist. Es ist ein weit verbreiteter Irrglaube, dass wir als Art in der Hinsicht keine guten Voraussetzungen mitbringen und dass unsere wenigen Ausflüge in die dunstige Welt der Düfte und Gerüche in ihrem Umfang recht eingeschränkt bleiben. Der allgemeinen Überzeugung zufolge haben wir, als wir den Stammbaum von einer kleinen Spitzmaus zu unserem heutigen Platz hochhuschten, die meisten der Karten fallen lassen, die wir auf die Hand bekommen hatten.

Unsere frühen Vorfahren verfügten über einen ziemlich guten Geruchssinn, wie sich herausstellt – die überwiegend nachtaktiven primitiven Primaten waren in einer Welt voller Gerüche unterwegs, einer schwarz-weißen, dreidimensionalen Landschaft, in der Düfte für die Farben sorgten. Die Gerüche verrieten ihnen alles, was sie übereinander und über ihre Nahrung wissen mussten; sie lebten ganz ähnlich wie unsere Plumploris heute. Je weiter sich unsere Augen jedoch fortentwickelten und je mehr unsere Primatenvorfahren aus dem Schatten ins Tageslicht traten, so glaubt man, desto mehr wurde der Geruchssinn durch den allmählichen Aufstieg unserer Augen und des Farbsehens als primärer Wahrnehmungsmethode ersetzt.

Er war einfach nicht mehr nützlich für uns. Die Entwicklung der Zweibeinigkeit bedeutete, dass wir oder vielmehr unsere Nasen den Boden unter uns verließen. Die Nasenlöcher bewegten sich nun nicht mehr über die Oberflächen, über die unsere frühen Vorfahren einst huschten, weg vom Boden, diesem Meer aus Duftspuren und hängenden Duftwolken. Sie bewegten sich nach vorn und oben und ließen einen Geruchssinn übrig, den wir oft als primitiv und erloschen betrachten. Dieser Wechsel der Fortbewegungsart und die Entwicklung einer anderen Nutzung der verfügbaren Lebensräume ist wohl einer der Gründe dafür, dass unsere Sinne die Plätze tauschten; ein weiterer könnte die physische Zweckmäßigkeit des begrenzten Platzangebots für die entsprechenden Sinnesorgane an und in unserem Kopf sein. Wir haben nicht genug Platz unter unserem Schädeldach, um all die neurologischen Verknüpfungen und die Verarbeitungskapazitäten unterzubringen; anscheinend musste ein Sinn einem anderen Platz machen, und genau das ist unserer Überzeugung nach auch passiert.

Es gibt jedoch viele Menschen mit einer feinen Nase, die da vielleicht anderer Meinung sind und für die ihre Nase oft ein sehr wichtiger Teil ihres Lebens ist: All die Weintester und Sommeliers, Korkanalytiker (ja, die gibt es), Parfümhersteller, Lebensmittelwissenschaftler und Aromatherapeuten sind so etwas wie sensorische Analytiker, die sich schwer auf ihren Geruchssinn verlassen. Sind das einfach hochempfindliche Menschen oder ist ihr präzises Sinnesgeschick etwas, das man lernen und durch regelmäßiges Training verbessern kann?

Wenn wir das Riechpotenzial eines Säugetiers beurteilen wollen, zählen wir dazu meist die funktionellen Gene für die Geruchsrezeptoren oder ORs. Die Ergebnisse jüngerer wissenschaftlicher Studien der Universität von Tokyo scheinen das zu bestätigen, was wir bereits zu wissen meinen: Der beste Riecher hat auch die vielseitigste Nase. Der Afrikanische Elefant besitzt unglaubliche 1.948 ORs, Mäuse und Ratten jeweils um die 1100. Primaten schnitten nicht so gut ab und weisen insgesamt deutlich weniger ORs auf; wir haben etwa 396 Geruchsrezeptorgene, andere Primaten sogar noch weniger. Im Vergleich zu einigen unserer engsten Verwandten sind wir nasenmäßig also offenbar sogar recht gut ausgestattet.

Zwischen 2000 und 2003 wurden eine Reihe von Verhaltensstudien veröffentlicht, die das große Ganze betrachteten und nicht nur die genetischen Belege. Sie gingen über die mikroskopische Untersuchung unserer Gene hinaus und betrachteten sorgfältig alle Faktoren, die unseren Geruchssinn beeinflussen. Sie untersuchten die Strukturen zur Sammlung und Wahrnehmung von Gerüchen wie die Form der Nasenhöhle, Geschmack, Verarbeitungskapazität des Gehirns und Sprache – die uns in der Kombination einen besseren Geruchssinn und eine bessere Duftwahrnehmung bescheren könnten als bisher angenommen.

Man entdeckte etwa, wenn man einen Teil des Gehirns einer Ratte entfernt, einschließlich 80 Prozent des Teils, der direkt über der Nasenhöhle sitzt, den sogenannten Riechkolben, scheint das unglaublicherweise keine Auswirkung auf die Fähigkeit des Tieres zu haben, Gerüche wahrzunehmen. Wenn also die verbleibenden 20 Prozent des Riechkolbens die 1100 OR-Gene immer noch ohne merkbaren Leistungsrückgang aktivieren können, gibt es eigentlich keinen Grund, warum ein Mensch selbst mit einer deutlich geringeren OR-Anzahl nicht ebenso gut riechen können sollte wie eine Ratte!

Die Studien haben genau das nachgewiesen. Tatsächlich sind wir sehr gut darin, Gerüche zu erkennen, und in verschiedenen Tests, die zeigen sollten, wie gut wir bestimmte Gerüche erkennen, wurde bewiesen, dass unsere Nase in einigen Fällen empfindlicher sind als die von Hunden und von Ratten.

Dieser experimentelle Nachweis deutet schon recht stark darauf hin, dass wir vermutlich eher zu den Makrosmaten gehören, also zu den guten Riechern wie Hunden, Katzen und Pferden, und nicht zu den Mikrosmaten, zu denen wir bisher gezählt wurden. Für mich verdeutlicht das nur etwas, dessen ich mir seit einiger Zeit bewusst bin, nämlich dass wir unsere Nasen in unseren alltäglichen Streifzügen in die Umwelt viel mehr nutzen und auf sie vertrauen sollten, und nicht nur vor unseren Tellern. Die Nase und ihre zugehörige interne Software sind gar nicht so übel, wie Sie wahrscheinlich dachten, und mit etwas Überlegung könnte Ihr Riechorgan doch weit mehr als nur Lunte riechen.

11
Die Landschaft riechen

Als Naturforscher bin ich auf den Gebrauch meiner olfaktorischen Fähigkeiten ziemlich stolz – ich kann Dinge riechen, oder wenigstens ihren Geruch wahrnehmen, die viele, die mit mir zusammen unterwegs sind, regelmäßig „überriechen". Einmal entdeckte ich auf einem Spaziergang die Pheromone eines Ringelspinnerweibchens; der Duft war mir unbekannt und ich suchte dann mit den Augen nach der Quelle – die Zeit und Mühe würden wohl nicht viele investieren.

Eine einfache Achtsamkeitsübung bringt selbst den urbansten Menschen sehr schnell auf ein recht hohes Niveau (wie Sie weiter hinten im Kapitel noch sehen werden). Manche Menschen scheinen über besondere Fähigkeiten zu verfügen, aber ich glaube, wir könnten alle unseren Geruchssinn viel besser einsetzen, wenn man uns erst mal mit der Nase draufstößt.

Eine Lektion über diesen unterschätzten Supersinn erhielt ich einmal unter höchst surrealen Umständen.

***

„Wir fangen jetzt an, wenn Sie soweit sind." Eine freundliche, feminine Stimme mit leichten Anklängen an den amerikanischen Südosten rieselte durch meine Kopfhörer, der Versuch würde gleich beginnen. Ich nahm an einem gefilmten Experiment teil, ein menschliches Versuchskaninchen in einer wissenschaftlichen Demonstration, die unsere sensorischen Fähigkeiten untersuchen sollte. Was genau wir da taten, sagte man mir, würden wir mit der Zeit schon herausbekommen. Einstweilen sollte ich meinem Produktionsteam bedingungslos vertrauen. Ich durfte nicht wissen, warum ich dort war oder auch nur, um was für ein experimentelles Verfahren es sich handelte; schon dieses Wissen würde meine Reaktionen beeinflussen.

Minuten zuvor hatte ich das schlicht-moderne Backsteingebäude mit den Worten „Monell Chemical Senses Center" in goldenen Lettern über den Türen betreten. Dieser Name barg einen Hinweis auf mein unmittelbares Schicksal, ebenso die große vergoldete Nachbildung eines menschlichen Kopfes, der aus der Wand schaute und mich ansah – oder vielleicht auch anschnüffelte oder belauschte –, als ich hereinkam, aber was die genaueren Einzelheiten betraf, tappte ich im Dunkeln.

Obwohl, genau genommen tat ich das gar nicht, sondern saß in einem zwei mal zwei Meter großen schalldichten Schrank. Vor mir stand ein Computerbildschirm mit Tastatur und Maus. Es gab kein Fenster, nur eine Tür, die nun fest hinter mir geschlossen wurde. Das schmatzende Geräusch beim Schließen bestätigte mir noch einmal, dass mich niemand hören würde, falls mir nach Schreien zumute wäre. Alles, was mich mit der Welt außerhalb des Raumes verband, war die Nabelschnur der bequemen Kopfhörer, die mir auf den Ohren saßen und durch die ich gleich meine Anweisungen bekommen sollte. Eine ferngesteuerte Kamera in der Ecke des Raums würde meine Reaktionen filmen.

Das Surren der Klimaanlage in der Decke verstummte und der Test begann, eine nicht allzu anspruchsvolle Reihe einfacher Fragen vorgetragen von der sanften Stimme in meinen Ohren zu verschiedenen Szenen und visuellen Tests auf dem Computerbildschirm. Nach etwa zwanzig Minuten war die Sitzung beendet und ich durfte aus der schalldichten Kabine hinaus, um mir einen Kaffee zu holen. Offenbar hatte ich schon ein Viertel des Tests hinter mir. Die zweite Sitzung war ganz anders – die Stimme der Versuchsleiterin war ruppig, ungeduldig, unhöflich und teilweise ziemlich abfällig und beleidigend. Wenn ich eine der Fragen falsch beantwortete, wurde ich beschimpft. Ich kam mir dumm vor und fühlte mich furchtbar. Die Klimaanlage ging wieder an und ich ging zum Mittagessen, bevor ich für zwei weitere Sitzungen in die Kabine zurückkehrte. Mir graute vor weiteren Demütigungen und Beschimpfungen über die Kopfhörer, aber in diesen letzten beiden Sitzungen war die Stimme wieder ruhig.

Als das Experiment zu Ende war, wurde ich endlich den Versuchsleitern vorgestellt. Sie entschuldigten sich erst einmal dafür, dass sie so furchtbar zu mir gewesen waren, und erklärten mir dann, dass die Quälerei und das psychologische Trauma Teil des Versuchsaufbaus waren und dass sie meine Fähigkeit prüften, hochflüchtige Duftstoffe in der Luft wahrzunehmen, was in diesen Konzentrationen nur unterbewusst möglich ist. Was hatten sie also mit mir gemacht? Die erste Sitzung war eine Art Kontrollsitzung gewesen, um meine Leistungen unter normalen Bedingungen festzustellen. Die Fragen waren einfach und die Versuchsleiterin war freundlich und mitfühlend. Der zweite Test war das Gegenteil und sollte es mir absichtlich schwerer machen. Die Fragen waren sehr anspruchsvoll und die verächtliche Stimme sollte für eine negative Erfahrung sorgen. Zusätzlich hatten sie in meiner Kaffeepause eine sehr geringe Menge eines Duftstoffes in den Raum gepumpt – man sagte mir, es handelte sich um einen Extrakt einer seltenen Kiefernart, die nur in großen Höhen wächst, ein sehr spezieller Geruch, mit dem ich im Alltag wahrscheinlich nicht in Berührung kommen würde. Nach dem Mittagessen gab es noch zwei Sitzungen – diese Tests waren genauso anspruchsvoll angelegt, nur dass der Kiefernduft wieder in den Raum geleitet worden war, während ich den ersten Test machte. Und wer hätte es gedacht: Obwohl ich in beiden Tests vergleichbar hätte abschneiden müssen, war ich in dem mit dem Kiefernduft nervös, mein Puls war erhöht, meine Konzentrationsfähigkeit und kognitive Funktionstüchtigkeit waren eingeschränkt. Der Kiefernduft hatte sich irgendwie so mit den negativen Emotionen verflochten, die ich bei der ersten Begegnung mit ihm erlebt hatte, dass ich eine olfaktorische Erinnerung daran ausgebildet hatte.

Man glaubt, dass diese Empfindlichkeit und die Fähigkeit, in unserem Unterbewusstsein solche Verbindungen herzustellen, Auswirkungen auf alle möglichen Störungen beim Menschen haben könnten, unter anderem auf die posttraumatische Belastungsstörung (PTBS). Der Umstand, dass man sich des Auslösers für die Veränderung des Gefühlszustandes eventuell nicht einmal bewusst wird, könnte auch die Situationen im Leben erklären, in denen wir ohne offenkundigen Grund nervös werden oder uns eine unerklärliche Vorahnung befällt. Wenige Moleküle einer flüchtigen Chemikalie könnten dafür schon reichen.

Auf der Dose steht „Kiefernfrische". Neugierig drücke ich kurz auf den Sprühknopf. Für mich riecht es nicht besonders nach Kiefernwald, aber irgendetwas ist drin. Betrüblicherweise ist ein Lufterfrischer für die Toilette für viele von uns am nächsten an dem dran, was wir von dem Duft der Natur wahrnehmen. Geht man in einem echten Kiefernwald spazieren, erlebt man einen wahrhaft frischen Duft, aber woraus genau besteht er? Warum riechen Kiefern so? Welcher Teil der Kiefer duftet, wo an der Pflanze tritt der Duft aus? Wenn Sie sich durch eine beliebige Umgebung bewegen, verdrängen oder atmen Sie nicht nur Luft; die in der Schule gelernte und schnell wieder vergessene Zusammensetzung von 78,09 Prozent Stickstoff, 20,95 Prozent Sauerstoff, 0,93 Prozent Argon und 0,04 Prozent Kohlendioxid mit noch etwas Wasserdampf darin ist glücklicherweise eine grobe Vereinfachung der Wirklichkeit. Die Stoffe, die Erinnerungen formen, den emotionalen Teil Ihres Gehirns stimulieren, tiefe, sinnträchtige Gedanken hervorrufen und Ihnen bei jedem Einatmen eine Million Hinweise auf Ihre Umgebung geben, sind in der sterilen Definition der Atemluft ebenfalls enthalten. Mehr noch, diese Partikel anderer Chemikalien schweben in verschiedenen Konzentrationen herum. Einige werden durch biologische Vorgänge in unserer Umgebung stetig abgesondert, etwa von der Laubstreu oder aus dem Boden. Andere sind dezenter, wallen in Duftwolken auf, Gebräue mit einem bestimmten Zweck: der Duft von Sex, Abwehrstrategien von Pflanzen und Tieren gegen Fressfeinde, etwas unsichtbar in den Büschen Verwesendes, eine trügerische Lockfalle, Werbung von Blüte an Insekt. Die Luft, die wir atmen, ist ein Kommunikationskanal für so viele lebendige Vorgänge, dass es von jemandem auf der Mission zur eigenen Renaturierung nachlässig wäre, sie zu ignorieren. Wir leben in einer Wolke von Gerüchen, einer unsichtbaren Suppe flüchtiger chemischer Einflüsse.

Wir haben bereits gesehen, dass wir viel mehr riechen können, als wir glauben mögen, und man hat bewiesen, dass sich durch das bewusste und achtsame Einatmen bestimmter Gerüche die eigenen Fähigkeiten verbessern und trainieren lassen. Auf dieselbe Weise, wie wir gezeigt haben, dass wir durch besondere Achtsamkeit beim Sehen und Hören unseren Sinneshorizont tatsächlich erweitern können, ist das auch beim Riechen möglich.

Natürliche Düfte, Ausdünstungen, Gestank, Geruchsstoffe, Gerüche, wie immer man sie auch nennt, werden von allem erzeugt. Wie bei anderen Formen nichtvisueller sensorischer Stimulation, die unseren Primärsinn, das Sehen, nicht ansprechen, erkläre ich sie am liebsten anhand meines inneren Auges. Das hat eine gewisse Logik, wenn man darüber nachdenkt, was Geruch eigentlich ist. Auch wenn die flüchtigen chemischen Moleküle, die wir als Duftstoffe wahrnehmen, unsichtbar sind, handelt es sich trotzdem um physikalische Einheiten, um Partikel, wenn auch sehr kleine molekulare. Sie finden den Weg in Ihre Nase und kitzeln die empfindlichen Härchen in Ihrem Riechkolben. Ich finde es hilfreich, mir vorzustellen, wie sie aussehen und wie sie dorthin gelangen.

Stellen Sie sich vor, Sie gehen an einem Feld entlang, früh an einem Dezembermorgen, es ist kühl und feucht, es weht kein Wind. Ein idealer Tag, um einen Geruch wahrzunehmen. Dann riechen Sie etwas. Ein plötzlicher Hauch von etwas kräftig Moschusartigem, Sie sind in eine Wolke davon eingedrungen und im Bruchteil einer Sekunde hindurchgegangen. Sie halten inne und gehen ein paar Schritte zurück, und da ist sie wieder; diese Duftwolke ist ein definitives, physikalisches Etwas, sie hat Ränder.

Wenn Sie ein paar Ihrer anderen Fertigkeiten kombinieren, finden Sie vielleicht weitere Hinweise auf die Art des Geruchs: eine Phantomspur im taufeuchten Gras, einen deutlichen Pfotenabdruck im Schlamm, vielleicht ein paar abgerissene Pflanzenteile oder ein Haar am Drahtzaun, unter dem sich ein Tier hindurchgezwängt hat. Gehen Sie auf alle Viere und der Geruch wird stärker. Es ist das penetrante Aroma eines Fuchses. Viele von uns haben es schon einmal gerochen, ob sie es wissen oder nicht. Das Problem ist, ich kann es Ihnen nicht mit Worten beschreiben. Füchse riechen nach Füchsen – Sie müssen einmal einen Fuchs aus nächster Nähe erlebt oder jemand muss Ihnen das entsprechende Wissen weitergegeben haben, um sicher zu sein.

Ich weiß, wie ein Fuchs riecht, weil ich das Glück hatte, einmal einen zu riechen. Das erste Mal, dass ich eindeutig einen Fuchs gerochen habe, war einer der grundlegenden Bezugspunkte meiner Kindheit auf dem Land. Ich erinnere mich noch genau daran. Ich half gerade meinem Vater im Garten. Es geschah, während ich auf Händen und Knien büschelweise Greiskraut und Hirtentäschel mit den Wurzeln aus der Erde zog, um das Kartoffelbeet grob zu säubern, während mein Vater systematisch mit der Grabegabel hinter mir herging.

Das war nichts Besonderes für mich, sondern eine ganz gewöhnliche, wiederkehrende Situation. Wahrscheinlich beschwerte ich mich auch gerade, weil das zu den lästigen Pflichten gehörte, und wahrscheinlich hatte man mich mit dem Versprechen auf ein bisschen zusätzliches Taschengeld bestochen, das ich später im Dorf für eine Papiertüte Süßigkeiten verschleudern konnte.

Während wir das Gemüsebeet säuberten und umgruben, wies mich mein Vater immer wieder auf alle möglichen interessanten Dinge hin, eine schlaue Taktik, um mein Interesse wachzuhalten. Meistens waren das Regenwürmer, die er aus der frisch umgegrabenen Scholle pflückte und in seine Köderbox zum Angeln legte. Aber manchmal waren es auch andere Wesen, die nicht dazu bestimmt waren, einer Forelle vor die Nase gehalten zu werden. Es gab reichlich Arten, meine kindertypisch kurze

Aufmerksamkeitsspanne an den dunklen, fruchtbaren Boden zu fesseln. Myriaden von Tierchen huschten vor dem Licht davon – unterirdische Hundertfüßer mochte ich immer am liebsten: Wie orangenmarmeladefarbene Schnüre ließen sie ihre Beine nach rückwärts wogen, um in die Lehmerde zurückzukehren, aus der sie geweckt worden waren. Es gab pralle, blasse Engerlinge und die mürrischen, trockenen Kröten unter den alten Gerüstbrettern, die mein Vater als Trittbretter benutzte. Aber in diesem Tag lag etwas Herbes in der Luft, etwas Interessantes, aber nicht in meiner üblichen visuellen Dimension. Etwas ließ mich die Nase rümpfen. „Was ist das für ein furchtbarer Geruch?", fragte ich.

„Ein Fuchs", antwortete mein Vater. Woher wusste er, dass es ein Fuchs war? Ich nehme an, auch an ihn wurde diese Information von einem älteren Familienmitglied weitergegeben, wie das Wissen eben durch die Generationen nach unten sickert. Das war ein „jungeneigenes" Wissen. Etwas, das niemand einem in der Schule vermitteln konnte.

Mein Vater erklärte weiter, dass wahrscheinlich in der letzten Nacht ein Fuchs im Garten herumgelungert hatte, angelockt vom Geruch unserer freilaufenden Enten und Hühner. Ich spürte eine prickelnde Aufregung. Füchse waren für mich immer aufregend (und sind es noch).

Auf der anderen Seite des Feldes lag eine alte Sandgrube, die heute einfach nur „die Müllkippe" heißt. Generationen von Dorfbewohnern und der Pfarrer hatten hier ihren Müll abgeladen. Gelegentlich erwischte ich hier einen Fuchs beim Sonnenbaden auf dem Dach eines alten, durchgerosteten Wolseley, der langsam zwischen Brombeeren und Holunder verrottete, eine Maschine, die langsam in ihre Grundbestandteile zerfiel. Der Fuchs war auf dem Dach des alten Autos perfekt getarnt und nur ein unfehlbares Gefühl, beobachtet zu werden, ließ mich überhaupt aufsehen. Dann sah ich Meister Reineke in die Augen; ich blickte durch ein bernsteinfarbenes Fenster direkt in den ungezähmten Geist des Landes. Die ländliche Idylle um mich herum mochte zahm und der Hand des Menschen unterworfen erscheinen, aber als ich zum ersten Mal in die wild empörten Augen eines Fuchses sah, spürte ich es: Die Wildnis war sehr präsent in einem Tier, das zu überleben wusste, einem Wesen voller Weisheit, List und Erfindungsreichtum, das mitten unter uns lebte. Der Gedanke, dass dieser rostbraune Strich Wildnis nur wenige Meter von meinem Zimmer entfernt herumgeschlichen war, während ich schlief, war aufregend für mich; es war, als hätte ich die ganze Zeit recht gehabt: Magie gab es nicht nur im Märchen, sie war die ganze Zeit da, ungesehen – aber nicht ungerochen.

Von diesem Augenblick an blieb mir der Geruch nach Fuchs im Gedächtnis. Es hat meine funktionierenden Sinne übersättigt und wenn ich dieses Aroma auf einem Spaziergang wahrnehme, sehe ich mich sofort nach weiteren Hinweisen um, die das untermauern, was die Nase sagt, und finde sie normalerweise auch. Ich kann mir vorstellen, wie dieser Schatten an Feldrändern herumschleicht und den Weg genau da kreuzt, wo ich jetzt stehe, verborgen durch die hohen Gräser und Kräuter trottend, sein Geruch auf Nebel und Tau wabernd, wie von einem unsichtbaren Faden in Dickichte gezogen, die ihn vor unseren Primärsinnen verbergen – doch mit einem Schnüffeln und einer Erinnerung ist er schon aufgeflogen.

Wenn ich mich auf Fuchshöhe hinabbegebe und dem Duft näherkomme, wird er stärker und, um meine Sinnesmetaphern hier mal etwas zu vermischen, er wird in meiner Nase lauter. Das passiert, weil ich der Quelle näherkomme. Was also ist die Quelle? Selten der Fuchs selbst, da er längst verschwunden ist, obwohl man zu dieser Jahreszeit manchmal einen süßeren

Geruch aufschnappen kann, wenn er eben erst vorbeigekommen ist. Er wird von einer Drüse an der Oberseite des Schwanzes produziert; ihr flüchtiges Sekret wird direkt in die Luft abgegeben. Die Quelle des Eau de Reineke, die Hundebesitzern bekannt sein dürfte, ist bekannt als Violdrüse, weil ihr Duft in geradezu poetischer Manier an Veilchen erinnert.

Die Duftsignatur eines Fuchses – oder zumindest der vorherrschende Geruch, den ich wahrnehmen kann – besteht aus einer Mischung verschiedener Dinge, aber vor allem ist es ein Wölkchen Urin, ein Spritzer hier und ein Tropfen da. Genauso, wie unser Plumplori seine Welt und seine Wege mit Urin beschmiert, tut es auch der Fuchs. Für uns eine seltsame, wenn nicht gar unhygienische Angewohnheit, aber von wesentlicher Bedeutung für das Sozial- und Geschlechtsleben vieler Säugetiere und den Besitzern leineruckender Hunde bestens bekannt. Die Botschaften in diesem dampfigen Kommunikationskanal bleiben verborgen, aber wenigstens ein Teil der Konversation lässt sich erhaschen, wenn wir auf den Geruch achten. Die Wolke von Fuchsduft verrät mir, dass er hier entlanggekommen ist – und normalerweise ist es ein Männchen, denn Weibchen haben zwar auch einen Geruch, aber nichts riecht so streng wie der Urin eines Fuchsmännchens.

Es ist hilfreich, sich das Ganze wie beim Parfüm vorzustellen. Ein Tupfer irgendwo auf der Vegetation, auf einem Grasbüschel, manchmal als Zugabe zu Kot, aber es ist eine begrenzte Menge und von dem Moment an, in dem der Urin abgesetzt wird, lösen sich daraus flüchtige Geruchsmoleküle und werden vom Wind fortgetragen. Die Bedingungen, unter denen diese Duftmarken existieren, bestimmen entscheidend, wie lange sie halten und wie stark sie sind.

Die unbewegte Luft auf einem Morgenspaziergang bedeutet, dass der Geruch eines Fuchses stark ist, wahrscheinlich nur einige Stunden alt, also frisch; viele flüchtige Moleküle entweichen aus der ursprünglichen Ablagerung, aber der Umstand, dass die Luft noch kühl ist, bedeutet nicht nur, dass sie nicht schnell begonnen hat auszutrocknen und sich zu verflüchtigen, sondern auch, dass die anderen Luftpartikel, mit denen sich die Duftmoleküle vermischen, nicht allzu sehr in Bewegung sind.

Die Duftwolke ist immer noch eine Wolke, weil die Luft alle Partikel gesammelt hat, die sich vom Urintropfen losgelöst haben; jedes einzelne ist auf seiner Reise oder mit seiner zufälligen Verteilung noch nicht sehr weit gekommen.

Wenn die Sonne aufgeht, erwärmt sich die Luft und die Gasmoleküle sind energiegeladener. Sie beginnen, sich immer stärker zu bewegen; sie sausen herum, verteilen sich, stoßen zusammen und beschleunigen damit das Durchmischen der Duftpartikel und ihre Verteilung, wodurch wir sie besser wahrnehmen können. Hochgesättigte, feuchte Luft hält Gerüche auch recht gut – der Mief des Plumploris, Tapir oder Makaken hängt in der Luft, der Duft nach Verwesung und Blumen scheint in den Tropen immer konzentrierter zu sein und das ist wahrscheinlich der Grund dafür: Je feuchter es ist, desto langsamer verdunsten die flüchtigen Bestandteile und verteilen sich.

Diese Lektion, die wir dem Fuchs verdanken, gilt für alle Gerüche, die wir erkennen. Der Vorgang besteht aus zwei Teilen. Wie bei jeder sensorischen Bewusstwerdung müssen wir den Geruch zunächst wahrnehmen. Dazu müssen wir eine bewusste Anstrengung unternehmen, überhaupt erst einmal etwas zu riechen. Diese Übung sollte Ihnen inzwischen vertraut sein, so haben wir ja auch unseren Seh- und Gehörsinn trainiert. Aber zweitens muss der Sinneseindruck einen Platz in Ihren Gedanken bekommen – Sie müssen ein Register von Verbindungen dazu aufbauen, dass Sie irgendwann in Ihrem Leben diese Zutaten getrennt geschmeckt und gerochen haben – und manchmal auch beides gleichzeitig (da diese Sinne sehr nahe beieinander liegen, manche sagen sogar, sie seien teilweise dasselbe). Nun haben Sie einen Bezugspunkt geschaffen, Sie haben eine Art von Erinnerung.

Eine Flasche Wüstenregen

Um ein vollständiger Mensch zu werden, der vollkommen im ungezügelten Potenzial seines eigenen Körpers zu Hause ist, müssen Sie also einfach nur mehr Bezugspunkte schaffen und mehr Erfahrungen über Ihre Nase machen. Damit können Sie sofort beginnen.

Die Vegetation ist wahrscheinlich die Hauptquelle natürlicher Umweltdüfte und sie ist wahrscheinlich wichtiger für uns, um ein Ortsgefühl zu entwickeln, als uns zunächst klar ist. Ich möchte Sie von dem in Flaschen abgefüllten Ambiente von kiefernfrischen Raumsprays und ihrem brutalen Angriff auf die Sinne in eine Welt der Gerüche entführen, von denen viele sich nur sehr schwer in Flaschen abfüllen lassen – außer einem.

Zu den seltenen Gelegenheiten, wenn es in der Sonora-Wüste regnet, füllt sich die Luft mit dem, was die Einheimischen den Geruch nach Regen nennen; es ist der Geruch, der die Verdrängung des Staubs, die Reinigung der Luft und in der Regel eine Explosion von Tier- und Pflanzenleben begleitet. Dieser Geruch löst Begeisterung bei den menschlichen und nichtmenschlichen Wüstenbewohnern aus, die sich an der Fülle dieses gewöhnlich spärlichen Lebensspenders erfreuen.

Die Quelle des Dufts zu finden, ist schwierig und gelang mir viele Jahre lang nicht. Während es regnete, durchdrang er alles, und wenn es trocken war, ging er in der sengenden Hitze verloren, wo die Luft das Innere der Nasenhöhlen versengte, bis sie sich nahezu verdorrt und papierartig anfühlten. Ich hatte angenommen, dass der Geruch aus der Atmosphäre stammte, dass es der Geruch nach Ozon war, der seltenen Triade von Sauerstoffmolekülen, die häufig durch Blitze erzeugt wird. Ich war zu meiner Zeit häufig in Gewitter geraten, aber ich hatte außerhalb der Wüste noch nie so etwas gerochen. Um ehrlich zu sein, ich hatte noch nicht richtig damit begonnen, mir meiner olfaktorischen Wahrnehmung bewusst zu werden. Zu diesem Zeitpunkt war ich nasenblind; ich konnte den Kaffee riechen, aber ich war weit davon entfernt, mich von ihm wecken zu lassen.

Erst durch eine Zufallsbegegnung auf einem Wüstenpfad in unweit von Tucson (Arizona) wurde das Geheimnis gelüftet. Eines Morgens war ich früh draußen spazieren und versuchte, das Beste aus dem Tag zu machen, bevor die sengende Hitze der Sonne es nahezu unerträglich machte, sich irgendwo anders als im Pool aufzuhalten, als ich auf einen Stammesgehörigen der Tohono O'Odham traf, der aus demselben Grund unterwegs war. Als die Unterhaltung sich den Tieren zuwandte, die ich auf meiner Wanderung gesehen hatte, wurde mir sehr schnell klar, dass ich mich in der Gegenwart eines Menschen befand, der in der Wüste geboren und aufgewachsen war, der eine tiefe Liebe und Verbundenheit zu allem verspürte, das sie enthielt. Während unseres informellen Geplauders kam die Frage nach diesem Geruch auf, da es einige Tage zuvor geregnet hatte.

Anstelle einer Antwort ging er ein kurzes Stück abseits des Pfades, ergriff vorsichtig einen Zweig eines dürren Busches und zerrieb einige der spärlichen, zähen kleinen Blätter zwischen Zeigefinger und Daumen. Er bedeutete mir, es ihm gleichzutun und dann an meinen Fingern zu riechen, und da war er, genau vor meiner Nase, der Geruch der Wüste nach einem Wolkenbruch. Tief in den Zellen des Kreosotbusches, eingeschlossen in den wachsartigen Blättern in einem Cocktail aromatischer Öle.

Diese Öle erfüllen viele Aufgaben: Sie machen das Laub ungenießbar und reduzieren das Abfressen de Blätter, sie unterbinden das Wachstum anderer Pflanzen und beschützen daher das höchste Gut in der Wüstengegend: Wasser. In der Regel bleiben diese Öle eingeschlossen, aber durch das Einweichen in Regen oder das Zerreiben zwischen Daumen und Zeigefinger werden sie befreit, sodass jeder sie riechen kann.

Ich muss gestehen, dass bei mir bis zu diesem Tag ein kleiner Zweig Kreosotbuschblätter in einer Glasphiole steht. Wenn ich spontan Lust verspüre, die 4500 Kilometer nach Sonora zu überwinden, unter dem hoch aufragenden Saguaro-Kaktus zu sitzen, das trockene Rasseln eines Klapperschlangenschwanzes oder das Schimpfen eines Kaktuszaunkönigs zu hören, muss ich nur den Deckel öffnen, die Augen schließen und sanft einatmen.

Dieses Phänomen beschränkt sich nicht auf die Wüsten des amerikanischen Südwestens. Man kann den Regen fast überall riechen, wo es die Kombination aus Hitze mit sporadischen Regenfällen gibt. Es ist nicht dasselbe wie das unverwechselbare Aroma der Sonora-Wüste, aber es ist ähnlich genug, um die Vermutung zuzulassen, dass die zugrundeliegende Chemie die gleiche sein muss.

Wenn Regen auf eine Landschaft gefallen ist, die eine längere Dürrezeit hinter sich hat, geschieht etwas. Ich habe den Regen so schon im roten Zentrum Australiens gerochen, in der Serengeti und auf einem Tesco-Parkplatz inmitten eines Sommergewitters – Orte, an denen nicht ein einziger zerzauster Kreosotbusch zu sehen war.

Der Geruch einer Landschaft wird häufig durch Regen freigesetzt. Das Phänomen ist so auffällig, dass es sogar ein eigenes Wort dafür gibt, Petrichor – abgeleitet von den griechischen Begriffen für Stein und Flüssigkeit oder Blut. Einige schreiben es ausschließlich der Erzeugung von Ozon während Gewittern zu, doch die Vielfalt des Geruchs lässt auf etwas anderes schließen. Es ist weder das Wasser noch das Ozon, die beide eine feste Struktur und Molekülzusammensetzung haben, sondern eine Kombination aus Molekülen, die für eine Landschaft so einzigartig sind wie ihre Geologie und die Arten, auf die der Regen fällt.

Verschiedene Intensitäten und Düfte deuten darauf hin, dass der Geruch zu einem Ort gehört, dass er tatsächlich die Essenz der Landschaft selbst ist. Etwas in der lebendigen Landschaft entledigt sich seiner irdischen Stricke und springt und tollt für eine begrenzte Zeit, wenn auch nur kurz, in einem anderen gasförmigen Element umher, bevor es direkt in Ihre Nase schießt.

Wenn Sie den Petrichor wahrnehmen, dann riechen Sie nicht den Regen, sondern die Landschaft selbst. Genauso, wie die unverwechselbaren, einzigartigen Öle im Kreosotbusch der Wüste im amerikanischen Mittelwesten ihren Regengeruch verleihen, enthalten auch die Öle anderer Pflanzen unterschiedliche Kombinationen ähnlicher öliger, flüchtiger und aromatischer Zusammensetzungen wie Terpene, Limonene, Kampfer, Methanol und 2-Undecanon, um nur einige zu nennen. Im Regen verbinden sich diese Öle, von denen viele im Laufe eines Pflanzenlebens heruntertropfen und in den Boden eindringen, mit einer Substanz namens Geosmin (wörtlich „Erdgeruch"), einem Abfallprodukt der Bodenbakterien, zu Aerosolen mit einem typischen Geruch.

Aus dem gesättigten Boden steigen Luftblasen nach oben und nehmen dabei diese verschiedenen Öle und Stoffwechselsäuren mit an die Luft – das Ergebnis ist eine Duftwolke, die für die Bakterien- und Pflanzenarten an diesem Ort einzigartig ist.

Sie müssen nicht auf den Regen warten, um diese Gerüche zu goutieren. Hätte ich die Kreosotbuschblätter im Rahmen einer umfassenderen Erkundung auf meinem Wüstenspaziergang selbst zerdrückt, hätte ich den Geruch der Wüste aus erster Hand identifiziert, ohne auf das Wissen eines Einheimischen zurückgreifen zu müssen. Heute, und das habe ich aus meiner Lektion mit dem Tohono O'Odham gelernt, erzeuge ich gern mein eigenes sensorisches Wissen und bereichere meinen eigenen Erfahrungsschatz.

Ich habe mir inzwischen angewöhnt, beim Spazierengehen die Blätter der Pflanzen, an denen ich vorüberkomme, zu pflücken und sie zu zerreiben, um die chemischen Verbindungen darin freizusetzen. Indem ich auf diese Art Zeit in meinen Geruchssinn investiere, schaffe ich zahlreiche extrasensorische Verbindungen. Einige sind bewusst, während andere zweifellos in meinem sensorischen Gedächtnis abgelegt werden. Auf einer Ebene ist es ein einfaches Vergnügen, wie ein Sonnenuntergang für die Augen oder der Gesang einer Nachtigall für die Ohren, doch dringt man etwas tiefer in die Welt der Gerüche ein, erkennt man tausend Möglichkeiten der praktischen Anwendung.

An dieser Stelle muss ich eine kurze Warnung aussprechen: Bei diesem Vorgehen ist es besser, einige Informationen über die lokale Vegetation zu haben und den gesunden Menschenverstand einzuschalten. Zu Hause greife ich ja auch nicht nach dem Blatt einer Brennnessel oder in einen Brombeerbusch – da ich weiß, oder, noch wichtiger, gelernt habe, dass diese Pflanzen nicht so unschuldig sind, wie sie aussehen, und zurückschlagen können. Auf den Tag, an dem ich eins der weichen, herzförmigen Blätter eines giftigen Busches in Westaustralien anfasste, folgte eine Woche Schmerzen und Schlaflosigkeit; das Feuer auf meiner Haut schien jedes Mal wieder aufzulodern, wenn ich schwitzte oder duschte. Denselben Fehler machte ich auch mit verschiedenen Arten von Giftsumach in Amerika. Und nicht immer sind es Chemikalien, von denen die Gefahr ausgeht: Sie werden kaum nach etwas greifen, das dornig oder rau aussieht, aber einige Gräser und Farne haben Siliziumdioxid in ihren Stängeln und können messerscharf sein, wenn man sie durch die Finger zieht. Schneller kann man wohl nicht lernen, was man in Zukunft nicht anfassen sollte!

Ob über einen Geruch, eine unangenehme chemische Reaktion oder das gute alte Stechen, Sie werden erfahren, dass Sie beim Zerreiben von Blättern eine tiefere sensorische Einsicht in Ihre Umwelt erlangen. Indem Sie Ihren Geruchssinn als Teil Ihrer regelmäßigen Erkundungen einsetzen, trainieren Sie Ihre Nase darauf, Dinge wahrzunehmen. Wenn Sie einmal damit anfangen, werden Sie überrascht sein, auf was Sie reagieren. Es ist so ein wichtiger Teil des Ambientes einer Umgebung und das Erkennen der Duftsignatur eines Lebensraums verschafft Ihnen in ebensolchem Maß ein Gefühl für den Ort wie jeder andere Sinnesreiz, manchmal sogar stärker.

12
Bäume erkennen

Kürzlich nahm ich eine Gruppe von Collegestudenten mit auf eine Baumbestimmungstour. Eine einfache Wanderung, auf der ich einige der Grundmerkmale erklärte, nach denen man Ausschau halten sollte, um verschiedene unserer häufigeren Bäume und Sträucher in Wald und Hecke benennen zu können – eine Fertigkeit, die aus allen möglichen praktischen Gründen ziemlich grundlegend ist und gleichzeitig eine weitere beruhigende Vertrautheit und Verbindung zu unserer Umgebung herstellt. Vielleicht müssen Sie niemals Holzpantinen oder eine Pfahlkonstruktion für einen Anlegesteg herstellen oder Nüsse sammeln oder Marmelade kochen, aber das Wissen, dass Erle das beste fäulnissichere Holz ist, die Haselnuss die schmackhafteste Nuss und Haferpflaumen die richtige Zutat für eine leckere Wildobstkonfitüre oder für Gin sind, hilft uns dabei, einem Spaziergang noch eine weitere Dimension zu verleihen und eine weitere Verbindung zu unserem Erbe zu schaffen. Eine Vertrautheit, die Intimität erzeugt, aus der wiederum Liebe und Achtung erwachsen – wie in jeder guten Beziehung. Die Kenntnis der Bäume in Ihrer Umgebung gibt Ihnen Hinweise auf die Geologie unter Ihren Füßen, die historische Nutzung des Landes und die anderen Pflanzen und Tiere, die Sie in der Nachbarschaft finden könnten. Während wir die Bäume im Vorübergehen erkundeten, machte ich eine sehr ergreifende Erfahrung. Vor mir stand ein Holunderbaum. Er trieb gerade aus, seine violetten Blätter schoben die Knospenschuppen beiseite. Wie so viele andere aus ihrer demografischen Gruppe (eine Befragung ergab kürzlich, dass 98 Prozent der Briten fünf häufige Bäume nicht identifizieren können) konnten diese Jungs eine Eiche nicht von einer Espe unterscheiden. Dieser Holunder war genauso fremd für sie. Ich begann also zu erklären und die charakteristischen Merkmale nacheinander vorzustellen.

Ich dachte, es lief gut. Gerade hatte ich ihnen die markhaltigen Stiele gezeigt, aus denen man Pfeifen und Blasrohre machen kann; voller Zuversicht, dass ich nun ihre Aufmerksamkeit hatte, fuhr ich fort, indem ich ein Blatt nahm, es zerrieb und erklärte, wie einfach es sei, den Baum allein an seinem Geruch zu erkennen. Sie konnten mir nicht folgen. Die Tatsache, dass Holunderblätter sauer und beißend riechen, wenn man sie zerreibt, half ihnen nicht weiter. „Es riecht nach Pipi", bemerkte jemand hilfreicherweise.

Warum ist es in Ordnung, an Blüten zu riechen, aber wenn man sich vorbeugt, um an einem Blatt zu schnuppern, gilt man als schrullig? Schließlich tun alle Hobbyköche genau das auch mit Kräutern und Gewürzen, um zu prüfen, ob sie sich für die Zubereitung eines aromatischen Gerichts eignen.

Mit dem kräftigen Holundergeruch in der Nase geriet ich ins Nachdenken. Schon der Geruch dieses Baumes erinnert mich an so viele Dinge – Wein und Nahrungssuche, Dachse, Gartenfeuer, verregnete Sommertage, Nachtfalter fangen auf dem Garagendach meines Vaters. Der stechende Duft des Holunderblatts hatte irgendwie die Macht, so viele Aspekte meines

Lebens in einem kurzen Einatmen zu verknüpfen, zu einem Netz aus scheinbar einzelnen und unterschiedlichen Erfahrungen, die alle durch den Geruch oder vielmehr die Gerüche eines einzelnen Baumes miteinander verbunden sind.

Holunder verströmt nämlich drei verschiedene Gerüche – den leichten, staubigen und sanften Duft der Blüten im Frühling, den üppigen, süßen, zuckrigen, alkoholischen Geruch der Beeren im Spätsommer und natürlich den allgegenwärtigen Geruch der Blätter. Die ersten beiden stehen für zwei natürliche Ereignisse, die zu bestimmten Zeitpunkten im Jahreslauf eintreten: eindeutige Identifikation und Abgrenzung der Jahreszeiten. Man kann zu jeweils keiner anderen Zeit im Jahr Taschen mit den bauschigen Dolden oder Plastikbehälter mit den violetten Beeren füllen, die so nachhaltige Flecken auf den Fingern hinterlassen – sie zeigen eine bestimmte Zeit an und die Erinnerungen, die diese Gerüche hervorrufen, liefern den Ort dazu. Diese tiefe Verbindung kann ein so lebendiger und klarer Bezugspunkt sein wie hochkommerzielle Daten im Kalender, die in bestimmte Jahreszeiten fallen. Wenn Sie sich mit diesen Rhythmen synchronisieren, stellen Sie auf eine sehr intime, praktische und menschliche Weise eine Verbindung zur Natur her.

Heftiger Sommerregen scheint den Holunder ebenso anzuregen, als wenn man an ihm vorbeistreift. Wenn man während eines solchen Gusses an einem Feldrand vorbeigeht, riecht man das Holunderlaub stärker als andere Blätter. Der Baum hat eine besondere Präsenz und lässt einen wissen, dass er da ist, selbst wenn man nicht nach ihm sucht und er gerade weder Blüten noch Beeren anzubieten hat. Es war außerdem der einzige Baum, unter dem wir auf dem Rückweg vom Strand bei unserem jährlichen Sommerurlaub mit der Familie Schutz suchen konnten; eine weitere Gruppe Bezugspunkte für diesen Geruch, eine weitere verankerte Erinnerung: die weiche, staubige Rinde mit den leuchtend orangefarbenen Flechten und den weichen, flaumigen Lappen der Judasohren.

Der Holunder wuchs hinter der eingeschossigen Wellblechgarage, die früher einmal ein Stallgebäude gewesen war. Zweifellos war er als Samen im violetten Kotklecks eines Vogels hier gelandet, der vor vielen Jahren auf der wackeligen Blechdachkante gesessen hatte. Er war nahe an der Wand gewachsen, weder groß noch wurzelreich genug, um Schäden am Gebäude anzurichten, und damit dem Todesurteil durch die Kettensäge entkommen. Weil er im schattigen Brachland wuchs, dem Niemandsland des Gartens, war er sich selbst überlassen geblieben. Für mich war er eine praktische Leiter, über die ich auf das Dach klettern konnte; durch seine weichen, ungefährlichen Blätter und zahlreichen Äste konnte ich mich gut hindurchschieben und er bot ein ideales Versteck mit gutem Blick über dem Garten und eine gute Stelle für meine selbst gebastelte Nachtfalterfalle – ein Gerät, das einem Hummerkorb ähnelte und in dem ich lebendige Nachtfalter fing, mit einer Glühbirne als Köder. Hier unter den obersten Blättern des Holunders saß ich oft mit Gefäßen, Probenröhrchen und in Skinners *Moths of the British Isles* vertieft. Ich fand sogar die verborgene Raupe des Holunderspanners, die von seinen Blättern fraß.

Die Äste eines Holunderbaums lassen sich als Blasrohr zum Anfachen der Glut in einem Feuer verwenden. Der Garten-„Abbrand", der von den heutigen Biogärtnern stirnrunzelnd betrachtet wird, war ein Ereignis, auf das ich mich in meiner Kindheit immer sehr freute. Die Verbindung zwischen den Gerüchen des Lagerfeuerrauchs, der Marshmallows und des Holunders stammt aus der alten Nutzungsweise des Baums, die möglicherweise auch in seiner Etymologie verankert ist. Die englische Bezeichnung elder könnte durchaus von dem angelsächsischen Wort *aeld* (Feuer) abgeleitet sein.

All diese Erfahrungen und Sinnesabenteuer lassen sich nur durch den Duft der zerriebenen Blätter in meinen Fingern von irgendwo tief in meinem Kopf aufrufen. Das ist die geheime Macht des Geruchs. Mehr als jeder andere Sinn kann der Geruchssinn Erinnerungen freisetzen und unseren Gefühlszustand verändern. Das allein ist schon ein Grund dafür, unsere Sinne wertzuschätzen und die Lebewesen, denen wir sie verdanken. Diese tief sitzenden multisensorischen Verbindungen haben auch praktische Anwendungsmöglichkeiten: als Gedächtnisstützen, um sich an natürliche Nahrungsmittel und Pflanzen mit praktischen Eigenschaften zu erinnern, die zum Teil noch heute von Wert sein könnten. Diese Fertigkeiten werden jedoch von unseren weniger naturzentrierten Gütern und Kulturen langsam ausgewaschen und ausgelöscht.

Der Grund für die Schärfe von Geruch und seine unheimliche Fähigkeit, längst vergessene und tief vergrabene Erinnerungen neu zu beleben, ist folgender: Gerüche werden von den Rezeptoren in unseren Nasenwegen aufgenommen. Die Nervenimpulse, die sie erzeugen, laufen dann durch den Riechkolben direkt in das limbische System – den Teil des Gehirns, der nachgewiesenermaßen für Emotionen und Langzeitgedächtnis zuständig ist. Es ist ein kurzer Weg direkt in einen primitiven Teil des Gehirns – noch etwas, wofür wir unseren frühen nachtaktiven, baumbewohnenden Vorfahren dankbar sein müssen.

Die Fähigkeit eines einfachen Geruchs, uns auf eine Reise in die Vergangenheit zu schicken oder sogar unseren Gefühlszustand zu verändern, ist ein sehr mächtiges Werkzeug für diejenigen, die sich tiefer in die Natur einbinden möchten. Diese Macht von Gerüchen über unsere Gefühle durchdringt den Großteil unseres Verbraucherdaseins, warum also sollten wir sie nicht auch in der Natur nutzen, in ihrer rohen, ursprünglichen sensorischen Form?

Natürlich können wir diese Sinnesreise, die von den Blättern eines Baumes angestoßen wurde, nicht beenden, ohne die Frage nach dem Warum zu stellen: Warum riechen Holunderblätter so stark? Die Blüten duften, weil sie wie alle Blüten bestäubende Insekten anlocken sollen, die Früchte duften, um Säugetiere wie uns anzuziehen, die die Beeren und damit die enthaltenen Samen verteilen sollen, die Blätter riechen, weil ...

Gut schmecken tun sie jedenfalls nicht gerade, und auch wenn viele Tierarten die Blätter fressen, sind es deutlich weniger als zum Beispiel bei den Blättern des Weißdorns. Sie enthalten giftige Substanzen wie das Alkaloid Sambucin und eine zyanogene (an Zyanid gebundene) Verbindung, Sambunigrin, und werden deswegen traditionell auch als Insektenschutz verwendet, entweder als Lösung zum Einreiben gegen Kriebelmücken, Stechmücken und Bremsen oder einfach im Büschel am Geschirr von Arbeitspferden, neben der Stalltür oder hinter dem Haus aufgehängt, um Fliegen vom Eindringen in Küche und Speisekammer abzuhalten.

Geruch und Nahrungssuche

Gerüche haben auch eine direkte und sehr pragmatische Anwendung. Wie auch Aussehen und Laute bei der Identifizierung vom Gartenrotschwanz bis zum Rotwild nützlich sein können, lassen sich Gerüche zur Identifizierung vieler eher nicht so extrovertierten Arten nutzen.

Karbol, Schwefel, Milch, Anis, Ziege und verfaultes Fleisch wurden ebenso wie Kohlengas, Knoblauch, Nagellackentferner, öffentliches Schwimmbad, Kartoffelschalen, Hühnerstall, Juchtenleder, Gummi und sogar der Geruch nach Sperma und Huren schon herangezogen, um verschiedene Pilzarten zu beschreiben und bei ihrer Identifizierung zu helfen.

Viele Sammler wilder Nahrungsmittel lieben Pilze, und was nachhaltiges Essen und wild wachsende Nahrung angeht, erfüllen sie viele Kriterien. In einer Welt, in der uns alle schwierigen Entscheidungen abgenommen werden, erscheint das Supermarktregal doch die sicherere Wahl. In der Welt der Pilze kann der Unterschied zwischen Abendessen und tödlichem Gift nur im Geruch eines Pilzes liegen. Wie so oft bei der Nahrungssuche sorgt die Aussicht auf einen raschen Tod oder sehr unangenehme Bauchkrämpfe besonders wirksam dafür, dass wir auf Einzelheiten achten.

Aus diesem Grund bin ich absolut dafür, in der Natur auf Nahrungssuche zu gehen: Man hat einen guten Grund, es richtig hinzubekommen. In mehrerlei Hinsicht erinnert mich das an meinen Bären in Alaska; wir brauchen alle ein paar Risiken in unserem Leben und wenn es uns gelingt, sie zu umgehen oder eine Fertigkeit zu entwickeln, mit denen wir solche Herausforderungen überwinden können, bringt das eine echte, kaum zu überbietende Befriedigung mit sich.

Zufällig gehören einige der besten wild wachsenden Speisepilze zu den Blätterpilzen; von diesen sehen sich jedoch nicht wenige sehr ähnlich und zu dieser Gruppe gehören auch einige Giftpilze. Man muss sie auseinanderhalten können, wenn man sie essen möchte. Wie sie riechen, kann Ihnen in Kombination mit anderen Merkmalen – Größe, Form, Lebensraum, Färbung bei Druck und Wachstumsform – dabei helfen, mit Selbstvertrauen Entscheidungen zu fällen. Im Allgemeinen prüfe ich den Geruch zuletzt; wenn alle anderen Merkmale stimmen und sie nach Anis oder pilzig riechen, dann bin ich wahrscheinlich auf der sicheren Seite, aber wenn sie nach Seife, Chemikalien oder ein wenig tintig riechen, dann muss ich sie mir noch mal genauer ansehen. Möglicherweise habe ich einen Fehler gemacht und beiße dann lieber nicht hinein.

13
Eine Frage des Geschmacks

Vielleicht glauben Sie, die Erkundung der Natur durch Schmecken beschränkt sich auf Essbares, aber da liegen Sie falsch. Ich empfehle Ihnen zwar ausdrücklich nicht, nach Belieben an Steinen zu lecken, an Baumstümpfen zu nagen oder Vögel, Käfer und andere Tiere anzuknabbern, aber das Konzept, den Geschmackssinn als eine Möglichkeit zu nutzen, Informationen über die Welt zu sammeln, ist nicht vollkommen abwegig.

Wenn wir einmal Abstand nehmen von unseren selbst auferlegten Tabus und den gesellschaftlichen Zwängen und den menschlichen Körper betrachten, als ein Organ der Erkundung und um seine ungeschulten Fähigkeiten abzuschätzen, dann müssen wir feststellen, dass wir alle recht gut mit Sinnesrezeptoren im Mund ausgestattet sind. Wenn wir der vielfältigen Sammlung von Geschmacksrezeptoren, Chemorezeptoren, Mechanorezeptoren und Thermorezeptoren dort nicht wenigstens ein bisschen Beachtung schenken würden, müssten wir uns dem Vorwurf stellen, etwas ausgelassen zu haben.

Zugegeben, unser Geschmackssinn spielt eher eine untergeordnete Rolle neben den anderen Sinnen, aber er hat seine Anwendungsbereiche, wenn auch in recht eingeschränktem

Rahmen. Eins der Probleme beim Einsetzen des Geschmackssinns besteht darin, dass er normalerweise ein Vorläufer der Nahrungsaufnahme ist; die meisten Dinge, die unsere Zunge berühren, sind schon auf dem Weg nach unten. Er ist ein Tor in unser Körperinneres. Mit Recht machen wir uns Sorgen wegen der Gefahren von Vergiftungen und Infektionen, daher haben wir strikte Einlassregeln für unsere Eingeweide. Einige davon ergeben sich aus dem gesunden Menschenverstand, andere leiten sich aus dem ab, was kulturell akzeptiert ist. Sie würden keine verdorbenen Nahrungsmittel essen, richtig? Tja, mit an Sicherheit grenzender Wahrscheinlichkeit tun Sie aber genau das – Fermentierung ist nichts anderes als kontrollierte Zersetzung; wenn Sie also Joghurt oder Miso essen, nehmen Sie Produkte zu sich, die eigentlich gerade verderben. Wie wäre es mit einem Fischkopf, der wochenlang unter der Erde in seinem eigenen Saft verwest? In Alaska werden Lachsköpfe genau so behandelt, bevor sie zerdrückt und gegessen werden – eine Delikatesse, die unter dem prosaischen Namen stinkheads (Stinkköpfe) bekannt ist. Sie sehen also, was wir in unseren Körper lassen und was nicht, ist nicht ganz so eindeutig, wie Sie vielleicht glauben. Eine der wesentlichen Regeln der Erkundung besagt, man soll neuen Erfahrungen gegenüber offen sein, nicht urteilen und sich einen offenen Geist bewahren.

Es geht mir hier nicht um den Verzehr als solchen; dieser Aspekt der geschmacklichen Erkundung ist eher für die Sammler wilder Nahrungsmittel relevant. Ein Teil dieses Vorgangs jedoch, nämlich der, bei der eine Substanz in den Mund genommen und auf diese Weise geprüft wird, ist eine legitime Art des Erkundens und auch wenn sie nicht häufig eingesetzt wird, hat sie doch ihre Berechtigung.

Wie wir etwas geschmacklich wahrnehmen, lässt sich nicht leicht beschreiben. Meistens denken wir beim Schmecken an die

Geschmacksknospen – wir haben rund zehntausend davon im Mund, die meisten auf der und um die Zunge, einige aber auch in der Mundhöhle und im Hals. In jeder dieser Geschmacksknospen sitzen etwa hundert Geschmacksrezeptoren, die jeweils einen von fünf verschiedenen Geschmacksrichtungen wahrnehmen können – salzig, bitter, süß, sauer und herzhaft, auch umami genannt. Die sogenannte gustatorische Wahrnehmung ist jedoch nur einer der vielen Faktoren in einer etwas schwieriger zu beschreibenden Sinneswahrnehmung, die wir als „Geschmack" bezeichnen. Dass Naturforscher den Geschmackssinn als Werkzeug zur Erkundung der Welt einsetzen, ist nichts Neues. Es gab zum Beispiel berühmte historische Figuren, die es sich zur Gewohnheit gemacht haben, so ziemlich alles zu kosten, was sie in die Finger bekamen. Diese Verfechter der sogenannten Zoophagie gelten heute als exzentrisch, aber das Vater-Sohn-Duo William und Frank Buckland empfand sich als ordentliche Praktiker einer für sie rechtmäßigen Wissenschaft.

Im 19. Jahrhundert, zur Hochzeit der Zoophagie, war diese Methode, die Natur über die Geschmacksknospen zu erforschen, nur eine Form, sich in die Welt der seltsamen Fragestellungen hinauszubegeben; ihre Verfechter waren auf der Suche nach Erfahrungen mithilfe der Mittel, die ihnen die eigene Evolution zur Verfügung gestellt hatte – in mancherlei Hinsicht könnte man sagen, sie renaturierten sich, sie kamen auf Vorgänge zurück, die zweifellos irgendwann in unserer Geschichte einmal stattgefunden hatten.

Nun sieht es zwar so aus, als sollten solche Heldentaten auf die Vergangenheit beschränkt bleiben, aber zu seiner Zeit und bei seinen Zeitgenossen galt Frank Buckland gar nicht so sehr als exzentrisch. Er nahm das Zeitalter der Erforschung und Aufklärung nur auf eine weitere Art an. Die Erkundung der Welt enthüllte eine Welt voll bizarrer und bislang unvorstellbarer Tiere und menschlicher Kulturen mit einer seltsam fremden Ernährungsweise; die Bucklands waren Vorkämpfer für die Erforschung des Potenzials anderer Nahrungsmittelgruppen und die Beurteilung ihrer Merkmale und ihres Potenzials als allgemeine Nahrungsquellen im Rahmen der Akklimatisationsbewegung. Die Grenzen der Zoologie sind jedoch in der Tat etwas Subjektives. Schließlich finden wir nur deshalb kein Eichhörnchenfleisch und keine Grillen in den Supermarktregalen, weil wir sozial so konditioniert sind und beides tabu ist. Unter der Prämisse des wahren, offenen Zwecks dieses Buches und um den Forschergeist der Bucklands lebendig zu halten, gehen wir kurz darauf ein, aber in dem Kontext, dass wir unsere Geschmacksknospen auf Arten benutzen, die nichts mit dem Verzehr von Nahrung zu tun haben und bei denen es, wenn überhaupt, um vorläufige Erkundungen unserer Welt geht, vor allem in Bereichen, in denen unsere anderen Sinne uns nicht viel helfen können.

Der seltsame Fall der tanzenden Nacktschnecken

Nacktschnecken mochte ich schon immer. Das hat mit meiner natürlichen Neigung zu tun, für die Hässlichen einzutreten, die evolutionären Underdogs des Lebens und die Lebewesen, die andere gern verabscheuen. Nacktschnecken stehen ziemlich weit oben auf dieser Liste, dank der Vorliebe einer Handvoll Arten, unsere Radieschen zu räubern, unsere Stiefmütterchen zu strapazieren und unsere Dahlien zu degustieren.

Die Heidemoore von Südwestengland, wo ich lebe, scheinen vom Frühling bis zum Herbst diese gehäuselosen Weichtiere geradezu auszuschwitzen. Besonders eine Art, die Schwarze Wegschnecke, ist außergewöhnlich fruchtbar und oft zu sehen.

Allein auf einem fünfminütigen langsamen Spaziergang über einen der schmalen Pfade im Dartmoor zählte ich 188 dieser Dinger.

Eins fiel mir jedoch auf: Diese Tiere scheinen sich sehr untypisch zur Schau zu stellen und in den über zwanzig Jahren, die ich hier wohne, habe ich noch nie ein anderes Tier eine Nacktschnecke fressen sehen, außer einer tapferen kleinen Misteldrossel, die eine ein paar Minuten lang herumwarf wie einen lästigen, klebstoffüberzogenen Kloß.

Das und die Tatsache, dass sie sich langsam bewegen, für alle sichtbar und groß, hat mich eine persönliche Theorie aufstellen lassen. Wenn man eine hochnimmt und mit dem Finger anstupst, als sei er der scharfe Schnabel eines neugierigen vogelartigen Fressfeindes, zieht sie sich zusammen. Von ihrer zuvor beeindruckenden Länge von über 15 Zentimeter schnurrt sie wie ein Stück lebendiges Gummiband zu einer großen, klebrigen Raute von Aussehen und Textur eines übergroßen Weingummis zusammen.

Dabei präsentiert sie dem Angreifer die verdickte Mantelhaut, der sich mit einem mittelalterlichen Lederschild vergleichen lässt, und wenn er immer noch nicht von ihr ablässt, beginnt die Schnecke zu „tanzen". Ohne komplizierte Schritte – das ist schwierig, wenn man nur einen Fuß hat –, es ist eher ein langsames, lüsternes Wackeln.

Mein neugieriger Geist wollte wissen, warum. Dieses Tier wirft eine Menge Fragen auf. Warum frisst es offenbar niemand? Warum scheinen sie so kühn und unverfroren? Warum tanzen sie diesen langsamen, sinnlichen Wackeltanz? Sie sind giftig, was alles erklärt außer dem Tanz. Meine Theorie ist, dass sie damit den überschüssigen Schleim auf ihrem Körper verteilen. Sie können sich schließlich schlecht damit einreiben wie wir mit einer Bodylotion, sie haben ja keine Hände.

Ich hatte diese Theorie schon eine Weile, als ich zufällig eine dieser Nacktschnecken fand, während ich mit einer Gruppe von Klienten auf einem Spaziergang durchs Moor war, und ich erzählte ihnen das, was ich gerade geschrieben habe. Ich kam zum letzten Teil und mir schien, als erwartete mein Publikum mehr von mir. Ich würde niemandem raten, das zu tun, aber da ich sie nicht hängen lassen und das Gesagte illustrieren wollte und da mich diese Frage tatsächlich schon seit einer Weile beschäftigte, leckte ich an der Schnecke. Es war kein genüssliches Schlecken, eher ein kurzes, vorsichtiges Kosten. Es schmeckte eklig – ein schwer zu beschreibender Geschmack, ein bitteres Aroma nach Chemikalien. Auf jeden Fall war es widerwärtig und ich konnte sofort einige meiner ursprünglichen Fragen begraben. Die chemische Zusammensetzung des Schleims meiner Schnecke war so gut wie sicher ein wichtiger Grund für ihren Mut, ihre offenkundige Kühnheit, sich ungeschützt draußen zu tummeln, während andere Wirbellose in irgendeinem kuscheligen Versteck auf den Schutz der Dunkelheit warteten. Sie wäre mit Sicherheit keine gute Mahlzeit. Ich setzte die Wanderung fort, pflückte mir gelegentlich etwas Schneckenschleim von den Lippen und dachte mit einiger Zufriedenheit darüber nach, dass meine Theorie sich ganz gut entwickelte.

Ich blieb stehen und wollte gerade auf eine Spinne auf einem Stechginster hinweisen, als mir auffiel, dass ich meine Lippen nicht mehr so gut spüren konnte wie noch einige Augenblicke zuvor und dass meine Zunge prickelte und taub war. Wie sich herausstellte, enthält der Schleim dieser Schnecken auch eine Chemikalie, die betäubend wirkt.

Es gibt Vermutungen darüber, wie ein potenzieller Räuber den Geschmack der Nacktschnecke wahrnehmen könnte, auf jeden Fall ist aber mein eigenes Geschmacksexperiment ein guter

Ausgangspunkt für die Untersuchung. Die eigenen Geschmacksrezeptoren für die Untersuchung auf schädliche Verbindungen einzusetzen, schreit fast schon danach, dass etwas Schlimmes passiert; schließlich nimmt man dabei mögliche Giftstoffe auf. Im Zusammenhang mit chemischen Verteidigungsmechanismen besteht aber wahrscheinlich wenig Gefahr, etwas aufzunehmen, das eine schwere Reaktion auslöst, vor allem, wenn wir ein paar zusätzliche Vorsichtsmaßnahmen treffen. Um ein wirkungsvolles sensorisches Experiment durchzuführen, muss man nichts schlucken; meist liefert ein kurzes Antippen mit der Zungenspitze alle Informationen, die wir brauchen, und dann können wir ausspucken und unseren Mund mit Wasser ausspülen, falls nötig.

Ich beschreibe hier zwar eine Situation, deren Wiederholung ich niemandem raten würde, dennoch möchte ich damit die Rolle von Geschmack in unserem natürlichen Leben verdeutlichen. Bestimmte Elemente der Natur auf diese Weise zu untersuchen, mag nicht nach jedermanns Geschmack sein oder seinen Neigungen entsprechen, aber wenn wir Abenteuer so definieren, dass wir uns zu neuen Erfahrungen zwingen, dann entspricht das relativ unerforschte Reich des Natur-Erschmeckens dieser Definition durchaus. Es ist ein sehr natürlicher Instinkt und ein wesentlicher Teil des Lernprozesses; bis zum Alter von etwa acht Monaten und bevor sich die anderen Sinne entwickelten, waren der Mund und die Millionen von darin enthaltenen Sensoren Ihr wichtigstes Sinnesorgan.

Für mich ist die Welt voller Geschmackserfahrungen, die uns dabei helfen können, andere Beobachtungen einzuordnen. Meine geheimnisvolle Nacktschnecke war nur einer solcher Momente.

Kürzlich wurde ich auf eine wissenschaftliche Studie aufmerksam, die 1970 in den Wäldern von Costa Rica durchgeführt wurde, wo ein erfahrener Wissenschaftler seine Doktoranden überzeugte, freiwillig an einem Kaulquappen-Geschmackstest teilzunehmen. Der Wissenschaftler, Richard Wassersug, hatte festgestellt, dass die Ökologie der Kaulquappen in den froschreichen tropischen Ökosystemen noch nicht besonders gut erforscht ist, und ihm war aufgefallen, dass einige sehr dunkel und gut zu sehen waren, ein bisschen wie unsere Nacktschnecken, während andere fast durchsichtig und wieder andere leuchtend bunt gefärbt waren. Die Frage, die er beantworten wollte, lautete: Unterschieden sie sich in ihrer Genießbarkeit? Und wenn ja, saß die Ungenießbarkeit in der Haut, im Schwanz oder im Körper? In einem standardisierten Verfahren wurden daher den Studierenden frische Kaulquappen vorgesetzt – zuerst sollten sie sie im Mund behalten, dann auf den Schwanz beißen und sie zum Schluss zerkauen. Die Testpersonen (die offenbar sehr auf das versprochene Bier aus waren) wurden dann gebeten, die drei Vorgänge jeweils von „schmeckt gut" bis „höchst unangenehm" zu bewerten. Die Ergebnisse zeigten, dass die Kaulquappen fast ebenso unterschiedlich waren wie die Antworten der Studierenden, dass aber die allgemein am wenigsten wohlschmeckenden die Kaulquappen der Aga-Kröte waren, einer Art, die zur selben Familie wie die Kaulquappe gehörten, die ich in meinem Teich einmal probierte. Sie wurden von den Testpersonen als sehr bitter beschrieben und offenbar lag die Quelle dieses unerfreulichen Sinneseindrucks in der Haut der Kaulquappe – mit anderen Worten, der Geschmack wurde beim Kauen nicht schlimmer Die Unerschrockenheit dieser äußerst auffälligen Kaulquappen war ihre Warnung. Die hier beschriebene Vorgehensweise mag Ihnen ein Naserümpfen abringen, aber das tatsächlich erworbene Wissen erklärt ganz gut, warum Tiere wie Otter, Nerze und Kraniche sich große Umstände machen, um die Haut erwachsener Kröten zu entfernen, und warum die Kaulquappen von vielen anderen Lebewesen im selben Lebensraum weitgehend in Ruhe gelassen werden; das alles lässt sich auf die Bufotoxine zurückführen, die für den höchst unangenehmen Geschmack verantwortlich sind.

Dieselbe investigative Technik lässt sich anwenden, um alle möglichen anderen Rätsel zu lösen – zum Beispiel, warum Marienkäfer leuchtend gefärbt sind. Viele Quellen behaupten, dass ihre kräftigen Farben aposematisch sind, ein wandelnder Warnhinweis, eine auffällige Botschaft an alle, und dass das Innere des Käferkörpers die Mahlzeit verdirbt, weil es entweder nicht schmeckt oder sogar giftig ist. Die 38 verschiedenen chemischen Zusammensetzungen, die Marienkäfer absondern, schmecken tatsächlich unangenehm. Aber wie genau schmecken sie, wie schlimm können sie sein? Angetrieben von derselben Neugier und dem Bedürfnis nach Welterfahrungen aus erster Hand, machte ich mich daran, genau das zu untersuchen. Ein kluger Mensch hätte vielleicht mit einer kleinen Menge des gelben Sekrets angefangen, das aus den Beingelenken des Marienkäfers austritt, wenn er Angst hat, eine Art Reflexbluten, bei dem das giftige Blut des Insekts als Warnung nach außen gebracht wird.

Marienkäfer lassen nicht gern auch nur leicht in die Enge treiben – den beißenden, seifigen Geschmack vergesse ich so schnell nicht, und das ist natürlich der ganze Sinn hinter der Überlebensstrategie. Ihr Abzeichen, die kräftige Farbe und das auffällige Muster, tragen sie nicht, um uns zu gefallen, sondern als Teil einer brutalen Überlebensstrategie, von der Evolution über Millionen von Jahren verfeinert. Brillante Farben, brillante Strategie.

Jedes Mal, wenn ich jetzt einen Marienkäfer sehe, ob auf einer Rosenknospe sitzend, auf der Fensterbank entlangdackelnd oder sogar auf einem Buchrücken als Abbildung, kann ich mir diesen Augenblick ins Gedächtnis rufen. Der Geschmackstest, so unorthodox er erscheinen mag, hat meine zukünftigen Erfahrungen bereichert. Ob ein Tupfer des Blutes, das gerade aus dem Auge einer Krötenechse geschossen ist, eine extrovertierte Nacktschnecke, das „Blut" des Tatzenkäfers oder terrorisierende Kaulquappen – indem ich sie meinen Geschmacksknospen präsentierte, habe ich ein deutlich besseres Verständnis meiner Welt gewonnen, ich bin auf den Geschmack des Lebens und seiner vielen Vorgänge gekommen.

Wenn wir schon beim Geschmack des Lebens sind: Die sensorische Prüfung von Pilzen birgt in dieser Hinsicht eine wertvolle Lektion. Vor einer Weile verbrachte ich einige Zeit mit einem Pilzesammler in der Schweiz. Auch wenn viele unserer Festlandverwandten sich mit größerer Begeisterung ins Leben stürzen als Briten wie ich, fühlte ich mich in meiner englischen Zurückhaltung bestätigt, als es darum ging, einen Korb voll unbekannter Pilzarten, die ich auf einem meiner morgendlichen Nahrungsstreifzüge an den Hecken, über Weiden und durch Wälder gesammelt hatte, als Teil meines Frühstücks zu identifizieren.

Ich war ziemlich überrascht, als mein pilzkundiger Freund kleine Stückchen von ihnen abbiss. Auf den ersten Blick schien das eine ziemlich törichte Aktion zu sein. Als er jedoch das Entsetzen auf meinem Gesicht bemerkte, erklärte er, dass er nur ein winziges Stückchen abbiss und einen Augenblick auf der Zunge behielt, bevor er es wieder ausspuckte. Offenbar lässt sich mit dieser Methode selbst der giftigste Pilz probieren, solange man den Mund hinterher vollständig leert und ausspült.

Hat man sich erst einmal auf seine Geschmacksknospen eingestimmt, ist das eine sehr praktische Technik, um sich schnell ein Bild von der Essbarkeit der Pilze zu machen. Viele der alten Pilzführer empfehlen es auch und geben den Geschmack als eins der deutlichen Identifikationsmerkmale eines rohen Pilzes an (zusammen mit seinem Geruch, wie im vorigen Kapitel kurz angerissen). Das Wichtigste ist jedoch, nicht einfach auf jedem Pilz herumzukauen, den man findet, sondern sich erst einmal zu vergewissern, dass man einen essbaren erwischt hat.

14
Entwickeln Sie ein Gefühl für die Dinge

„Zieht sie aus, wir machen einen Verdauungsspaziergang." Schuhe und Socken wurden widerstrebend am Fuß der alten Buche abgelegt. Während die Füße ihrer Bekleidung entledigt wurden, schlichen sich Stirnrunzeln und verwirrte Ausdrücke auf die Gesichter. Ich führte einen Familienspaziergang durch die Natur an und zuvor hatte mir eine Mutter mit anvertraut, dass ich in ihren Augen ein unverantwortliches Beispiel gab, indem ich barfuß ging, weil es gefährlich sei, und etwa zur gleichen Zeit hatte eins der Kinder bemerkt, es dürfe nicht in den Matsch, weil es die Schuhe für die Schule sauber halten sollte.

Ich beschloss, dass sie bereit waren. Auf diesem Abschnitt des Waldweges gab es nicht viele Stechpalmen, deren Dornen ähnlich wie die der Distel den Zweck einer Barfußwanderung für Anfänger häufig unterminierte.

Während die Gruppe hinter mir hertrottete, dauerte es nicht lange, bis sie zu reagieren begann, und innerhalb von Minuten fingen sie an, wirklich zu spüren. Ich erkannte an der Zunahme aufgeregter Laute, dass sie sofort einen Spaziergang mit einer neuen Dimension genossen. Noch vor einigen Minuten waren die jüngeren Mitglieder der Gruppe nur so mitgeschlurft, hatten Däumchen gedreht und die Füße über den Boden gezogen. Wenn nicht gerade ein Vogel, ein Käfer oder eine Echse ihre Aufmerksamkeit auf sich zog, schienen sie gelangweilt, unterstimuliert. Ihre Füße steckten, wie es die meisten von uns in der westlichen Welt gewohnt sind, fest in vernünftigen Stiefeln und Schuhen. „Festes Schuhwerk anziehen", hatte es in der Kursbeschreibung geheißen, und das hatten sie getan. Aber jetzt waren ihre Füße da, wo sie sein sollten: draußen, befreit nicht nur von den engen Beschränkungen eines Schuhs oder Stiefels, sondern auch von der Monotonie des Daseins als moderner Fuß. Die empfindliche Fußsohle erfuhr plötzlich mehr als die allgegenwärtige Einlegesohle, ein weiteres Stück Beständigkeit aus Menschenhand.

Jetzt mussten sich nicht nur alle Knochen, Muskeln und Bindegewebe des Fußes bewegen und zusammenarbeiten, um den unebenen Boden, die Steine, die Baumstümpfe und herabgefallenen Äste auszugleichen, auch die Haut war in ihrem Element.

Propriozeptoren, Thermorezeptoren, Mechanorezeptoren und, zugegeben, gelegentlich auch der eine oder andere Schmerzrezeptor feuerten alle gleichzeitig, wo vorher wenig durch die gepanzerte Wand aus Gummi, Leder und Cordura gelangte.

Jeder interagierte anders; es gab Reaktionen auf den Boden, seine Textur, die Frage, ob man den Matsch oder die Kieselsteine meiden sollte, wie kalt das Wasser in der Pfütze war und aus all dem entstand ein akutes Bewusstsein für die Umgebung. Keine Lektion, kein Unterrichten, nur ein Barfußerlebnis. Aus dem zögerlichen Ablegen der Schuhe zu Beginn der Wanderung wurde nun ein Widerstreben, sie wieder anzuziehen.

Das ist nur eine der vielen Lektionen, wie wir unser größtes Organ und die größte sensorische Schnittstelle nutzen können, die uns zur Verfügung steht: unsere Haut. Barfuß ist zwar am besten, aber viele von uns müssen in der künstlichen Welt, die wir für uns errichtet haben, Kompromisse schließen. Nun rate ich Ihnen zwar nicht, von nun an nur noch barfuß zu laufen, aber der Nachteil am gelegentlichen Barfußlaufen besteht tatsächlich darin, dass Ihre Fußsohlen damit nicht schwielig genug werden, dass Sie die Disteln und Dornen nicht mehr spüren.

Aus der Sicht eines Naturforschers ist ein weiterer Teil unseres modernen Lebens, der das Erleben behindert, unsere Kleidung. Wir laufen ständig wie in einem Handschuh steckend herum, eingewickelt in Stoff, der diesen speziellen Sinn erstickt. Der Grund, warum wir an unsere Finger und Hände denken, wenn wir vom Tastsinn reden, besteht darin, dass das außer unserem Gesicht die einzigen Teile unseres Körpers sind, die unser modernes, domestiziertes Ich oder, wie ich neulich hörte, der Homo domesticofragilis, freilässt.

An dieser Stelle muss ich an den Homunkulus denken, den ich einmal auf einem Schulausflug ins National History Museum in London sah. Dieses groteske Menschenmodell mit den Proportionen einer Comicfigur erregte große Heiterkeit und viel Gekicher hinter vorgehaltener Hand in unserer etwas unreifen Schulklasse. Dass er riesige Hände und Füße, Lippen wie Mick Jagger und geschwollene Genitalien hatte, ließ ihn komisch aussehen und die ernsthafte Aussage, die dahintersteckte, ging zu diesem speziellen Zeitpunkt zweifellos an mir vorbei. Die Größe der Körperteile und ihre verzerrte Darstellung zeigte nämlich an, wie viele Sinnesrezeptoren die einzelnen Hautbereiche typischerweise haben. Nach unseren Lippen sind die großen Hände die am besten ausgestatteten Teile unseres Körpers, was die Berührungsempfindlichkeit angeht. Aber besonders erstaunen mich die Füße: An unserem unausgewogenen Homunkulus kommen sie von der Größe her gleich hinter den Händen. In unserer zweibeinigen Lebensweise stellen die Füße meistens den einzigen direkten physikalischen Kontaktpunkt mit der Erde dar, und wir gehen hin und stecken sie in Stiefel. Am konsequentesten wäre es, die Natur nackt zu erforschen, sozusagen als FKK-Naturforscher. Nur indem wir all unsere Tastorgane der Umwelt aussetzen, können wir unser volles Sinnespotenzial ausschöpfen. Wenn ich hier aber einen Schuss Pragmatismus hinzufügen darf: Das wird nicht geschehen, wir lieben unsere Kleidung, unsere Schuhe, Stiefel, Mode viel zu sehr, um das ernsthaft in Betracht zu ziehen.

Viele Male habe ich mich in vielen Teilen der Welt von der Freude des Augenblicks hinreißen lassen, habe in einem Anfall undurchdachter Tollkühnheit meine Schuhe und Socken beiseitegeschleudert und bin mit der gut gemeinten Intention aus der Schlammhütte getreten, es meinen barfuß laufenden örtlichen Guides gleichzutun. Während sie majestätisch dahinschreiten, humpele und hüpfe ich bald unweigerlich gedemütigt hinterher, halte oft an, um Pflanzenstacheln, Sandflöhe und Zecken zu entfernen und scharfkantige Steine zwischen meinen Zehen hervorzuholen – es ist frustrierend. Ich habe diese Erdenwanderer sogar schon absichtlich beschattet und meine Füße nur genau dorthin gesetzt, wo auch sie hingetreten waren, und trotzdem fange ich irgendwann an zu humpeln. Während meine ortsansässigen Freunde nur gelegentlich anhalten, um einen ernsthaften Angreifer loszuwerden – einen Palmenstachel oder eine Zecke, die auch mal auf großem Fuß leben möchte –, sind sie überwiegend in Bewegung.

Direkt aus den Stiefeln befreite Füße sind blass und weich, die Haut feucht und etwas zu verletzlich; außerdem waren sie bisher zusammengedrückt, die Zehen liegen übereinander und bilden lästige Schlupfwinkel, in denen sich Schutt sammeln kann – bei einem gesunden, breiten Fuß, frei von Schuhen, passiert das seltener. Wenn Sie den Zeitpunkt geschickt wählen, können Sie jedoch sehr von der Erfahrung profitieren. Sich an Wildtiere anzuschleichen, sich so durch die Umgebung zu bewegen – unter der Voraussetzung, dass Sie nicht Ihre Tarnung auffliegen lassen, indem sie aufschreien, weil Sie mitten in eine Rosette von Distelblättern getreten sind – ist ein Traum, Sie können den Boden richtig spüren. Nicht nur die Zweige, die unter Ihren Füßen brechen, auch wenn Sie mit etwas Übung einen grünen, elastischen Zweig von einem trockenen unterscheiden können, der wahrscheinlich ein explosionsartiges Desaster anrichtet, und Sie können mit den Zehen Blätter aus dem Weg schieben. Barfuß können Sie so leise gehen, als würden Sie schweben; das Barfußlaufen hebt Ihre quasi-militärischen Feldtechniken auf eine ganz neue Ebene.

Wenn Sie neu in der Welt des Barfußlaufens sind, werden zu den neuen Empfindungen, derer Sie sich bewusst werden, sobald das aufregende neue Gefühl von Schlamm zwischen den Zehen sich abgenutzt hat, die thermischen Eigenschaften und die Variationen in den Temperaturen des Geländes gehören. Das war und ist immer noch eins der unterschwelligeren Vergnügen, eine Empfindung, vor der Ihre Thermorezeptoren abgeschirmt wurden. Spüren Sie den Unterschied zwischen dem kühlen Gras am Wegrand, das eigentlich ein Miniwald in sich selbst ist, einschließlich Schatten, und dem Schlamm. Verfolgen Sie mit den Füßen die wassergekühlten Grashalme, die alle Sonneneinstrahlung aufnehmen und verstecken, und spüren Sie dann die harten, öden Spuren im trockenen, rissigen Schlamm. Die Antworten auf Fragen, die Sie vielleicht über die Orte haben, an denen Echsen ein Sonnenbad nehmen und Sandlaufkäfer glitzernd umherhuschen, liegen Ihnen direkt zu Füßen. Einmal traf ich sogar auf eine Natter, die sich seltsam verhielt. Sie hatte sich am

Wegrand zusammengerollt, nicht im Sonnenfleck einige Zentimeter weiter, was typischer gewesen wäre, sondern im Schatten. Sie lag nahe an einem Wurzelgeflecht und ich vermutete, dass sie auf dem Weg entweder in ihr oder aus ihrem Versteck war. Sobald ich sie entdeckt hatte, erstarrte ich und kroch dann Zentimeter für Zentimeter näher. Es dauerte fast fünfzehn Minuten und indem ich meine Körperhaltung auf eine Weise kontrollierte, die meinen Yiquan-Lehrer stolz gemacht hätte, fand ich mich nur Zentimeter von ihrem prächtigen Wasserspeiergesicht entfernt wieder. Wie so häufig, half es mir bedeutend, dass ich barfuß war. Was mich überraschte und jeden überraschen würde, der etwas Zeit mit diesen scheuen Reptilien verbracht hat, ist die Frage, warum sie blieb. Sie hatte ihren Körper locker aufgerollt und hätte sie in Sonne gelegen, hätte ich vermutet, dass sie sonnenbadete und die Sonnenenergie für ihre Zwecke absorbierte. Aber da lag sie, weder in der Sonne noch in einem Versteck – sehr unnatternhaft.

Schließlich – und ich stelle mir gern vor, dass es auf natürliche Weise geschah und nicht wegen meiner Anwesenheit – regte sie sich. Ein Zucken des Kopfes und ein verstohlenes Züngeln, dann raffte sie ihren üppigen Schachbrettkörper auf und schlängelte sich zurück in das Dickicht der nahen Wurzeln. Ich stand auf, aber bevor ich weiterging, kam mir ein Gedanke, eine unformulierte Frage, durch das stimuliert, was ich in meinen Füßen fühlte. Statt mich hinabzubeugen und meine Hände zu benutzen, schob ich meinen Fuß an die Stelle, an der sie gelegen hatte. Die Frage war beantwortet. Meine Natter hatte auf einem warmen Fleck gesessen, der entstanden war, als die Sonne diesen Teil des Pfades beschienen hatte. Der Boden war noch warm, als ich in die Szene hineinplatzte. Warum sollte eine Natter die Sonne verfolgen und die Sicherheit ihres Schlupflochs aufgeben, wenn sie aus zweiter Hand von der Erde zurückbekommt, was die Sonne ihr hinterlassen hatte: Dieses Geheimnis hatte ich mit den Füßen gelöst.

Wir glauben vielleicht, dass wir einen kulturellen Schritt die Fortschrittsleiter hinauf machen, indem wir unseren Füßen Schuhe anziehen. Darunter sind alle unsere Füße sehr gut ausgestattet, ein Überbleibsel unserer baumbewohnenden Primatenvorfahren.

Stellen Sie sich einen normalen Arbeitstag vor – Brot schneiden, eine Tasse Tee zubereiten, zur Arbeit fahren, maschineschreiben oder eine Maschine bedienen, mit dem einzigen Unterschied, dass Ihre Hände in Socken stecken. Es wäre nicht nur schwierig, etwas zu handhaben, Sie würden auch viele Empfindungen verpassen, die Sie jeden Tag einfach für gegeben halten. Das tun sie gewissermaßen Ihren Füßen an, indem Sie sie den ganzen Tag in Schuhe stecken.

Die meisten Übungen, die auf unseren Tastsinn abzielen, betreffen unsere Hände. Die unbehaarten, geschickten Gliedmaßen sind unsere wichtigsten Fühlorgane und wir haben eine Menge Spaß mit ihnen. Ich ziehe eine Menge sinnlichen Vergnügens daraus, Dinge anzufassen, wie wir alle. Wenn wir nahe genug an etwas dran sind, weniger als eine Armlänge, ist das einer der ersten Zwänge jedes Menschen – die Hand danach auszustrecken.

In dem Augenblick, in dem ich eine Schlange fange und sie der Gruppe zeige, ein kleines Säugetier aus einer Lebendfalle präsentiere oder einen Schädel oder ein Gehäuse aus einer Schachtel oder Tasche nehme – egal, ob die Gruppe aus Schülern, Lehrern, Familien oder grauhaarigen Erwachsenen mit einem Leben voll sensorischer Erfahrungen besteht –, immer gibt es jemanden, der die forschenden Finger danach ausstreckt. Es ist natürlich. Wir leben in einer Welt, in der es wieder und wieder heißt: „Nicht berühren", dabei ist es so eine wichtige Fähigkeit, die uns zur Verfügung steht.

Können Sie eine Baumart nur durch Berührung identifizieren? Bäume gehören zu den reichhaltigsten, zugänglichsten Formen natürlicher Texturen und zeigen eine Menge individueller artspezifischer Abweichungen, aus denen sich eine tolle Übung zur Erforschung Ihres somatischen Potenzials machen ließe.

Ein unterhaltsames und anschauliches Spiel, das ich oft mit einer Gruppe Kinder oder Erwachsener spiele, besteht darin, sie einen Baum finden zu lassen, den sie gern anfassen, und sie ihren eigenen Erkundungen überlassen, während ich sie auf die Struktur der Rinde aufmerksam mache. Die Topografie der Rinde hat damit zu tun, wie spezifische Bäume wachsen und sich verdrehen; ich bringe sie dazu, die Narben, die Schuppen, die Lentizellen zu erspüren: die Mikro- und die Makrolandschaften. Ich stelle mir vor, ich sei so groß wie eine Staublaus, ein Abenteurer, ein „Cortez der Rinde", und wanderte über die Berge und Täler der Rinde. Dann bringe ich die Gruppe dazu, den Baum zu benennen, und anschließend führe ich die Gruppenmitglieder einzeln mit verbundenen Augen zu einer Reihe von Bäumen und lasse sie die Reise wiederholen, aber jeweils einige Minuten an verschiedenen Baumarten. Sobald sie sich sicher sind, müssen sie die Baumart identifizieren, die sie als erste gewählt hatten. Es ist ziemlich aufschlussreich, wie gut wir darin sind. Wenn wir uns auf unsere somatischen Sinne konzentrieren, sind wir extrem empfindlich, können die Brailleschrift entziffern, mit der das Leben uns umgibt, bis hin zu 0,2 Millimeter großen Details, indem wir sie einfach nur berühren, aber wenn wir etwas mit den Fingern verfolgen, sie also in einer sogenannten dynamischen Berührung darübergleiten lassen, können wir diese Auflösung noch verbessern und Unregelmäßigkeiten in Oberflächenstrukturen erkennen, die nur 13 Nanomater messen, also so groß sind wie ein großes Molekül! Sie sind zwar nicht ganz so empfindlich wie unsere Lippen, aber in unseren Fingerspitzen befinden sich immerhin über 2500 Berührungsrezeptoren pro Quadratzentimeter und in unseren Füßen sind es nicht viel weniger.

Die Welt des Fühlens und Berührens ist so riesig. Alles, worüber wir bisher gesprochen haben, ist in diesem einen Sinn mit eingeschlossen; er ist allgegenwärtig und allumfassend. Ihre Haut ist die größte Schnittstelle zwischen Ihnen und der Welt um Sie herum. Sie ist mit Millionen von Rezeptoren bestückt, die ständig Informationen an Ihr Gehirn leiten. Ihr Einfluss auf alles, was wir tun, ist so groß, dass es den realistischen Rahmen dessen, was wir hier zu erreichen versuchen, sprengen würde, es auf Einzelheiten festzunageln. Aber natürlich sind diese fünf Millionen oder mehr Berührungsrezeptoren recht nützliche Werkzeuge, ob es um das Erspüren der winzigen, zupackenden Kiefer der Nesselzellen geht, wenn Sie den Finger durch die Tentakeln einer Seeanemone ziehen, das Gefühl der Sonne auf Ihrem Rücken, das Erkennen der Thermokline beim Abtauchen auf den Meeresboden, das Prüfen eines Astes, das Befühlen eines Baums oder das Streicheln eines Vogelflügels. Diese beiden Quadratmeter Haut, die wir als Erwachsene alle besitzen, dürfen niemals ignoriert oder unterschätzt werden. Wie so viele andere Sinne kann uns auch dieser nur helfen, mehr aus unseren Erkundungen zu machen, wenn wir uns unserer natürlichen Fähigkeiten in diesem Bereich bewusst sind.

15
Auf Du und Du mit der Natur

Sie haben bereits den wichtigsten Werkzeugkasten, den Sie vielleicht jemals besitzen werden – der, mit dem Sie geboren wurden. Wenn das alles neu für Sie ist, fühlt es sich für Sie vielleicht so an, als hätten Sie die Werkzeuge gerade erst ausgepackt. Sie haben vielleicht ein wenig mit ihnen herumgespielt und überprüft, ob alle Teile funktionieren, und jetzt kommt der Moment der Wahrheit, der Spaß, die Belohnung, das, worum es hier eigentlich geht – jetzt gehen Sie raus und wenden Ihre neu gefundene Achtsamkeit an, damit sie ihre volle Wirkung entfalten kann.

Setzen Sie alle Konzepte und Vorstellungen der letzten Kapitel zusammen, wenden Sie sie an und lassen Sie sich so ganz auf die Wildnis ein. Dieser Nervenkitzel kostet Sie nur ein wenig Zeit, kann Ihnen aber unendlich viele Vorteile bringen.

Sie profitieren nicht nur geistig und seelisch davon, sondern auch körperlich, es verschafft Ihnen Einblick in eine ökozentrischere, natürlichere Art des Lebens und indem Sie Ihr eigenes Bewusstsein für die Natur stärken, wo immer Sie sie finden oder erleben, erkennen Sie besser, welchen Einfluss wir als Art auf sie haben. Mit diesem Wissen im Hinterkopf verfügen wir über eine gute Grundlage, um Entscheidungen zu treffen, unsere Wirkung zu minimieren und unsere zukünftige Beziehung mit der Welt zu verbessern, zu der wir selbst gehören.

Das Wilde erkennen

Der Vogel verschwand einfach. In einem Augenblick saß er noch auf dem Felsen, ein König auf seinem bemoosten Schloss, abgeschottet vom Ufer im Hintergrund durch einen Burggraben mit wildem, schäumendem, dynamischem Flusswasser. Im nächsten hatte er seine Flügel ausgebreitet, aber statt vogelgleich davonzuschwirren, wie es angemessen erschienen wäre, stürzte sich die Wasseramsel kopfüber in die Stromschnellen. Im Bruchteil einer Sekunde war sie verschwunden, abgetaucht.

Damals hatte mein junges Gehirn Mühe, das alles zu verarbeiten. In meinen Bilderbüchern taten kleine Vögel so etwas einfach nicht. Zweifellos gingen mir die wildesten Gedanken durch den Kopf. War das ein schrecklicher Unfall gewesen? War ich Zeuge eines seltsamen Selbstmordes geworden? War der Vogel krank oder war er ohnmächtig geworden?

Dann, nach einer gefühlten Ewigkeit, tauchte er wieder auf wie der Korken, den ich in der Badewanne so gern unter Wasser hielt und dann losließ. Mit einem Blinzeln der Nickhaut (einem ganz speziellen dritten Augenlid, das für den Beobachter von Weitem wie Aufblitzen von Weiß erscheint und wie eine Taucherbrille auf der Nahrungssuche die Augen schützt) glitt er wieder auf dem Felsen. Ein kurzes Schütteln ließ quecksilberartige Wassertröpfchen in den Fluss regnen, und schon saß er wieder da wie vorher und verführte meinen ungläubigen Geist beinahe zu der Annahme, dass ich mir den ganzen unglaublichen Vorfall nur ausgedacht hatte. Das war wahrscheinlich meine allererste Vogelbeobachtung, genau genommen meine erste Tierbeobachtung. Ich war vielleicht drei oder vier Jahre alt und hatte meinen Vater auf eine Angeltour in Braemar in Schottland begleitet. Ich erinnere mich daran so deutlich, als wäre es gestern gewesen; es war ein faszinierender, bahnbrechender Moment in meinem Leben: Ein wildes Tier, nur eine Angelrutenlänge von meinem Sitzplatz auf dem Ufer entfernt. Seine arglose Anwesenheit veränderte unwiderruflich einen Teil meines Gehirns. Irgendwo tief in meinem Hippocampus würden die Dinge nie wieder sein wie vorher.

Häufig finde ich mein Leben als moderner Mensch langweilig, belastet von Verantwortung und der Plackerei, Rechnungen und Steuern zahlen zu müssen, und wie viele von uns wende ich einen großen Teil meiner Zeit für profane Entscheidungen auf. Ich ertappe mich dabei, wie ich mich an Details aufreibe, die im großen Zusammenhang der Dinge eigentlich gar nicht so wichtig sind. Der Zustand der Welt deprimiert mich etwas, die Politik, die ich nicht so recht verstehe, die Tatsache, dass offenbar niemand außer mir sich darum schert, ob dieser Baum gefällt, jene Hecke malträtiert wird oder um die Menge an Plastik, die ich wegwerfen muss. Das sind grundlegende Dinge und kein Firlefanz, auch wenn die Gesellschaft mit ihrem Mangel an Rücksicht gern so tut.

Es ist der Preis für das ökologische Bewusstsein – bestimmte Dinge machen mir etwas aus, sie zupfen und zerren an meiner Zufriedenheit und ziehen mich letztendlich runter. Während ich hier sitze, wie so häufig zwangsläufig an den Computer gefesselt, unablässig im Einfingersystem auf die Tastatur einhämmernd, während ich Wörter in einer Art von geordneter Abfolge zu Bildschirm bringe, dann beschreibe ich nicht selten die Dinge, die ich in diesem Moment gern draußen betrachten und erleben würde. Da bin ich nicht der Einzige, ich weiß: Wir wären alle lieber am Strand, mit Sand zwischen den Zehen, würden das trockene Rascheln und Summen der Heide hören oder entspannt auf einem samtig bemoosten Stein in einem alten Eichenwald sitzen und ins Blätterdach starren. Aber wie ich sind auch Sie wahrscheinlich in der Eintönigkeit des Daseins als moderner Mensch gefangen, in einem übermäßig bequemen Kokon, unempfänglich für Erfahrungen, die die Sinne, um die es in diesem Buch geht, wahrhaft stimulieren.

Einen großen Teil meines Materials, das muss ich zugeben, habe ich gesammelt, als ich zehn war. Es entbehrt nicht einer gewissen Ironie, dass ich in einer Welt lebe, in der jüngere Generationen ein Buch kaufen oder in eine Waldschule gehen müssen, um etwas über Dinge zu lernen, die noch vor fünfzig Jahren umsonst zu haben und Teil des Allgemeinwissens waren. Ich schreibe über Themen, die ein Knirps in den 1950er-Jahren als selbstverständlich angesehen hätte, und er hätte auch ungehinderten Zugriff darauf gehabt. Diese Kinder brauchten niemanden, der ihnen zeigt, wie viel Spaß es macht, Frosch- oder Molchlaich, Vogelnester oder große Raupen zu entdecken. Diese Kinder wussten, welche Bäume das Holz für die besten Speere, Pfeifen und Lagerfeuer hergaben, auf welche man am besten klettern und von welchen man naschen konnte. Wir verlieren diese Erfahrungen, dieses Naturwissen, das wir als Art einmal besaßen.

Ich ertappe mich oft dabei, wie ich in einer Abwärtsspirale in eine wahre Trübsal gerate, wenn ich an meine Art und ihre missliche Lage denke. Ich möchte, dass meine Tochter einen besseren Ort als diesen hier kennenlernt, dann wieder mache ich mir weinerlich Gedanken darüber, ob jemand das hier überhaupt lesen wird, ob es irgendeinen echten Unterschied macht, und dann, gerade wenn ich an einem neuen Tiefpunkt angelangt bin – landet ein Rotkehlchen an der Futterröhre, die an meiner Scheibe klebt.

Es schlägt mit den Flügeln, seine rote Brust ein Funken in meiner ausgetrockneten Seele, es legt den Kopf schief und sieht mich mit seinen tiefdunklen Augen an, und mehr braucht es nicht: Ich bin lebendig. Wie bei meiner Begegnung mit dem Bären, nur in Miniaturform. Während ich zuschaue, sehe ich, und während ich sehe, stürze ich in seine wilde Welt. Dieser Moment führt alle Momente zusammen, die ich jemals in Gegenwart eines wilden Geschöpfes verbracht habe. Er ist Teil eines verbundenen Ganzen, einer Lebenserfahrung, und damit hat sich der Kreis geschlossen. So fing es vor fast vierzig Jahren mit meiner Wasseramsel an und es führte mich um die ganze Welt. Auf ähnliche Weise habe ich schon Haien, Walen, Gorillas, Kobras und Nashornvögeln in die Augen geblickt, und nun ist es wieder so. All diese Erfahrungen sind sehr unterschiedlich, aber gleichzeitig haben sie eine grundlegende Gemeinsamkeit: Sie alle bewegen mich und ziehen mich weiter hinein.

Dieses Rotkehlchen ist nicht mein Rotkehlchen, es teilt sich nur den Raum mit mir, lebt nur auf der anderen Seite des Fensters. Das Rotkehlchen erhebt meine Seele, gibt mir auf unerklärliche Weise Auftrieb, macht alles wieder gut. Dieser einfache Kontakt mit einem Wildling relativiert den ganzen anderen Unsinn des Lebens. Alles, was mir in meiner kleinen Welt Sorgen macht, landet auf der mentalen Müllkippe meines Gehirns, die für Oberflächliches reserviert ist.

Dieses Rotkehlchen – es könnte aber genauso gut eine Buche sein oder eine Landassel – und die Sinnestür, durch die ich es an mich heranlasse, ist etwas Rohes und Kraftvolles und umfasst all das, was ich auf den Seiten dieses Buches zu vermitteln versuche. Wenn ich nur die Worte fände, um zu beschreiben, was in diesem Augenblick geschieht, wenn die Wildnis an meine Tür klopft, dann würde mir das eine Menge Tipparbeit ersparen.

Herr Rotkehlchen ist so nah. Ich lasse meinen Blick über die verschiedenen Federstrukturen wandern, die alle eine bestimmte Aufgabe zu erfüllen haben, und ich bemerkte das seltsame arhythmische Pulsieren seiner Brust und seiner Flügel. Dann senkt er den Kopf, pickt einen Mehlwurm auf und lässt einen ganz leisen Ruf ertönen, und schon kommt ein zweites Rotkehlchen dazu, seine Partnerin. Jetzt weiß ich, dass es ein „Herr" Rotkehlchen sein muss, weil der zweite Vogel ganz kitschig wird und ihn wie ein Küken anbettelt. Er füttert sie, stopft einen Mehlwurm in ihren Schlund. Das ist das sogenannte Balzfüttern, sie sind ein Paar und er mästet sie, sorgt dafür, dass sie satt ist und während der aufreibenden Eiablage, die ihr bevorsteht, alles geben kann.

Die Natur hat mir gerade eins ihrer Geheimnisse verraten, aber darüber hinaus gibt es hier eine Verbindung zu einer langen Reihe von Rotkehlchen – deren Vorfahren Insekten fingen, wenn sich die Gelegenheit dazu bot, aufgeschreckt vom Getrampel von Wildschweinen und Auerochsen in den ausgedehnten Wäldern der Nacheiszeit. Kein Zweifel, dieser Vogel ist ein kleiner, rotkehlchenförmiger Splitter der Wildnis und wir sind in ihm und bei ihm. Wenn Sie sich nur ein wenig öffnen, werden Sie die Wildnis überall sehen.

Jeder solche Kontakt mit der Natur kann für den echten, redlichen Nervenkitzel sorgen, der in unserer modernen Welt immer seltener zu finden ist. Nicht selten im eigentlichen Sinn, denn die Rohmaterialien sind überall um uns herum, aber selten in dem Sinne, dass wir ihn auf unverfälschte und einfache Weise wertschätzen.

Ein wildes Tier zu sehen – ich meine, es wirklich zu sehen, es bei seinen alltäglichen Verrichtungen zu beobachten, es in all seiner Wildheit zu erleben und ein Teil seiner Welt zu werden und kein

Grund zur Beunruhigung, nicht die Bedrohung zu sein, das Etwas, das es in die Sicherheit des großen Ungesehenen huschen lässt, das ist eins der wahren Erlebnisse im Leben. Es ist eine Art, die eigene Gewitztheit mit der Natur zu messen, und das geschieht niemals zufällig. Damit meine ich, Sie müssen die Vorarbeit leisten, der Erfahrung gegenüber offen sein, und dafür müssen Sie Ihre eigenen Fertigkeiten so weit verfeinern, bis sie denen unserer Vorfahren entsprechen. Wenn Sie so wollen, gehen Sie auf die Suche nach Ihrem inneren Jäger und Sammler und setzen ihn dann auf die angenehme Aufgabe an, so nahe wie möglich an Ihre Beute heranzukommen.

Es sind diese intimen Momente in der Natur, die Bestand haben; die Sekunden, in denen Sie beobachten, wie ein durchsichtiger Schmetterling sich aus seinem Chitingefängnis befreit, oder ein Augenblick in Gegenwart eines Dachses, der in vollkommenem Unwissen um Ihre Anwesenheit unbekümmert seinem Alltag nachgeht, sind Erlebnisse, die Sie nie vergessen und wieder und wieder in ihrem Kopf abspielen werden. Meiner Erfahrung nach sind es diese echten Momente, die alles andere überdauern und bestehen bleiben, nicht das Schnäppchen auf eBay oder der Highscore bei Donkey Kong 3. Es gibt eine Lehrmeinung, nach der nur die Erfahrungen, die für uns wichtig sind, die Synapsenmuster in unserem Gehirn verändern und sich als dauerhafte Erinnerung verankern. Danach könnte man also argumentieren, wenn Sie Ihr ganzes Leben der Aufgabe widmen, die höchste Punktzahl bei einem Computerspiel zu erreichen, dann wird das zu Ihrer alles übertrumpfenden Erinnerung aus dem einfachen Grund, dass es für Sie wichtig ist. Mein Gegenargument lautet, dass eine Wildniserfahrung in der Natur, wenn wir sie zulassen, die neuralen Signalwege aktiviert, die ungenutzt oder unterentwickelt vorhanden sind; tief in uns allen schlummert ein natürliches Wertesystem und ein authentisches Erlebnis verbindet sich mit etwas, das tief in uns liegt, und das auf so deutliche Weise, dass wir nach einem solchen magischen Augenblick ein echtes Gefühl der Sinnhaftigkeit und eine tiefe Zufriedenheit verspüren.

Unsere künstliche, sichere, zunehmend urbane Lebensweise ist eine Vortäuschung einer Welt, die wir nach unseren eigenen Vorgaben hergestellt haben, um die Vorgänge des täglichen Lebens möglichst einfach, sauber und bequem zu gestalten. Kaum etwas darin stellt eine echte, anspruchsvolle Herausforderung dar, abgesehen vom rein mentalen Willen, tagein, tagaus immer dasselbe zu tun. Es gibt keine Trainingsmöglichkeiten für das innere Tier in uns allen. Um diese wahre Sinnhaftigkeit zu finden, um herauszufinden, wozu das alles gut ist, müssen wir auf Erkundungsreise zum Rand unserer Komfortzone gehen, müssen wir ausziehen und unverfälschte Verbindungen zur Welt knüpfen. Es geht darum, den Kontakt zu unserem inneren Tier wiederherzustellen, dem Wesen, das in uns allen lebt, indem wir in eine Welt eintauchen, wo das Wilde wohnt.

16
Eine Schnecke lässt sich nicht hetzen

Wo fängt man an? Wenn Sie keine Erfahrung mit dem Beobachten wilder Tiere haben, erscheint Ihnen die Vorstellung, sich ihnen zu nähern und eine Verbindung zu ihnen aufzubauen, vielleicht erst einmal etwas beängstigend. Eins vorweg: Es gibt noch Millionen anderer Lebensformen, aus denen Sie wählen können, und höchstwahrscheinlich existiert in Ihrer Vorstellung ein Fantasiebild von dem, wovon Ihrer Meinung nach dieses Buch handelt. Aber glauben Sie mir, es gibt so etwas wie einen tieferen Sinn dahinter – es ist der Anfang einer Reise, und diese Reise beginnt mit den ersten, gemächlichen Schritten.

Auch wenn Sie sich danach sehnen, einen Fuchs zum Freund zu haben oder ein Gnu zum Gefährten oder gar einen Kodiakbären zum Kumpel (und was es da sonst noch an Wildtier-Alliterationen geben mag, sicher eine Menge), wahrscheinlich ist es in Wirklichkeit besser, einfacher umzusetzen, billiger und auch sicherer, wenn Sie Ihre Sinne an kleineren und leichter zugänglichen Lebensformen schulen. Die kleinen Dinge des Lebens lassen Sie selten im Stich und kaum eins wird Sie fressen, wenn Sie es nicht ganz richtig angehen.

Vor den Tigern, Spitzmaulnashörnern, Dachsen, Wasseramseln und sogar Rotkehlchen waren es die Raupen. Ein katzenhafter Spitzenräuber und eine unscheinbare, pralle Insektenlarve haben auf den ersten Blick wenig gemeinsam, doch dem ist nicht so. Die persönliche Verbindung zur Natur begann für mich in einem Einmachglas. In dieser Welt voller Flussdiagramme und übervorsichtiger Schritt-für-Schritt-Anleitungen muss ich es noch einmal wiederholen: Sie müssen nicht in meine Fußstapfen treten, das ist nur ein Serviervorschlag. Finden Sie Ihr eigenes Ding, aber wenn Ihnen die Inspiration fehlt, gibt es auf alle Fälle schlechtere Möglichkeiten, als ein paar große weiße Raupen von der Kapuzinerkresse oder dem Kohl im Garten zu pflücken und sie zu beobachten.

Ein kleines Lebewesen mit anderen Augen zu betrachten, es zu beriechen, zu berühren, zu spüren, ist ein hervorragendes Training – überraschenderweise können Sie all das mit den Raupen tun. Über einen kurzen Zeitraum in meinem Leben drehte sich alles um diese „Haustiere". Ich habe all diese Dinge mit ihnen angestellt, ich nahm sie auf jede Art in mir auf, die möglich war (oder fast: Gekostet habe ich nie eine).

Vielleicht können Sie sich nicht vorstellen, wie eine Raupe in einem Einmachglas eine Erfahrung für alle Sinne sein kann, aber ich muss die gefleckten kleinen Fressmaschinen nur in meinem Beet sehen und sofort erinnere ich mich daran, wie ich ihnen beim Häuten zugesehen habe (fünfmal), den regelmäßig wiederkehrenden Kampf, aus der alten, engen Haut zu fahren und eine neue darunter freizulegen, an den Geruch der „Senföle", wenn ich jeden Tag den Deckel abschraubte, um ihnen neues Futter zu geben, und denselben Geruch, der aus der grünen Schmiere aufstieg, die sie auf meine Finger spuckten, wenn ich zu grob mit ihnen umging, ich kann sie sogar noch fressen hören, ein methodisches, mechanistisches Miniaturticken. Ich hatte immer gedacht, die Raupe stellt eine Puppe um ihren Körper herum her, aber dann sah ich zu, wie sich eine lebhafte Raupe aus ihrer Haut zappelte und etwas ganz anderes zum Vorschein kam. Die Maske war gefallen und hatte einen Beutel ohne erkennbare Raupenmerkmale enthüllt, der sich zu einem Kästchen verhärtete, das sich wands, wenn man es leicht berührte.

Schließlich folgte der Höhepunkt des ganzen Lebenszyklus, das Crescendo von Flügeln und Beinen, als sich einige Wochen später das alltägliche Heckenwunder abspielte – die Puppe platzte auf und gab ein Schmetterlingsleben frei.

Wenn das nicht reicht, um Sie aufzuwühlen, Sie zu verblüffen und zu faszinieren und eine Reihe von Fragen in Ihnen aufzuwerfen, dann weiß ich auch nicht. Ich jedenfalls war Feuer und Flamme und dann begann ich, Schmetterlinge nicht mehr nur als vorbeitaumelnde Kommentare zum Sommer zu betrachten, sondern als Wunder, jeder einzelne ein Vertreter einer magischen Metamorphose, vierer unterschiedlicher Lebensstadien, jedes mit einer eigenen geheimnisvollen Verwandlung, jedes mit eigener Ökologie, spezifischen Fressfeinden und besonderen Dramen.

Sie trieben mich nach draußen, nun war ich ein Raupenjäger. Ich brütete über Details, verfeinerte meine Suchbilder, um ihre oft höchst verborgenen Gestalten zu erkennen; ich stellte den ausgewachsenen Tieren nach, wenn sie Nektar an Blüten tranken, nur weil ich es konnte. Zuerst war es ein Spiel, aber dann war ich wie hypnotisiert von ihren gemusterten Augen, der Mechanik ihres uhrfederartigen Rüssels. Sie zogen mich an und als ich wie Alice durch den Kaninchenbau in ihre wunderbare Welt stürzte, entdeckte ich andere Dinge, andere Bewohner der Welt, die ebenso meine Sinne und meine Deutungen der Welt im Allgemeinen auf die Probe stellten.

Wann sind Sie zum letzten Mal auf alle Viere gegangen und haben ganz einfach den Graswurzeldschungel betrachtet? Einem

Käfer oder einer Ameise wirklich Auge in Facettenauge gegenübergestanden? Die meisten von uns gehen durchs Leben, ohne sich bewusst zu machen, dass wir all das Wunderbare verpassen, das fast unter unseren Füßen stattfindet. Tatsächlich sehen viele von uns diese zahlenmäßig größten Tiergruppen der Erde am liebsten genau dort: unter ihrem Fuß. Ich habe nie so recht die vielen negativen Konnotationen verstanden, die schon bei der einfachen Nennung ihres Namens in den Köpfen entstehen: Fliege, Spinne, Raupe, Motte – Sie verstehen, was ich meine.

Eine der wahren Herausforderungen des Lebens besteht jedoch in der Fähigkeit, diese Bewohner des Mikrokosmos als gleichwertige Einwohner dieses Planeten zu betrachten; wenn wir über die Artenvielfalt reden, erzielt jede Art dieselbe Punktzahl.

Damit meine ich, wenn wir über die Bedeutung der Vielfalt des Lebens auf der Erde reden, ist der große, flauschige Riesenpanda genauso wichtig wie die Ameise, die da gerade über die Gehwegplatte krabbelte und in der Ritze verschwand. Der einzige echte Unterschied ist unsere Haltung, unser Wissen und unser Verständnis und leider ist es ein härteres Stück Arbeit, eine Beziehung zu einer Ameise aufzubauen, und viel einfacher, sie zu verabscheuen.

Ob Ameise oder Ameisenbär, Tiger oder Tigermücke, jedes Lebewesen (und ja, dazu gehören auch Wespen, Mücken, Nacktschnecken und Spinnen) hat eine Funktion in seinem Ökosystem und zur Fähigkeit eines Naturforschers, eine Verbindung mit der Welt einzugehen, gehört auch, diese Vernetzung des Lebens nicht nur zu verstehen, sondern auch auf die Suche nach ein paar Antworten zu gehen. Zugegeben, das kann ziemlich schwierig sein, aber mit einigen soliden Beobachtungen und einem neugierigen Geist können Sie sich mit einigen hochfaszinierenden Tieren vertraut machen und damit eine viel intimere Verbindung zur Welt um Sie herum aufnehmen.

Das Beste an den Wirbellosen ist die Tatsache, dass kleine Tiere wenig Platz einnehmen, und daher gibt es immer welche zu sehen, wo immer Sie sich auch befinden und zu jeder Jahreszeit.

Eine meiner Lieblingsbeschäftigungen, die mir wirklich dabei hilft, mich auf die Natur einzustellen, ist etwas, wofür es in unserer modernen Hochgeschwindigkeitswelt nie genug Zeit zu geben scheint, und das ist das Stillliegen. Suchen Sie sich ein Fleckchen mit hohem Gras, prüfen Sie es kurz auf Disteln, Nesseln und andere Dinge, in denen Sie nicht gern liegen würden, machen Sie sich dann auf dem Bauch bequem, und sehen Sie einfach hin.

Starren Sie einfach auf das Gras und andere Pflanzen und stellen Sie die Augen immer wieder auf andere Punkte in den Tiefen dieses grünen Miniwaldes scharf. Manchmal hilft es, die Augen ein wenig zuzukneifen, weil Sie damit Ablenkungen am Rand des Gesichtsfeldes ausblenden und Bewegungen besser wahrnehmen können.

Neulich habe ich das mit einer Gruppe von Rentnern gemacht, die zu einem meiner Naturbeobachtungs-Wochenenden angetreten waren in der irrigen Annahme, dass wir das komfortabel aus einem Minibus heraus oder wenigstens im Stehen tun würden. Nach einigen Minuten Kichern und Murren, während sie die arthritischen Gliedmaßen beugten und tragfähige Verrenkungen ausprobierten – und dabei einige Positionen einnahmen, die ihr Körper vermutlich seit rund fünfzig Jahren nicht mehr probiert hatten –, kamen sie zur Ruhe. Wo noch Augenblicke zuvor eine Gruppe von rund achtzehn Achtzigjährigen in rot-gelben Regenjacken gestanden hatte, war plötzlich gar nichts mehr zu sehen. Außer der sanften Brise, die das Gras zum Wogen und die Wildblumen zum Herumwippen brachte, als seien sie von ihren erdgebundenen Wurzeln befreit, schien es zumindest für einige Momente so, als wären sie plötzlich atomisiert und auf einen anderen Planeten gebeamt worden. In gewisser Weise waren sie das auch. Langsam, als die alten Augen sich an die Rhythmen und Schwingungen der Pflanzenstängel gewöhnt hatten, wurden sie in eine Welt versetzt, die von vielbeinigen Aliens und Wesen bevölkert war.

Seltsame Gurrlaute, überraschtes Keuchen und ein gelegentlicher plötzlicher Ausruf hier und da zeigten mir, dass meine Gruppe irgendwo im Gras Dinge sah, die sie noch nie gesehen hatte.

Sobald Sie in den grünen Wirrwarr blicken, beginnt die Übung mit Farben. Tauchen Sie ein in die Vielfalt der Farbtöne dieser selten wahrgenommenen Welt. Konzentrieren Sie sich richtig auf die verschiedenen Pigmente, die zu sehen sind. Ich denke gern darüber nach, was diese Farben alle so unterschiedlich macht, die Dicke des Blattes oder Stängels, die anderen mikroskopischen Strukturen im Inneren, die das Licht entweder reflektieren, durchlassen oder abblocken. Ich stelle mir vor, wie all der Schulstoff über Transpiration, Fotosynthese und den Wasserkreislauf in Pflanzen zum Leben erwacht. Das nährt das Leben auf der Erde. In jeder Pflanze fließt das Elixier des Lebens durch winzige Rohre und Mikroleitungen, magische Zuckerarten und Proteine, erzeugt aus nichts als Licht, Wasser und den Gasen, die wir alle ein- und ausatmen. Wenn Sie eine ökologische Vision der molekularen Alchemie vor Ihrem inneren Auge heraufbeschwören, verstehen Sie auch besser, was die anderen vorhaben.

Kaum stellen Sie sich die Bausteine vor, die Zellmaschinerie und die Gezeiten mikroskopisch kleiner Lebensprozesse, schon treffen Sie auf einen der Riesen, der mit seinem scharfen, durchbohrenden Rüssel einen Stängel anzapft; die Spitzkopfzikade ernährt sich wie ein Weindieb, sie stiehlt von der Pflanze, um ihren Bedarf nach Zucker zu stillen.

Sie hatten sie nicht bemerkt, als Sie Ihr Gesicht ins Gras schoben, aber jetzt, da Sie sich auf die winzige Welt, den Rhythmus und die Muster der Pflanzen eingestellt haben, fällt sie plötzlich auf; allein durch ihre Form und Umrisse, auch wenn sie wunderbar zu den Farben und Umrissen der Umgebung passen, scheint sie Sie geradezu anzuspringen. Schon die Wölbung ihres Körpers, das Zucken eines Beins oder Fühlers reicht aus, um sie Ihren nun jubilierenden Sinnen zu verraten – Sie haben einen ersten Schritt in ein tieferes Naturbewusstsein gemacht.

Im Handumdrehen werden Sie Ihre Augen an einer Welt weiden, die Sie vermutlich noch nie so gesehen haben und die Sie wohl niemals erlebt hätten, wenn Sie nicht dieser ganz einfachen Anweisung gefolgt wären – sich etwas Zeit zu nehmen und sich auf den Bauch zu legen.

Einigen von uns kommt es so vor, als hielte die Erde kaum noch Überraschungen bereit; die großen Entdecker des 19. Jahrhunderts und die modernen Forscher scheinen uns die echten Entdeckungen und aufregenden Erfahrungen weggenommen zu haben. Manchmal kommt man sich leicht so vor, als sei man 150 Jahre zu spät geboren. Stimmt nicht. Die Wahrnehmung ist eine falsche – um ein Indiana Jones, ein Isaac Newton oder ein Alfred Russel Wallace zu sein, brauchen Sie nur Ihre Sichtweise auf die Welt zu ändern, den Horizont nach unten zu versetzen und sich auf die Ellbogen zu stützen.

So einfach ist es, Sie müssen nur auf irgendeine Weise diese Brücke bauen. Ich bin zu dem Ergebnis gekommen, dass Insekten sehr gut zugänglich sind und dass man in ihrer Gesellschaft auf der Überholspur in die Wildnis gelangen kann. Aber natürlich sind sie nur ein kleiner Teil der großen Gleichung. Sie existieren nicht isoliert, wie auch alles andere.

Ihre Effektivität steigt mit jedem Moment der Neugier. Wenn Sie sich einige der Techniken aus den vorigen Kapiteln angeeignet haben, werden Sie zwangsläufig auch andere Dinge beobachten, riechen und hören. Stellen Sie Fragen zu allem, was Sie erleben, und schon befinden Sie sich auf einer magischen Entdeckungsreise.

Meine Schwäche für Raupen führte zu einem Grundwissen in Botanik – das ging nicht anders, man muss wissen, was sie fressen, um sie zu finden. Manche sind nicht sehr wählerisch, andere sind so festgelegt, dass das beschränkte Vorkommen der Futterpflanze, nicht des Insekts, sie so selten machen. Sehr schnell entwickeln Sie eine Fähigkeit, verschiedene Pflanzenarten an Blättern, Blüten, Rinde und Wachstumsform zu identifizieren, Sie können gar nicht anders. Sie botanisieren. Nicht, dass ich mich selbst als Pflanzenexperten bezeichnen würde. Tatsächlich bin ich Experte für gar nichts; „Experte" ist ein gefährliches Wort, weil es impliziert, dass es ein erreichbares Ziel gibt. Wenn ich höre, wie jemand mit diesem Wort beschrieben wird, sagt mir das nur, dass er einen bestimmten Bereich stärker bearbeitet hat als einen anderen.

Für die Neugierigen existiert nichts für sich allein. Raupen führen notwendigerweise zu Pflanzen, und adulte Schmetterlinge und Nachtfalter brauchen andere Pflanzen, von denen sie sich ernähren, also lernen Sie auch die kennen. Dann gibt es den morphologischen Zirkus, an dem jedes Lebensstadium teilnimmt – jede Flügelschuppe, jeder Stachel, jeder Lappen und jede Leiste spielt eine Rolle für das Überleben des Insekts; das wiederum führt Sie dazu, welche Faktoren sein Überleben bedrohen, welche Fressfeinde es hat – die Vögel, die Spitzmäuse und Mäuse, um nur einige zu nennen –, und so geht es immer weiter, Verknüpfung nach ökologischer Sinnesverknüpfung. Sie kommen aus dem Staunen nicht mehr heraus und dabei stellt sich eine Achtsamkeit ein – was ich die Renaturierungsverbindung nenne. Sie wenden alles, was Sie haben, auf die Welt an – auf die Dinge, die Sie sehen, riechen, schmecken und fühlen –, in einer Alchemie der Sinne, und Ihr Gehirn und Sie werden ein Teil davon. Die tiefe, grundlegende Zufriedenheit, die sich dabei einstellt, ist Ihr wahres, wildes Ich.

Die Einflusssphäre

Eins dürfen wir nicht vergessen, und das fasst alles schön zusammen, was wir über uns und die Welt gelernt haben, in die wir einzutauchen versuchen: Auch wenn wir überwiegend vielleicht keine Bedrohung sind, bewegen wir uns doch ungelenk und geräuschvoll durch die Welt nach dem Motto „Hier ist nichts, was uns fressen könnte", und sind dabei ein massiver Störfaktor für alles Leben im Umkreis. In der Folge verderben wir uns viele Momente, noch bevor sie eintreten können.

In meiner Arbeit als Naturforscher, ob ich nun an einem Film arbeitet und auf die Einstellung warte, ökologische Vermessungsarbeiten betreibe oder einfach meditativ die Natur genieße, muss ich ziemlich viel Zeit, vielleicht mehr Zeit als die meisten anderen, damit verbringen, einfach stillzusitzen, geduldig zu sein und darauf zu warten, dass das Leben um mich herum seinen Gang geht. Es ist die Kunst des Stillsitzens und Ruhigseins. Es ist nicht weiter schwierig, es ist keine höhere Mathematik, und doch tun wir es selten. Versuchen Sie es einmal, nehmen Sie sich eine Stunde in der Woche Zeit – das könnte zum Beispiel Ihre Mittagspause sein oder ein Umweg auf dem Nachhauseweg von der Arbeit. Suchen Sie sich einen Platz und setzen Sie sich dorthin. Üben Sie, sich auf die Natur einzustellen, hinzuhören, hinzusehen, zu riechen, ohne sich von Ihrem Platz wegzubewegen.

Bei mehreren Gelegenheiten saß ich einfach nur still da und erlebte aus erster Hand, wie andere Menschen ziemlich tolle

Dinge „verpassten", weil sie durch das Leben poltern und für Möglichkeiten gar nicht offen sind. Ich höre immer wieder, wie die Menschen staunen, was für ein Glück ich habe, was ich regelmäßig zu sehen bekomme, aber es gibt keinen Grund dafür, warum sie diese Dinge nicht auch erleben könnten. Zwar hat Glück auch immer etwas damit zu tun, ob ein Moment erlebt wird oder nicht, aber das gilt nicht automatisch für jedes Szenario. Ich führe einen Großteil davon auf etwas zurück, das ich die persönliche Einflusssphäre nenne.

Wenn wir spazieren gehen, haben wir de facto eine fortlaufende, unsichtbare Wirkung auf alles, an dem wir vorbeikommen. Eine Einflusssphäre auf alle Lebensformen, die uns umgeben, vor allem auf die mit einem gut entwickelten zentralen Nervensystem. Wenn Sie leise, ruhig und langsam durch die Landschaft gehen, schrumpft Ihre Einflusssphäre. Gehen Sie dagegen schneller, erhöht sich Ihr Störfaktor proportional. Wenn Sie sich langsam bewegen, nehmen Sie auch eher die Einzelheiten und feineren Nuancen der Welt um Sie herum wahr, und dann erst sehen Sie Dinge geschehen. Wenn Sie ganz aufhören, sich zu bewegen, und ein wenig Zeit vergehen lassen, kann sich Ihr unsichtbarer Fußabdruck manchmal fast vollständig auflösen; dann landen Schmetterlinge auf Ihnen, Mäuse laufen Ihnen über die Füße und Vögel lassen sich zum Singen so nahe bei Ihnen nieder, dass Sie ihren Atem hören können.

Diese verbesserte Fähigkeit, Dinge zu bemerken, geht teilweise auf Ihre geringere Geschwindigkeit zurück: Sie haben Ihren Sinnen einfach mehr Zeit gegeben, das alles wahrzunehmen, aber Sie stellen auch eine geringere Bedrohung dar, Sie machen weniger Lärm und können sich an die Szenerie anpassen, die sich um Sie herum entfaltet: Ein Hermelin, das seine Jungen an einen anderen Ort bringt, lässt Sie innehalten, sodass Sie das pelzige Wunder mit allen Sinnen aufnehmen können; ein Trauerschnäpper, der Raupen von prallen Eichenknospen pflückt – Sie halten inne, er hält inne und nach einem atemlosen Augenblick gegenseitigen Beäugens bringt seine Einschätzung Ihrer Bedrohlichkeit ihn dazu weiterzufressen. Ein derartiges Vertrauen verschafft Ihnen einen Einblick in einen geheimen Alltagsvorgang.

Als Sie dieses Buch aufschlugen, waren Sie vielleicht einer der vielen Menschen, die ich kennenlerne, die verzweifelt auf irgendeine Art Verbindung mit der Natur aufnehmen möchten, aber durch den Sprachgebrauch und die verwirrende Vielfalt der Themen abgeschreckt sind und vielleicht auch durch die möglichen Folgen, wenn sie etwas falsch machen. Auch das Expertensyndrom fordert bei manchen Menschen seinen Tribut, beschneidet ihre Leidenschaft, ertränkt das manchmal kindliche Staunen in einem Meer von Ernsthaftigkeit. Hoffentlich sind viele dieser Ängste inzwischen gelindert. Reduzieren Sie alles auf die Grundlagen und nehmen Sie an, was der einzelne Augenblick Ihnen schenkt; saugen Sie die Sinneseindrücke auf, absorbieren Sie alles und schwelgen Sie in den Erfahrungen, die Sie auf Ihren Abenteuern machen. Es ist gut möglich, dass Sie sich unterwegs in einem taxonomischen Labyrinth verirren, dass Sie einem Gesicht oder Merkmal keinen Namen zuordnen können. Das macht nichts. Oft steigern wir uns übermäßig in den Wunsch hinein, etwas identifizieren zu können, eine Pflanze, einen Vogel, einen winzig kleinen Nachtfalter – mir jedenfalls geht das regelmäßig so. Wenn ich auf einer Pilzwanderung war oder gerade eine Nachtfalterfalle geleert habe und mich durch meine Sammlung arbeite, sorgen eine Handvoll Exemplare immer dafür, dass ich weinen, aufgeben und mich einem einfacheren Hobby wie dem Briefmarkensammeln zuwenden möchte. Trösten Sie sich, jedem „Experten" geht es manchmal so. In einem

Augenblick wahnsinniger Frustration, den mir ein Pilzführer bescherte, zerriss ich ihn und verfütterte ihn und die kleinen braunen Pilze an meine Afrikanischen Riesenschnecken – die kamen so wenigstens in den Genuss von etwas Zucker und Stärke (es stellte sich heraus, dass das Buch nicht besonders gut war). Auf Details zu achten und Erlebnisse aufzuzeichnen, bringt Sie ein gutes Stück weiter. Irgendwann werden einige dieser Fähigkeiten ganz selbstverständlich für Sie und mit der Zeit entwirren Sie immer mehr Details.

Die Suche nach wilden Nahrungsmitteln ist ein gutes Beispiel dafür, denn es gibt sie überall. Sie zu finden, zu identifizieren und zu essen, ist eine sehr befriedigende Art, mit der Natur in Kontakt zu kommen. Wie immer hängt auch hier der Erfolg davon ab, dass Sie umsichtig vorgehen, sich Zeit nehmen, Ihre Sinne einsetzen, Ihre Umwelt erkunden und dem vertrauen, was Sie sehen, riechen, fühlen und schmecken. Die grundlegenden Fertigkeiten und Lektionen in diesem Buch sollten Ihnen die Möglichkeit geben, jedes gewünschte Naturabenteuer zu bestehen, ob Sie nun das perfekte Foto machen, die leckerste Mahlzeit sammeln oder einen möglichst tiefen Einblick in das Leben eines Wildtiers gewinnen möchten.

17
Warum wir alle die Wildnis brauchen

„Dachs vom Clan der Wilden"
Der Wert dieser Verbindung zur Natur ist für alle offensichtlich, die den Sprung wagen, und selbst für viele, die nicht glauben, dass sie etwas mit der Wildnis zu tun haben, vor allem, wenn erst einmal darüber nachdenken. Dieser Moment, wenn Sie in der Mittagspause im Park die Schuhe ausziehen, das erhebende Lied eines namenlosen und häufig sicher nur unterbewusst wahrgenommenen Vogels, das Ihre Schritte beflügelt, und wir alle sehnen uns doch nach Urlaub, einem Wochenende am Meer oder einem Spaziergang durch einen kühlen Wald an einem Sommertag ... das alles sind Empfindungen, für die wir gemacht sind. Doch wenn ich mich in der Welt umsehe, kann ich deutlich die Symptome für das sehen, was manche Ökologen als das sechste Massensterben bezeichnen, ein menschengetriebenes Artensterben und der Zerfall von Ökosystemen – wofür ausschließlich wir Menschen verantwortlich sind. Wir leben in einer Zeit unsinniger politischer Entscheidungen, des Rufes nach der systematischen Tötung von Ottern, Möwen und Dachsen. Ökologische Schadensmilderung, um die Schuld eines weiteren „dringend erforderlichen" Siedlungsbaus oder eines anderen fal-

schen Vorgangs zu lindern, alles auf Kosten von etwas Unbezahlbarem, das wir auf so viele andere wichtige Arten brauchen, nicht nur wegen der „Ökosystem-Dienste", die uns geleistet werden.

Die Vorfreude brachte mich um und die Kriebelmücken und Stechmücken, die uns malträtiert hatten, seit die Sonne in einem See mandarinenfarbenen Lichts untergegangen war, taten alles in ihrer Macht stehende, um es ihr gleichzutun. Ausbluten durch eine Million Stiche.

Anderthalb Stunden lang hatte ich auf dem alten Anglerhocker gesessen, verzweifelt versucht, nicht zu zappeln und seine müden Aluminiumbeine zum Quietschen zu bringen. Ich hatte mehrere Nieser unterdrückt, ich hatte durch zusammengepresste Lippen vorsichtig Insekten aus meinem Gesicht gepustet, ich hatte unerschütterlich den Kriebelmücken widerstanden, die sich in mein Ohr vorarbeiteten, mehrere Rülpser nicht herausgelassen, obwohl das Magenknurren dann doch schließlich die Oberhand gewann – gegen knurrende Mägen kann man einfach nicht viel machen. Mein Großvater war der andere Teil unseres unerschrockenen Dachsbeobachtungsteams – er hatte törichterweise zugestimmt, mich in die Dämmerung zu begleiten.

Da saßen wir nun beobachtend und abwartend unter einer alten Eiche und sahen hinab auf die Böschung eines alten Bahngleises; jeder von uns wünschte sich, der andere würde zuerst einbrechen und aufgeben, damit wir nach Hause zu unserem heißen Kakao fahren konnten.

Das war nicht ganz das Bild aus Gerald Durrells Naturführer, eine einfache Strichzeichnung eines Jungen in dunkler Kleidung, der an einem Baum saß, während Dachse wenige Meter vor seinen Füßen auf Nahrungssuche gingen. Es stimmte nicht so ganz überein: Zunächst einmal zeigte es nicht seine Qualen, wenn sich das Blut im Hintern staute, die kriechende

Kälte, die sich bis ins Mark seiner Knochen vorarbeitete, und ganz sicher waren die Wolken blutrünstiger Insekten nicht mit drauf, die um seinen Kopf tanzen müssten. Dann hörten wir es beide: ein Kratzen. Unmöglich zu beschreiben, aber wenn man sich rasch mit den Fingernägeln über die Härchen im Nacken fährt, bekommt man einen ganz guten Eindruck von dem Laut, der aus dem dunklen Dickicht aufstieg. Dann wieder, sechs-, siebenmal bei jedem Ausbruch. Ich spähte angestrengt in die Dunkelheit, plötzlich angestachelt. Mein Herz raste, mein Mund war trocken und ich versuchte verzweifelt, Umrisse im trüben Licht des Unterholzes auszumachen. Dann tauchte er auf. Die weißen Streifen eines pfefferminzbonbonartigen Kopfes tauchten mehrmals kurz in meinem Blickfeld auf und verschwanden dann wieder, bis sie sich nach hinten zurückzogen, sich auflösten und von der tintenschwarzen Nacht verschluckt wurden. Wir sahen keine weiteren Dachse in jener Nacht, aber das war egal. Es war das Aufregendste, was ich je getan hatte.

Ich war ungefähr acht und von da an waren Dachse mein Ein und Alles, mein Portal in die Wildnis der Wälder. Sie waren meine Schnittstelle, über die ich Verbindung mit der Welt aufnahm. Während ich Dachse beobachtete, oder, weitaus häufiger, auf sie wartete, wurde ich ein Teil des Waldes. Ich sah und hörte alles, genau wie sie. Sie waren meine Lehrmeister, meine gestreiften, wunderbaren Tutoren der Wildnis. Durch sie erfuhr ich nicht nur etwas über Vögel und ihren Gesang, sondern lernte auch ihre Rhythmen kennen, ihre anderen, weniger bekannten Rufe und Laute; Mäuse fraßen Erdnüsse aus meiner Hand, Kaninchen kamen näher heran als je zuvor, Fuchswelpen spielten kaum einen Meter von meinen Füßen entfernt und ein Maulwurf lief mir sogar über die Beine.

In ihrer Gegenwart in der gedämpften Einsamkeit eines Waldes in der Abenddämmerung war ich, wer immer ich sein wollte, ich war ein Fährtenleser, ich war Grey Owl, Grizzly Adams, Gerald Durrell, Alfred Russel Wallace, ich war ein Zeitreisender. Sie schienen so alt zu sein wie die Hügel. Wie ein naturbelassenes Ende einer fortlaufenden, ununterbrochenen Verbindung zu den wilden Wäldern der Urzeit stellte ich mir vor, wie sie sich hier, genau an dieser Stelle, den Wald mit anderen, größeren Säugetieren teilten, die längst ausgestorben waren.

Es war ein echtes Abenteuer, das ich jeden Tag erleben konnte und das meine Persönlichkeit formte. Ich versuchte, bei jeder Gelegenheit hinauszugehen und sie zu sehen. Diese Säugetiere und meine fast täglichen Begegnungen mit ihnen riefen dasselbe Glück und dieselbe Vorfreude in mir hervor wie die Aussicht, meine Freunde an der Bushaltestelle zu treffen; sie waren untrennbar mit meinem jungen Leben verwoben.

Zuerst versuchte ich, auf einem Hocker zu sitzen, dem quietschenden aus Aluminium, dann auf dem Boden, wo ich mich aber zu ungeschützt fühlte und wo die Kälte aus allen Richtungen in mich hineinkroch. Dann, nachdem meine Tarnung einmal aufgeflogen war, als der Wind drehte, beschloss ich, mich in eine Astgabel zu setzen; der Aufstieg eine Stunde vor Sonnenuntergang war kein Problem, aber wenn die Nacht hereingebrochen war und ich nach Hause musste, stand mir jedes Mal der gefürchtete Sprung ins Dunkel bevor. Schließlich baute ich einen Hochsitz aus einer alten Leiter und einem Stuhl ohne Beine; damit hatte ich eine bequeme, tragbare Lösung – wenn die Dachse beschlossen, woanders hinzuziehen, konnte ich ihnen folgen. Die intime Vertrautheit, die ich in einem der vorangegangenen Kapitel beschrieb, kam später; sobald ich Erfahrungen gesammelt, mehr über Windrichtungen gelernt und Selbstvertrauen gewonnen hatte, stieg ich wieder auf den Boden hinunter, wann ich wollte – den Hochsitz benutzte ich nur noch, wenn ich einen neuen Familienclan kennenlernte, wenn ich eine Weile nicht dort gewesen war oder wenn ich Beobachtungen machen wollte, ohne durch meine Anwesenheit abzulenken.

Über die Jahre lernte ich den Clan recht gut kennen; ich gab den Tieren Namen, sah die Jungen aufwachsen, fütterte sie mit Erdnüssen und wurde sogar zum Ehrendachs ernannt. Wenn ein Dachs seinen gelblichen Hintern an deiner Jeans abwischt, dann mag das zwar nicht so aussehen, aber der beißend stinkende, fettige Fleck ist das größte Kompliment, das ein Dachs einem machen kann; es war, als hätte man mir den Schlüssel zu ihrer Welt überreicht, ein olfaktorisches Abzeichen, das zeigte, wie man mir vertraute, dass ich einer von ihnen war, dass ich ein Dachs aus ihrem Clan war.

Im Rückblick wird mir klar, dass ich in diesen Momenten Zeit hatte, meinen Gedanken nachzuhängen, aus dem beengenden, erdrückenden Hausinneren zu entfliehen, von Eltern und Hausaufgaben wegzukommen, von Beurteilungen und Schwierigkeiten. Diese Tiere und ihre Umgebung waren zu einer Art Ersatzfamilie geworden, ihre Felder, Wälder und Gräben meine zweite Wohnung. Ich kannte die Landschaft wirklich so, wie andere ihr Haus, die Stellung ihrer Möbel oder die Bepflanzung ihrer Rabatten kennen.

24. November 1987

Als ich ein Teenager war, einige Jahre, nachdem ich meine Dachse entdeckt und kennengelernt hatte, erlebte ich ein emotionales Trauma, das meine Welt auf den Kopf stellte. Ich erinnere mich noch an diesen grauenhaften Abend, als sei es gestern gewesen. Der Abend des 24. November 1987 war kalt und nass. Ich war schon bettfertig, hatte meinen Schlafanzug und einen Bademantel an und sah alleine fern. Mein Vater war bei der Jahreshauptversammlung seines Radsportvereins und meine Mutter war vor einer Weile aufgebrochen, um meinen Bruder von seinem wöchentlichen Fußballtraining abzuholen. Ich weiß noch, wie ich dachte, dass sie längst hätten zurück sein müssen; ich hätte eigentlich schon im Bett sein müssen, genau wie mein Bruder. Wo blieben sie nur? Warum brauchten sie so lange? Natürlich nutzte ich die Gelegenheit, um länger fernzusehen, als ich normalerweise durfte. Schuldbewusst spähte ich immer wieder durch den Vorhangspalt nach den Autoscheinwerfern und lauschte mit halbem Ohr auf Autogeräusche in der Einfahrt. Schließlich hörte ich welche, aber das Motorengeräusch war ein anderes und die Scheinwerfer sahen anders aus als die am Auto meiner Mutter. Vorsichtig ging ich zur Tür, um hinauszusehen; man hatte mich immer vor Fremden gewarnt, aber anstelle des vertrauten weißen Familien-Minis sah ich Orange und Blau, die unverwechselbaren Farben eines Polizeiautos und Reflexstreifen, die grell und silbern das Licht der Außenbeleuchtung zu mir zurückwarfen.

Das Bedauern im ernsten Blick des Polizisten verriet mir alles, was ich wissen musste. Etwas Schreckliches war passiert und weil sie mich gebeten hatten, meinen Vater anzurufen, wusste ich, dass es meine Mutter oder meinen Bruder oder beide getroffen hatte. Wir warteten, ich setzte Wasser auf, genug für drei Tassen Tee, um uns abzulenken und die unbehagliche Wartezeit zu überbrücken. Das war die längste Tasse Tee, die ich jemals getrunken hatte. Schließlich kam mein Vater nach Hause, den Blick voller Grauen und Schmerz, und in den paar Minuten, bevor wir auf dem Weg ins Krankenhaus waren, erfuhr ich, dass die Hälfte meiner Familie mehr als halbtot war – meine Mutter war in einem kritischen Zustand und hing an der Herz-Lungen-Maschine und mein Bruder lag mit schweren Kopfverletzungen im Koma.

Es folgte eine einsame Zeit, wochenlanges Baumeln über abgrundtiefem Kummer, eine Zeit des Nichtwissens: ob ich jemals wieder eine vollständige Familie haben würde, ob mein

Bruder aufwachen würde und wenn ja, ob er der „sprechende Kopf" sein würde, wie es der Neurologe für wahrscheinlich hielt.

Mein Vater war immer in einem der Krankenhäuser, das Haus war immer kalt und leer, wenn ich von der Schule kam; vor der Tür standen Essenspakete fürsorglicher Nachbarn neben vergessenen Milchflaschen. Ich hörte meinen Vater, der sich mit Gefühlen nie leicht tat, nachts weinen und ertappte ihn mehr als einmal mit roten Augen; der ehemalige Stützpfeiler meines Lebens konnte mir nicht überzeugend versichern, dass alles wieder gut werden würde. Das Einzige, was ich mit Sicherheit wusste, war, dass ich vollständig und absolut auf mich allein gestellt war.

Mein glückliches, perfektes kleines Mittelklasse-Familienidyll war im Bruchteil einer Sekunde durch die momentane Unaufmerksamkeit eines anderen Autofahrers in dieser nassen Herbstnacht vollkommen auf den Kopf gestellt worden. Es war so schmerzhaft, dass ich noch weiß, wie ich mir wünschte, es sei alles vorbei; ich wollte, dass sie starben und mich und meinen Vater von dem ganzen Schmerz befreiten.

Ich erzähle Ihnen das, weil ich in dieser grausamen Lektion des Lebens gelernt habe, dass niemand so etwas wirklich in Ordnung bringen kann, obwohl ich in einer fürsorglichen Gemeinde lebte, Familie in der Nähe hatte und meine Lehrer mich sehr unterstützten. Die Menschen können einen umarmen und Essen bringen und reden, was natürlich ein wichtiger Bestandteil des Umgangs mit emotionalen Traumata und wesentlich für die Entwicklung von Bewältigungsstrategien ist, aber letztendlich muss man selbst für den Heilungsprozess und das Überleben sorgen. Persönlicher Kontakt war immer etwas linkisch in dieser Zeit, jeder umging das heikle Thema, weil niemand so recht wusste, was er sagen sollte; es wurde einfach totgeschwiegen.

Der Grund, warum ich die Geschichte hier erzähle, ist folgender: Im Rückblick lehrte mich diese Zeit des intensiven emotionalen Aufruhrs und Schmerzes etwas über die spirituelle Verbindung des Menschen mit der Natur, die meiner Erfahrung nach in unserer westlichen Gesellschaft vollkommen unterschätzt wird. Natur heilt, sie hat stärkende Kräfte. Die Wälder und Felder und alles, was darin war, vor allem meine Dachse, waren der konstante, unbewegliche Bezugspunkt in dieser ganzen Zeit. Es war der Clan meiner monochromen Freunde in der Nacht, der mich erdete, mir den Raum gab, die enorm komplexe emotionale Last zu verarbeiten, die das Leben so brutal auf mir abgeladen hatte. Wenn ich heute an diese Zeit zurückdenke, wird mir klar, dass die Dachse mir eine Menge Therapiestunden erspart, vielleicht sogar mein Leben gerettet haben. Sie waren meine Versöhner, mein unvoreingenommener Rat und meine stillen Getreuen. Sie und die Wälder und Hecken, die Felder und Gräben, in denen sie sich aufhielten, waren ein konstanter, ein unveränderlicher Teil meines Lebens. Wenn ich die Küchentür zuknallte und vor allem „weglief", tat ich genau das Gegenteil. Ich lief hin zu dem Einen, in dem ich einen Sinn erkannte, das Eine, das meiner nicht müde wurde und sich nicht darum scherte, ob ich es anschrie oder mit ihm weinte.

Kurz gesagt, die Natur war gut für meine geistige Gesundheit. Heute noch nutze ich meine Zeit in der Natur auf diese Weise. Ob es ein Streit mit meiner Frau ist, eine unbezahlbare Kreditkartenrechnung, Tod oder Stress jeder Art, ich gehe in die Hügel, Wälder, Felder, Hecken, Parks – wo immer ich Natur finde, da finde ich auch Erlösung.

Ich denke oft über diesen speziellen Wert nach. Ich frage mich, wie viele Therapiestunden ich mir selbst erspart habe, wie viel Zeit und Geld. Hätte ich die Wildnis nicht gefunden, wo wäre ich dann heute? Wie hätte ich das alles bewältigt? Hätte ich es bewältigen können?

Inzwischen habe ich andere kennengelernt, die zufällig einen ähnlichen Trost in der unvoreingenommenen Natur gefunden haben. Mir ist außerdem bewusst geworden, dass viele, die Menschen helfen, diese Verbindung aus genau diesem Grund herstellen.

18
Die Kunst der Renaturierung

Wir wissen schon lange, dass ein einfacher Kontakt mit einem Tier viele Vorteile mit sich bringt.

Ein Tier, das in unserer Gegenwart entspannt ist, gibt uns das Gefühl, dass die Welt in Ordnung ist; der Umstand, dass ein Mitgeschöpf zufrieden und nicht beunruhigt ist, dass es unvoreingenommen ist, gibt auch uns Frieden – dieser ursprüngliche Kontext des „Glücks" könnte gut auf einen tiefsitzenden Überlebensmechanismus zurückgehen, ähnlich dem Klang von Vogelgesang im Gegensatz zu Warnrufen. Möglicherweise ist das zum Teil der Grund dafür, dass Haustiere uns glücklich machen.

Tiergestützte Therapien – in diesem Fall mit domestizierten oder gefangenen Arten – sind wohlbekannt und werden schon lange eingesetzt. Schon im späten 18. Jahrhundert gibt es Aufzeichnungen über die Vorteile eines engen Kontakts zu Tieren aus dem Quaker Society of Friends Retreat (Refugium der Quäker-Gesellschaft der Freunde) in York und von der recht bekannten Florence Nightingale; beide erkannten den Wert von Tieren bei der Behandlung von Kranken. Bis heute wurden alle möglichen Tiere von Hunden und Katzen über Meerschweinchen und verschiedene Reptilien bis hin zu Papageien in Heimen, Hospizen, Krankenhäusern und Gefängnissen eingesetzt. Unser Bedürfnis nach Tieren ist unbestritten. Während diese Art von Kontakt sehr kontrolliert abläuft, eine Art domestizierter, stilisierter, menschengeeigneter Version der Wildnis, gibt es unverfälschtere, bodenständigere Formen desselben Konzcpts, die einfach den Kontakt mit der Natur fördern. Wie mein Rotkehlchen.

Rund 55 Millionen US-Bürger füttern die Vögel im Garten und in Großbritannien wurde es für mehr als die Hälfte der erwachsenen Bevölkerung zum nationalen Freizeitvergnügen erklärt. Es überrascht kaum, dass auch viele langjährige Gefängnisinsassen daran Freude finden. Vögel sind ein Symbol der Freiheit, sie lenken von der Realität hinter Gittern ab und erinnern sie daran, dass ihnen nicht alles in der Welt hinter den Mauern verwehrt wird – hier ist wieder derselbe therapeutische Nutzen der Verbindung zur Natur am Werk. Dasselbe gilt für Gärtnern und Imkern; es geht immer um dieselben archaischen Reize, die eine Dosis Hormone freisetzen und damit ein tiefes Gefühl der Zufriedenheit auslösen, das wir nur in der Natur erfahren.

Mit Freude habe ich vernommen, dass 2016 das beratende Umweltschutzorgan der britischen Regierung, Natural England, eine Übersichtsarbeit über naturbasierte Interventionen in der psychiatrischen Versorgung veröffentlichte. Die Tatsache, dass psychische Störungen auf dem Vormarsch sind, könnte meiner Meinung nach ein Symptom der Stressfaktoren und Zwänge des modernen Lebens sein. Was könnte es für ein besseres dagegen Mittel geben als das Gegengift der Natur – beim Lesen des Berichts fielen mir gleichzeitig mein Rotkehlchen und meine Dachse ein.

Der Bericht bestärkt, was ich schon immer wusste: Einfach in der Natur zu sein, ordnet alles neu, relativiert unsere eigenen Sorgen und gibt uns etwas, an dem wir uns festhalten können.

Wenn wir einen Spaziergang durch die Natur machen, haben wir das Gewisper unserer Vorfahren im Ohr, das unsere Sinne mit dem erfüllt, womit wir unserem Bauplan nach umgehen können; wir fühlen uns wieder wertig, als einen Teil des großen Lebensvorgangs, und damit haben wir einen echten Grund, am Leben zu sein. Solvitur ambulando, im Gehen findet sich die Lösung.

Unsere nationalen Naturschutzgebiete in Großbritannien sind Aushängeschilder – sie wurden konzipiert, um wertvolle Lebensräume zu schützen, entweder wegen der seltenen Tiere darin und ihres Wertes für die Artenvielfalt oder wegen ihrer einzigartigen Geologie. Im Laufe der Zeit haben sie sich bereits als sehr solide Investition erwiesen; ihr Wert ist die Wertschätzung und die Dividenden, die sie ausschütten, liegen weit über den ursprünglichen Erwartungen; die angestrebte Artenrettung ist zwar nicht überall von Erfolg gekrönt, aber der Umstand, dass wir immer noch unsere wilden Tiere verlieren und der Trend sich allgemein noch verschärft, bezeugt den Bedarf an solchen Reservaten. Sie sind immer noch wichtige Schutzräume für Arten, mit denen die größere Landschaft wieder bestückt werden kann, wenn wir in Zukunft unsere Prioritäten richtig setzen; dieser Ansatz wird als landscape-scale conservation (Naturschutz auf Landschaftsebene) bezeichnet und konzentriert sich auf das Zusammenführen und Wiederverbinden. Auf gewisse Weise könnte man ihn als eine Art von Renaturierung definieren – irgendwo zwischen Luchs und ungemähtem Rasen –, ähnlich dem Gefühl, das die Unterzeichner der „Yellowstone to Yukon"-Initiative beschreiben.

Trotz der Funktionsuntüchtigkeit der ländlichen Gegenden spürt man sofort, wenn man in einen geschützten Bereich kommt; der Kontrast mit der Außenwelt wird größer, der Unterschied springt ins Auge.

Viele von uns kennen inzwischen Naturschutzgebiete und schätzen den „verborgenen" Wert der Wildnis, der an diesen Orten so deutlich wird. Nur wenn dieser Wert zur Vorschrift wird, schafft er jedoch den Sprung ins Bewusstsein der Öffentlichkeit.

Dank der Anerkennung durch das Gesundheitssystem gelangt er in politische Programme und langsam erwacht in uns ein Bewusstsein. Diese Naturschutzgebiete sind zweifellos wichtig für den Naturschutz und es versteht sich von selbst, dass sie sich hervorragend dafür eignen, die Natur in all ihren wunderbar stimulierenden Formen zu erleben und auch viel von dem zu üben, was in diesem Buch vorgestellt wurde. Aber es gibt eine Veränderung, eine wertschätzende Unterströmung, die bisher gefehlt hat. Eine Reihe von Reservaten arbeitet mit Gesundheitsinitiativen wie Greencare und Ecotherapy zusammen, weil sie den Nutzen erkannt haben, den der simple Aufenthalt im Freien für das geistige und körperliche Wohlbefinden haben kann. Als man in Amerika erkannte, dass fehlende Grünräume sich negativ auf die Gesundheit auswirken, entstand dort die Bezeichnung Nature Deficit Disorder (Naturdefizit-Störung) für dieses Phänomen, das sehr greifbar ist und für das sich inzwischen die Belege häufen.

Die gegenwärtige Generation junger Menschen kämpft von allen bisher am stärksten mit psychischen Störungen und Übergewicht. Das stellt eine starke Belastung für das Gesundheitssystem dar und, was am traurigsten ist, einige prophezeien sogar, dass sie als erste Generation überhaupt eine geringere Lebenserwartung haben als ihre Eltern. Es ist ein echtes Problem, das in absehbarer Zeit nicht gelöst werden wird, und es wurde bereits zweifelsfrei nachgewiesen, dass sich die Lebensqualität aller Menschen verbessert, wenn wir Zugang zur Natur und zu Grünräumen haben

***

Es ist nicht wirklich ein gewagter Sprung, das einen Schritt weiterzudenken. Wenn die Natur Ihnen guttut, auf welche Weise auch immer Sie sie erleben möchten, warum dann nur in Naturschutzgebieten? Warum sollten Sie Ihre Erfahrungen auf diese eingezäunten Paradiese beschränken, die teilweise den Eindruck von Wirtschaftsgütern machen? „Hol die Autoschlüssel, wir fahren in die Natur" ist keine Integration. Es braucht keinen großen Paradigmenwechsel, um sie mit nach Hause zu nehmen. Wenn Natur Medizin ist, dann gehen Sie nicht nur zum Arzt, sondern nehmen Sie auch die Medikamente mit nach Hause.

Das nämlich ist mein Rotkehlchen für mich. Tatsächlich gehört alles in meinem bescheidenen Garten, das sich dort aufhält, ohne dass ich es gekauft oder direkt dort hingepflanzt habe, zu meiner täglichen Medizin und ist noch mehr. Es ist mein Lebensunterhalt, nicht direkt, wie es früher einmal war, obwohl ich nichts dagegen habe, Nahrung in der Natur zu sammeln, aber es nährt mich auf gewisse Weise doch: An einem hellen Frühlingsmorgen draußen zu sitzen und die Wollschweber an den Blüten des Lungenkrauts zu beobachten, das Ausrollen der Farntriebe, das ultraviolette Stück Sommer in einer Gemeinen Becherjungfer ... Wie eine Apotheke mit unzähligen bunten Pillen, die auf natürliche Weise die Stimmung heben. Sie gehören weder mir noch Ihnen; sie sind wild, frei und umsonst. Nehmen Sie so viele, wie Sie brauchen, Natur kann man nicht überdosieren.

Und das ist nur ein Garten. Stellen Sie sich vor, wie es wäre, wenn wir ein paar mehr grüne Flecken in der Landschaft miteinander verbinden würden, die Naturschutzgebiete, diese Schutzräume der Wildnis, mit neuen zusammenlegen würden,

Stück für Stück eine neue Zukunft, Schulen, Gärten, Gemeinschaft wieder aufbauen würden. Diese Umsetzung ist für mich der allererste Schritt zur Renaturierung auf einer Ebene, auf der wir alle dazu beitragen können.

Indem wir die Freisetzung lange vermisster Tiere in unseren ländlichen Gebieten erwägen, um wesentliche Teile einer zusammengebrochenen Ökologie zu ersetzen, soll die Renaturierung ein besser funktionierendes Ganzes wiederherstellen. Eine ähnliche Renaturierung des Menschen könnten wir auch gut gebrauchen, denn darum geht es eigentlich. Die Befreiung unseres inneren Tieres, anzuerkennen, was es braucht, unsere essenziellen Bedürfnisse, Raum zum Herunterkommen, Ausruhen, Entspannen, Nachdenken und Nahrungsammeln, für Heilung und Inspiration – diese Faktoren verbessern unser aller Lebensqualität, und dabei berücksichtigen wir noch nicht einmal die verschiedenen anderen ökologischen Dienste, die diese Orte uns bieten: Hochwasserschutz, sauberes Wasser, Schutz, saubere Luft, Bestäubung – die Liste ist buchstäblich endlos, denn wir existieren nicht getrennt von dieser Natur, sondern sind ein Teil von ihr und waren es immer.

Ich denke gern an eine Zukunft, in der diese Verbindung gelehrt wird: Stellen Sie sich ein Bildungssystem vor, in dem der Aufenthalt im Freien und das Lernen über die Umwelt zu den landesweiten Lehrplänen gehören! Das wäre ein Teil eines Konzepts zur Renaturierung des Menschen, ein metaphorischer Yellowstone-Wolf, der eine Kaskade positiver Veränderungen in unserem alltäglichen Leben und unserer Kultur auslösen würde. Der sich genauso positiv auf seine Umwelt auswirken würde und auf unsere ökologisch funktionsfähigere Zukunft. Durch einem Schritt nach dem anderen.

***

Es würde uns allen guttun, den Unterschied zu erspüren, den die Natur machen kann, uns in sie zu verlieben, eine persönliche Bindung aufzubauen und diese Vorteile zu entdecken. Indem wir uns anderer Lebensformen bewusster werden, entwickeln wir Mitgefühl für alle. Diese Befreiung von überholten Vorstellungen und der Aufbau verloren geglaubter natürlicher Funktionen unseres eigenen Körpers ist auch eine Renaturierung. Wie die Natur ein zusammenhängendes Netzwerk von Lebensräumen braucht, durch das sie sich bewegen kann, so braucht auch unser inneres wildes Tier dasselbe; wir müssen eine neue Verbindung zur Natur und den Wildnisräumen aufbauen, die uns noch bleiben. Wenn wir überhaupt noch eine Zukunft haben wollen, muss es sehr bald zu einer Neubewertung der Natur und unserer Position in ihr kommen, bevor es zu spät ist.

Der Prozess ist sehr hintergründig und beginnt mit persönlicher Achtsamkeit. Es kann einschüchternd sein, wenn man plötzlich eine fundierte Meinung zur ökologischen Renaturierung haben soll, solange man nicht versteht, was im eigenen Blumenkasten, Garten oder Park vor sich geht. Wie soll man frei in der Landschaft umherstreifende Wölfe tolerieren können, wenn man nicht selbst Hand anlegen und Raum, Lebensraum, für eine Wolfsspinne schaffen kann?

Wir müssen von unten nach oben renaturieren, aber auch von innen nach außen. Ich wünsche mir eine Zukunft, in der wir die Bedeutung einiger dieser Schlüsselarten wie Luchs und Biber begriffen haben und als biologische Art gewillt sind, das Konzept ihrer Wiedereinführung zu tolerieren. Ich bin sicher, das wird auf einer gewissen Ebene passieren (es passiert jetzt schon). Aber inzwischen beginnt der Prozess der Renaturierung mit uns, unserer Haltung zur Natur und welchen Wert wir ihr beimessen; wir müssen die Beziehungen schaffen oder wiederherstellen, die Intimität, den Respekt, der nur aus einem besseren

Verständnis unserer Umgebung entstehen kann. Denn wenn wir nicht uns selbst von innen heraus renaturieren und eine solide Verbindung zwischen uns und der Natur finden und uns von unserer Welt wieder verzaubern lassen, dann werden alle bisherigen Naturschutzbemühungen, so sehr wir uns auch anstrengen, nichts nützen. Es ist an der Zeit, dass wir alle eine größere Ökointelligenz entwickeln und, wichtiger noch, es ist auch viel einfacher, als Sie vielleicht denken.

Wenn Sie „wild" im Wörterbuch nachschlagen, finden Sie daneben eine Sammlung nicht sehr inspirierender Synonyme; keins davon erscheint besonders positiv, oder? Wer würde solche Begriffe mit sich selbst assoziieren wollen? Wer wild ist, von dem könnte man auch sagen, er sei nicht domestiziert, ungezähmt, unzivilisiert, ungesittet, barbarisch, urwüchsig, unkontrolliert, stürmisch, ungestüm (na gut, das sind wir alle mal), ungezügelt, durch nichts gehemmt, rasend, tobend, erregt, maßlos, ungepflegt.

Im Grunde genommen haben wir als Art versucht, das Wilde loszuwerden, zu kontrollieren und zu manipulieren, sobald es uns möglich war – und das schließt diese Definitionen mit ein. Kein Wunder, dass wir eine so antagonistische Beziehung zu großen Teilen der Flora und Fauna auf der Erde haben. „Wild" ist nicht von sich aus schlecht; ich persönlich bin auf viele dieser Eigenschaften recht stolz. Wir müssen diese Begriffe für uns annehmen und sie uns in ihren ursprünglichen Sinn zu eigen machen. Wenn wir uns die Wörter und ihren Ursprung genauer ansehen, finden wir andere Definitionen und Wurzeln, die die vordergründigen, modernen Definitionen modifizieren. Plötzlich finden wir Schätze.

Dieser Fund liegt näher, als Sie vielleicht glauben. Das Wilde ist ein unbezahlbarer Schatz, und doch können wir ihn alle besitzen. Er ist überall zu finden, wo Sie ein Blatt umdrehen, in der Erde buddeln, den Himmel sehen und ins Wasser tauchen können. Aber wir müssen seine Effekten umgehend neu bewerten und uns seines Wertes bewusst werden. Das ist das zugrunde liegende Ideal hinter der Renaturierung in all ihren Definitionen – wir müssen die Wildnis und ihre ganze herrliche Unvorhersagbarkeit und all ihre Erfahrungen wertschätzen, und dazu müssen wir wiederfinden, was wir vor langer Zeit verloren haben, und einen anderen Weg einschlagen – und das alles beginnt mit Ihnen, in diesem Moment.

Danksagungen

Dieses Buch wäre nie entstanden ohne eine unglaubliche Anzahl von Menschen und verschiedenen Tierarten, die mir im Laufe der Jahre halfen, mir Hinweise gaben, mich inspirierten und ihre Gedanken und Erfahrungen mit mir teilten. Ich bedaure, dass es zu viele sind, um jedem persönlich zu danken. Einigen gebührt jedoch eine besondere Erwähnung:

Meiner leidgeprüften Frau Ceri und meiner eigenen kleinen „Wilden" Elvie, die in den Monaten, in denen dieses Buch in die Tastatur gehämmert wurde, einen koffeinbesessenen Bären im Haus ertragen mussten. Lucy Warburton, die nicht nur dieses Buch mit einem Anruf zur rechten Zeit ins Rollen brachte, sondern als Lektorin mit sanfter Überzeugungskraft und Inspiration punktete, die mich aufbaute und im Angesicht einer monumentalen Schreibblockade und der spontanen Unterbrechungen durch meinen anderen, parallelen Beruf zum Weitermachen brachte. Danken muss ich auch meiner Korrektorin Marian Reid für ihr großartiges Korrektorat. Ich musste außerdem oft auf die Naturtherapie zurückgreifen, während dieses Buch entstand, und ich möchte meinen neuen Freunden im New Forest, Martin Boxall und Ben Hobbs, für einige stärkende, lange, langsame Spaziergänge durch den dämmerigen Wald danken.

Ich danke euch allen.

Nick Baker ist einfach nur ein Naturforscher. Seine lebenslange Begeisterung und natürliche Neugier für alles Lebendige führte zu einer vielgestaltigen Karriere als Feldbiologe, Rundfunksprecher und Botschafter der Naturkunde. Seit über zwanzig Jahren moderiert er Sendungen für die BBC, National Geographic und Discovery, darunter Springwatch, Weird Creatures und Ultimate Explorer. Darüber hinaus schrieb er bisher zehn Bücher über Wildtiere und Naturkunde. Gemäß seiner festen Überzeugung, dass man nicht schützen kann, was man nicht wertschätzt und zu dem man keine Verbindung hat, hilft er bis heute anderen auf jede erdenkliche Weise, eine natürliche Empathie für die Wildnis wiederzufinden.

Wissen verbindet uns

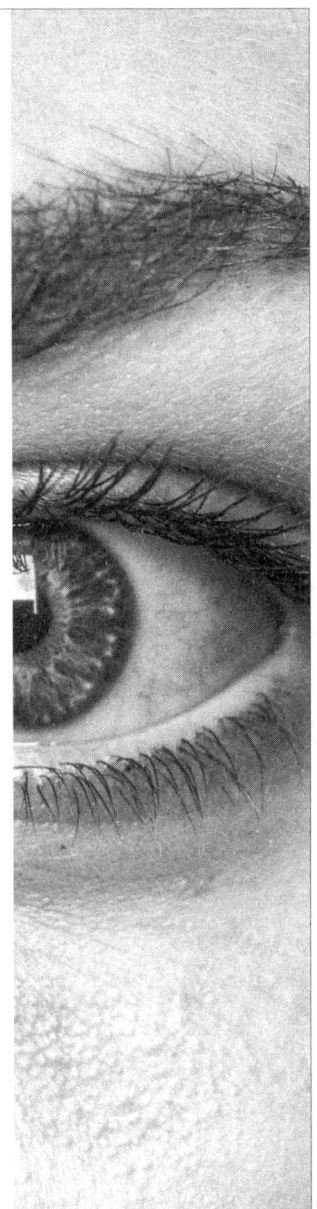

Die wbg ist eine Gemeinschaft für Entdeckungsreisen in die Welt des Wissens. Wir fördern und publizieren Wissenschaft und Bildung im Bereich der Geisteswissenschaften. So bringen wir Gleichgesinnte zusammen und bieten unseren Mitgliedern ein Forum, um sich an wissenschaftlichen und öffentlichen Debatten zu beteiligen. Als Verein erlaubt uns unser gemeinnütziger Fokus, Themen sichtbar zu machen, die Wissenschaft und Gesellschaft bereichern.

In unseren Verlagen erscheinen jährlich über 150 Bücher aus den Bereichen Geschichte, Archäologie, Kunst, Literatur, Philosophie und Theologie. Als Vereinsmitglied fördern Sie wichtige wissenschaftliche Publikationen sowie den Austausch unter Akademikern, Journalisten, Professoren, Wissenschaftlern und Künstlern.

Mehr Informationen unter www.wbg-wissenverbindet.de oder rufen Sie uns an unter 06151/3308-330.